松辽盆地南部致密油
地球物理技术研究及应用

侯启军　赵志魁　王立武　李建忠　江　涛等　著

科学出版社

北　京

内 容 简 介

本专著以烃源岩研究和致密油储层相关实验为前提,以松辽盆地南部扶余油层致密油为主线,阐述致密油的测井评价技术和地震技术;在测井上针对致密油储层"七性关系"评价,通过精选参数,建立测井解释方程和模型,利用有限的测井资料最大限度地寻找潜力层;在地震上采用地震预测的精细处理技术和地震综合解释技术,寻找"甜点",预测产能;全面细致地总结松辽盆地南部致密油勘探开发技术。

本书适合高等院校和科研机构从事油气勘探开发的相关人员参考。

图书在版编目(CIP)数据

松辽盆地南部致密油地球物理技术研究及应用/侯启军等著.—北京:科学出版社,2019.11

ISBN 978-7-03-063220-3

Ⅰ.①松… Ⅱ.①侯… Ⅲ.①松辽盆地–致密砂岩–油气勘探–地球物理勘探–研究 Ⅳ.①P618.130.8

中国版本图书馆 CIP 数据核字(2019)第 247397 号

责任编辑:焦 健 韩 鹏 陈姣姣/责任校对:张小霞
责任印制:肖 兴/封面设计:北京图阅盛世

科 学 出 版 社 出版

北京东黄城根北街 16 号
邮政编码:100717
http://www.sciencep.com

三河市春园印刷有限公司 印刷
科学出版社发行 各地新华书店经销

*

2019 年 11 月第 一 版 开本:787×1092 1/16
2019 年 11 月第一次印刷 印张:14
字数:330 000
定价:198.00 元
(如有印装质量问题,我社负责调换)

主要编写人员

侯启军　赵志魁　王立武　李建忠

江　涛　单玄龙　王树平　丛立芬

王立贤　唐振兴　黄　棱　苗　志

吴　名　余再超　叶宏杰　张红杰

前　言

近年来，致密气、致密油、页岩油等非常规油气资源在美国、加拿大、澳大利亚等国家成功得到了商业开发，目前已在全球能源结构中占据重要地位。与常规油气成藏不同，致密储层具有低孔低渗的特征，毛细管阻力较大，并且致密储层内油气的运移和分布不受浮力的影响。

松辽盆地南部扶余油层是吉林油田的主力油层之一，资源规模大，潜力大，总资源量达 $18.87 \times 10^8 t$，占吉林探区中浅层石油总资源量的 90% 以上，根据成因机理、储层物性、油控主要因素，扶余油层的油藏类型可分为构造油藏、断层岩性油藏和岩性油藏三类。过去勘探以构造、断层岩性油藏为主，埋深在 $300 \sim 1750 m$，孔隙度大于 12%，渗透率大于 $1 mD$[①]，勘探对象相对简单，物探技术针对以上勘探对象能够较好地满足部署需求。

扶余油层的储层特征为三角洲平原–三角洲前缘相沉积，砂体横向连通差，纵向叠置，平面上形成大面积连片的砂体。其致密油储层以砂泥岩薄互层为主，砂体纵横向交错叠置、横向连通性差、泥岩隔层薄、砂泥岩的波阻抗差异小，导致砂泥岩地震反射特征对应关系差、纵横向分辨砂泥岩困难。因此，物探工作紧密围绕致密油水平井油层钻遇率，开展针对性的精细构造解释及致密油储层有效刻画技术攻关。在测井上针对致密油储层"七性关系"评价，通过精选参数，建立测井解释方程和模型，利用有限的测井资料最大限度地寻找潜力层。在地震上采用地震预测的精细处理技术和地震综合解释技术，寻找甜点，预测产能，为扶余油田的增储做出贡献。

致密油成藏条件中较为重要的一个控制因素就是它的生油条件，即是否具有优质的烃源岩，为致密油成藏提供基础，可以说致密油烃源岩的生油条件决定了它的工业产量。例如，目前致密油产量最高的 Williston 盆地 Bakken 组的烃源岩为陆架相页岩，其 TOC 含量在 8% ~ 20%，R_o 值在 0.7% ~ 1.0%。

本专著以烃源岩研究和致密油储层相关实验为前提，以松辽盆地南部扶余油层致密油为主线，阐述致密油的测井评价技术和地震技术；全面细致地总结松辽盆地南部致密油勘探开发技术，不仅对扶余油层致密油规模储量有效开发利用有指导意义，也为类似地质条件致密油评价开发的科学决策提供更有价值的依据和参考。

---

① 　 $1D = 0.986923 \times 10^{-12} m^2$，达西。

目　　录

第1章 国内外致密砂岩储层预测研究现状

1.1 国内外致密油藏研究现状

致密油是指夹在或紧邻优质生油层系的致密碎屑岩或者碳酸盐岩储层中，未经过大规模长距离运移而形成的石油聚集（赵政璋等，2012），一般无自然产能，需通过大规模压裂才能形成工业产能（赵政璋等，2012；Cander，2012；邹才能等，2013b）。近年来，美国石油勘探大力推广水平井体积压裂技术，致密油勘探取得重大突破，继2000年巴肯（Bakken）致密油、2008年鹰滩（Eagle Ford）致密油取得突破后，2012年蒙特利（Monterey）致密油又获重大突破，产量快速上升，美国能源信息署（U.S. Energy Information Adminstration，EIA）2017年预测：2017~2040年致密油将成为美国原油增长的主力军，年产量有望突破3×10^8t。

我国致密油勘探开发起步较晚，但初步的勘探实践与研究证明，我国致密油具有良好的发展势头，近些年我国致密油的勘探发展迅猛（童晓光，2007；赵政璋等，2012；贾承造等，2012a；昌燕等，2012；邹才能等，2013a；郭秋麟等，2013；杜金虎等，2014；张君峰等，2015；李登华等，2017），致密油将会是我国未来石油勘探最为主要的接替领域（赵政璋等，2012）。随着地质认识的不断深化、工程技术的不断进步和管理模式的不断创新，致密油将会持续快速发展，必将对我国石油工业产生非常深远的影响，为保障国家油气能源安全做出新的重要贡献，满足国家日益增长的油气能源需求。

1.1.1 国外致密油藏研究现状

1. 国外致密油分布概况

近年来，致密油勘探开发极为活跃，作为一种重要的能源供给形式，世界大部分国家和地区均已发现了致密油资源。据统计，全球致密油资源总储量为9230×10^8t，技术可采储量为467.4×10^8t，平均采收率为4.96%。其中，2/3以上的致密油资源集中于俄罗斯、美国、中国、利比亚、阿根廷、澳大利亚6个国家（张君峰等，2015）。

全球致密油勘探开发最成功的地区为北美，特别是美国和加拿大两个国家致密油产量的大幅提升已经逆转了该地区石油产量下降的趋势。1951年，美国第一个致密油层——威利斯顿（Williston）盆地上泥盆统—下石炭统的Bakken组顶部页岩裂缝性油藏，获得商业开发（Sonnenberg et al.，2016），但因致密油产量低、效益差，开发进展缓慢。直至2000年，美国威利斯顿盆地Bakken致密油开发取得重大突破，日产油7000t，被美国媒体称为"黑金"。

21世纪以来，借助页岩气成熟技术和成功经验，美国先后实现Bakken、Eagle Ford和

Wolfcamp 致密油规模开发，2016 年美国地质调查局（U. S. Geological Survey，USGS）评价 Permian 盆地的 Midland 次盆 Wolfcamp 致密油待发现可采资源量近 25×10^8 t，引起世界关注。目前美国已发现 Williston、Western Gulf、Permian 和 Denver 等 20 余个致密油盆地，其中已经生产的地层主要分布于美国中陆（Mid-continent）和落基山（Rocky Mountain）地区，范围从阿尔伯塔盆地（Alberta Basin）中部一直延伸到得克萨斯州南部，同时，西南地区及加利福尼亚（California）南部的 Monterey 地层也已经开始生产致密油。已被证实的致密油预测区遍及落基山地区、墨西哥湾（Mexico Gulf Coast）地区、西南地区和美国东北部地区；致密油主要赋存于泥盆纪—新近纪的地层中，已开发 Bakken、Eagle Ford、Spraberry、Bonespring、Wolfcamp 和 Niobrara 等 30 个致密油地层，其中，最著名的致密油地层为威利斯顿盆地的 Bakken 地层、得克萨斯州的 Eagle Ford 地层、阿尔伯塔盆地的 Cardium 地层及加利福尼亚圣华金盆地（San Joaquin Basin）的 Monterey 地层，这些致密油地层均具有区域性、大面积分布的特点。时代上主要富集在古生代，层系上以二叠系、泥盆系和白垩系最为丰富。

在北美致密油资源构成中，美国致密油产量占北美致密油总产量的 91%，而加拿大仅占 9%。致密油规模开发对美国能源格局产生了重大影响，2006 年，威利斯顿盆地 Elm Coulee 油田 Bakken 地层致密油日产量突破了 0.68×10^8 t（贾承造等，2012b），极大提高了致密油勘探开发的信心，吸引了大量投资。美国原油产量自 1985 年之后不断下降，2009 年在致密油的带动下首次上升，2009 年致密油产量为 0.29×10^8 t，约占美国石油总产量的 14%；2011 年美国定向井油产量首次超过了气产量，水平井数量超过了直井数量，致密油日产量超过了 6.2×10^4 t（张威等，2013）；受致密油产量不断上涨的推动，2013 年第四季度，美国原油（日产量 43.8×10^4 t）生产占世界总产量（日产量 106.7×10^4 t）的 10% 以上；仅 2014 年 1~4 月，美国致密油日产量就高达 11.4×10^4 t，是 2013 年的 1.17 倍；2016 年产量为 2.13×10^8 t，约占美国石油总产量的 47%，美国能源信息署 2017 年预测：2017~2040 年致密油将成为美国原油增长的主力军，年产量有望突破 3×10^8 t（李登华等，2017）。

2. 国外致密油成藏条件

本专著以美国致密油为代表来描述国外致密油成藏条件。美国致密油主体形成于海相沉积环境，其成藏条件主要受生油条件、储集条件和保存条件三个因素控制。

1）生油条件

美国已实现商业开发的致密油烃源岩主体为海相页岩，分布面积一般大于 1×10^4 km^2，有效厚度一般为 10~50m，有机质类型为 Ⅰ-Ⅱ型，TOC 含量一般大于 3%，R_o 值主体为 0.7%~1.2%（邹才能等，2013c；Hackley and Cardott，2016；王红军等，2016；马剑等，2016）。例如，目前致密油产量最高的威利斯顿盆地 Bakken 组的烃源岩为陆架相页岩，美国境内分布面积约为 6×10^4 km^2，有效厚度为 2~15m，有机质类型为 Ⅱ型，TOC 含量在 8%~20%，R_o 值在 0.7%~1.0%。

2）储集条件

致密油储层包括碳酸盐岩、砂岩、混积岩及页岩等岩石类型，其中混积岩是指同一岩层内陆源碎屑与碳酸盐两种组分相互混杂的产物（沙庆安，2001）。根据美国勘探开发实践，商业性开发的致密油储层主要为碳酸盐岩，其次为砂岩、混积岩和页岩，储层孔隙一般大于 6%，有效厚度一般大于 5m。如威利斯顿盆地 Bakken 组致密油储层是以云质粉砂岩为主的混积岩，孔隙度为 5%~13%，有效厚度为 5~25m。

美国碳酸盐岩致密油最富集，可采资源量为 $59.45×10^8$t，占比 42.4%；其次为砂岩，可采资源量为 $33.97×10^8$t，占比 24.3%；再次为混积岩，可采资源量为 $32.47×10^8$t，占比 23.2%；泥页岩最少，可采资源量为 $14.11×10^8$t，占比 10.1%。美国致密油储层绝大多数为海相，可采资源量为 $135.62×10^8$t，占比 96.9%；陆相可采资源量仅为 $4.38×10^8$t，占比 3.1%（李登华等，2017）。

3）保存条件

致密油产层虽然属于低孔超低渗型储层，但是对保存条件要求依然较高。北美地台相对稳定，经历的构造运动次数少、强度低，构造相对简单，保存条件较好。地层压力是对保存条件的直接反映。美国致密油主力产层普遍存在异常高压，如威利斯顿盆地 Bakken 组压力系数为 1.12~1.56，Western Gulf 盆地 Eagle Ford 组压力系数为 1.10~1.80，Permian 盆地 Wolfcamp 组压力系数为 1.10~1.20。

1.1.2　国内致密油藏研究现状

1. 国内致密油分布概况

我国致密油勘探起步较晚，但发展迅猛。早在 1907 年，我国就在鄂尔多斯盆地上三叠统延长组发现了低渗透油藏，但直到 2010 年前后，受美国致密油规模开采的启发，才开始重视致密油的勘探开发。近些年来，在鄂尔多斯盆地、准噶尔盆地和松辽盆地等六大盆地均取得了重要进展。目前已在鄂尔多斯盆地三叠系延长组长 7 段落实致密油甜点区面积 1400km²，形成了中国首个超亿吨级储量规模区；准噶尔盆地吉木萨尔凹陷芦草沟组发现了超亿吨级储量规模的昌吉油田；松辽盆地白垩系扶余油层、高台子油层形成亿吨级的控制+预测储量区。此外，在渤海湾盆地发现冀中拗陷束鹿凹陷、辽河拗陷雷家地区和黄骅拗陷南皮斜坡 3 个致密油勘探有利区，三塘湖盆地二叠系条湖组和渤海湾盆地古近系沙河街组等领域，获得重大勘探发现（杜金虎等，2014，2016）。

2015 年，国土资源部完成了我国 9 个重点盆地的致密油资源评价，测算致密油地质资源量为 $146.60×10^8$t，技术可采资源量为 $14.54×10^8$t。

目前中国已经发现的致密油资源较为丰富。其中，鄂尔多斯盆地致密油资源最丰富，可采资源量为 $4.93×10^8$t，占比 33.9%；其次为松辽盆地，可采资源量为 $2.72×10^8$t，占比 18.7%；再次为渤海湾盆地，可采资源量为 $2.16×10^8$t，占比 14.9%［图 1.1（a）］。列前三位的盆地累计致密油可采资源量为 $9.81×10^8$t，占比 67.5%，是我国致密油开发的主战场。我国致密油盆地划分为三大类：克拉通盆地、裂谷盆地和前陆盆地，其中克拉通盆地资源最丰富，可采资源量为 $6.87×10^8$t，占比 47.2%；其次为裂谷盆地，可采资源量为 $5.61×10^8$t，占比 38.6%；前陆盆地资源最少，可采资源量为 $2.06×10^8$t，占比 14.2%。中国致密油主要富集在中生界，可采资源量为 $9.68×10^8$t，占比 66.6%；其次为新生界，可采资源量为 $2.85×10^8$t，占比 19.6%；古生界最少，可采资源量为 $2.01×10^8$t，占比

13.8%。就单个层系而言，三叠系致密油资源最富集，可采资源量为 $4.93 \times 10^8 t$，占比 33.9%；其次为白垩系，可采资源量为 $3.46 \times 10^8 t$，占比 23.8%；再次为古近系，可采资源量为 $2.23 \times 10^8 t$，占比 15.3%［图 1.1（b）］。列前三位的层系累计致密油可采资源量为 $10.62 \times 10^8 t$，占比 73%，是我国致密油的主力产层。

截至 2017 年，除鄂尔多斯盆地等少数盆地外，中国致密油开发基本处于停滞状态，2016 年致密油产量与 2015 年基本持平，均为 $100 \times 10^4 t$ 左右，其中鄂尔多斯盆地长 7 段为 $62 \times 10^4 t$，松辽盆地扶余油层为 $20 \times 10^4 t$，三塘湖盆地条湖组为 $8 \times 10^4 t$，四川盆地中下侏罗统为 $5 \times 10^4 t$，准噶尔盆地芦草沟组为 $3 \times 10^4 t$，渤海湾盆地沙河街组为 $1 \times 10^4 t$，江汉盆地潜江凹陷古近系为 $0.5 \times 10^4 t$。

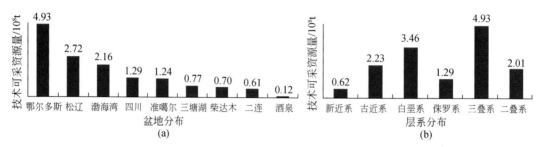

图 1.1　中国致密油技术可采资源盆地与层系分布（李登华等，2017）

2. 国内致密油成藏条件

我国致密油藏主体基本上形成于陆相沉积环境，与美国致密油成藏条件相比，两者成藏条件既有相似之处，又存在明显差异。

1）生油条件

我国已发现的致密油生油岩均为湖相泥页岩，分布面积变化较大，为 $0.1 \times 10^4 \sim 10 \times 10^4 km^2$；有效厚度一般大于 30m，最大超过 1000m；有机质类型主体为 Ⅰ-Ⅱ 型，部分为 Ⅲ 型；非均质性强，TOC 含量变化较大，在 0.4%～19.9%；热成熟度适中，R_o 值主体分布在 0.7%～1.2%。鄂尔多斯盆地长 7 段泥页岩生油条件最好，其中黑色页岩分布面积为 $4.3 \times 10^4 km^2$，厚度为 10～40m，有机质类型为 Ⅰ-Ⅱ₁ 型，TOC 含量平均为 13.8%，R_o 值在 0.7%～1.2%；柴达木盆地古近系—新近系烃源岩生油条件较差，分布面积为 $1.2 \times 10^4 km^2$，厚度为 100～1000m，有机质类型为 Ⅰ-Ⅱ₁ 型，TOC 含量在 0.4%～1.2%，R_o 值在 0.6%～1.3%（付锁堂等，2013）。值得一提的是，虽然柴达木盆地和四川盆地致密油烃源岩的生油条件较差，但获得了工业性产量。

2）储集条件

我国致密油储层岩性多样，包括砂岩、碳酸盐岩、混积岩和沉凝灰岩等；非均质性强，孔隙度变化大，在 1%～25%；有效厚度变化大，在 5～200m，单层横向连续性差，纵向叠置分布。如鄂尔多斯盆地长 7 段致密油储层为粉细砂岩，孔隙度为 4%～12%，有效厚度为 10～80m；三塘湖盆地条湖组致密油储层为沉凝灰岩，孔隙度为 5%～25%，有效厚度为 5～40m（马剑等，2016）；四川盆地大安寨段致密油储层为介壳灰岩，孔隙度主体为 1%～2%，有效厚度为 5～20m。整体而言，除去三塘湖盆地条湖组沉凝灰岩的特例外，砂岩储层的物性最好，其次是混积岩，再次为碳酸盐岩，最差的泥页岩储层目前在我国尚未形成规模产量。需要指出的是，虽然四川盆地大安寨段致密油储集条件偏差，但是四川盆地 80% 以上的原油产量来自该层段，截至 2016 年年底，已累计产油超过 $400 \times 10^4 t$。裂缝发育程度是四川盆地大安寨段油井初期高产的主控因素，基质孔洞的补给能力是累计高产的关键（杨跃明等，2016）。

我国致密油主要富集于 4 类致密油储层：碳酸盐岩、砂岩、混积岩和沉凝灰岩。砂岩致密油最富集，可采资源量为 $9.57 \times 10^8 t$，占比 65.8%；其次为混积岩，可采资源量为 $2.94 \times 10^8 t$，占比 20.2%；再次为碳酸盐岩，可采资源量为 $1.95 \times 10^8 t$，占比 13.4%；沉凝灰岩最少，可采资源量为 $0.08 \times 10^8 t$，占比 0.6%。我国已发现的致密油储层均为陆相。

3）保存条件

我国致密油地层压力变化较大，异常高压与低压并存。如四川盆地中下侏罗统压力系数为 1.23~1.72，准噶尔盆地芦草沟组压力系数为 1.10~1.30，鄂尔多斯盆地长 7 段压力系数为 0.65~0.85。值得一提的是，少数盆地储层低压依然能形成规模致密油资源，主要是因为烃源岩质量高、烃源充足，供烃速率大于散失速率。如鄂尔多斯盆地长 7 段，烃源岩可分为黑色页岩和暗色泥岩两种，其中黑色页岩是最主要的生油岩，TOC 平均值高达 18.5%，分布面积为 $3.25 \times 10^4 km^2$，平均生烃强度为 $234.4 \times 10^4 t/km^2$，生烃量为 $1012.2 \times 10^8 t$，为长 7 段致密油的规模聚集提供了充沛的油源（杨华等，2017）。

1.2　致密砂岩储层预测研究现状

近年来随着勘探目标的复杂化、储层预测精度要求的精细化，地震预测技术得到了迅猛发展，以地质、地震、测井等为基础的多信息综合储层预测技术是致密砂岩储层预测的发展方向。这些技术主要包括：三维地震勘探、多波多分量地震勘探、AVO 技术、地球物理反演技术、三维相干体技术、地震属性技术等（马昭军等，2010；单蕊等，2011；程冰洁等，2012；Yang et al.，2013；黄金等，2014）。地球物理测井方面除常规测井系列外，近年发展起来了如阵列感应测井、偶极横波测井、微电阻率扫描成像测井、超声波扫描成像测井、核磁共振测井等新技术（李健等，2002；Mullen et al，2005；杨双定，2005；谭海芳，2007；张永军等，2012；景成等，2014；刘行军等，2015）。

1.2.1　致密砂岩储层预测技术发展现状

目前，致密砂岩勘探已经从早期的重视构造和厚大砂岩预测发展到了岩性圈闭、薄储层预测之中。预测手段也由早期的单一手段发展到目前的多学科联合运用阶段。随着致密砂岩油气藏勘探的发展，国内外在该方面的研究均得到了巨大提高。

1. 地球物理测井识别预测方法

1）常规测井技术

目前，识别致密砂岩储层的常规测井系列主要包括岩性测井系列（自然电位、自然伽马、自然伽马能谱）、孔隙度测井系列（补偿声波、补偿密度、补偿中子）、电阻率测井系列（双感应/八侧向、双侧向/微球聚焦）及工程测井（井径、井斜/方位测井）（赵军龙等，2017）。

2）测井新技术

随着测井理论和技术的进步，测井仪器也经历了模拟—数字—数控—成像的发展过程。近年来，一系列测井新技术在致密砂岩储层评价方面发挥了重要的作用，目前国内外常用的先进方法有阵列感应测井，提供地层真电阻率和冲洗带电阻率，划分渗透层、确定储层侵入特征及流体性质；偶极横波测井，确定地层孔隙度、估算地层渗透率、判别储层含气性、评价地层的各向异性；微电阻率扫描成像测井，裂缝识别与定量计算、次生孔隙度计算、构造及沉积学解释、地应力方向确定；超声波扫描成像测井，评价井壁地质特征、井眼状况、固井质量及套管损伤情况等地质工程问题；核磁共振测井，定量计算有效孔隙度、自由流体孔隙度、束缚水孔隙度、孔径分布及渗透率；化学元素俘获谱测井（ECS），可求取地层元素含量、岩石矿物成分，能满足评价地层岩性、计算黏土矿物含量、区别沉积体系、划分沉积相带和沉积环境、推断成岩演化等需要（赵政璋等，2012）。

2. 地球物理地震识别预测方法

1）有机质富集区地震预测

有机质含量作为致密油资源评价、有利区块优选中的一个重要指标，在致密油预测中发挥着关键的作用。通常情况下，主要用有机质丰度及有机质成熟度来表征有机质含量，它们的变化会影响岩石弹性性质。为研究这类变化，需要把有机物质（如干酪根）包含在岩石物理各向异性建模因子中来研究烃源岩的地震响应，最后反演得到所需的弹性参数，将这些优选的弹性参数转化为有机质丰度及成熟度，从而实现有机质富集区的预测（Wang et al.，1949，2013；潘仁芳和徐乾承，2011）。

2）致密砂岩储层含油气性检测

致密砂岩储层的含油气性决定致密油开发是否具有商业价值，是致密油资源评价、有利区块优选的关键指标（林建东等，2012）。综合国内外方法和实践经验，致密砂岩储层的含油气性预测方法主要有以下几种（石玉梅等，2003；刘振武等，2008；王锡文，2012）：①亮点技术，地层含有天然气后，波速、波阻抗都会明显降低，若气藏与围岩波阻抗差变大，则会产生亮点，反之，则会产生暗点。②AVO技术，AVO反演是利用不同偏移距的纵波振幅信息反演纵横波速度比或泊松比，然后根据反演的地层纵横波速度比值，或泊松比，或其他AVO指标预测地层是否含有油气。③P波Proni吸收滤波技术，采用非线性的变换方法，可以有效地分离高频信号，使处理结果大大增加地震资料的纵向及横向分辨率。特别是吸收滤波增加了衰减分量，其结果可有效地显示出高频能量衰减异常带，区分具有不同吸收特性的介质。④P波衰减与速度发散（AVD）技术，利用地面地震叠前资料计算地震波的吸收特性及速度的发散度，最终利用吸收特性及速度发散曲线在储层上的异常来预测油气藏。AVD可有效地识别孔隙和裂隙比较发育的储层及含油气层系。⑤P波动态能谱（DR）技术，利用二维或三维地震资料计算主频衰减异常、速度异常、振幅异常、压力异常等经过校正后合成的动态流体参数DR。DR高异常值表示主频衰减率高、速度异常值大等，是储层存在富含油气可能性大的一种表现。⑥P波多尺度频率与吸收技术，在不同的尺度下，多尺度频率属性（MSF）提取技术能有效凸显地震信号的时间-

频率分布，有利于分析烃类储层对高频成分特殊的响应特征；利用含水储层和含气储层的多尺度频率与吸收属性差异能够实现气水性质的识别。⑦纵横波剖面直接对比法，地层含气时，来自同一含气地层的纵横波反射，在纵波剖面上可能出现亮点、暗点或平点，而在横波剖面上不会出现这些异常现象。⑧纵横波速度比值法，多波勘探可以克服 AVO 反演的多解性；当存在气藏时，纵横波的速度比值（V_p/V_s）出现低异常。⑨吸收系数法，主要根据纵波在通过含气地层的衰减大于它在通过含油地层或含水地层的衰减。横波衰减与孔隙中流体类型无关，含气地层中纵波的衰减比横波大，含油或含水地层中纵波衰减可能比横波低或近似。

3）致密砂岩储层孔隙度地震预测方法

孔隙度作为储层预测的评价指标之一，控制着油气的富集程度及最终产量。由于致密油储层具有低孔隙度的特点，因此需要优选出对孔隙度敏感的参数，建立它们与孔隙度之间的关系，才能有效地进行致密油孔隙度地震预测。目前国内外学者从地震属性、弹性性质以及 AVO 响应三方面进行孔隙度预测分析。

（1）地震属性分析

所谓地震属性是指由叠前或叠后地震资料经某种数学方法变换而得的表示地震波几何形态、运动学、动力学或统计学特征的测量值，是地下储层岩性、物性和含油气性等地质性质的数学表示方法（杨占龙等，2007）。根据地震属性的物理和地质意义可以将其分为几何属性和物理属性（Taner et al.，1994），几何属性包括倾角、方位角、曲率、方差、边缘检测等，主要与地质构造的几何形态有关，可用于断裂及裂缝分析预测；物理属性与地震波运动学和动力学特征密切相关，包括振幅、波形、衰减、相关、频率、相位、能量等类型。根据储层特征不同，地震属性可分为亮点和暗点、不整合圈闭和断块隆起、油气方位异常、薄互层、地层不连续性、石灰岩储层和碎屑岩、构造不连续性、岩性尖灭有关的属性。随着数学、计算机科学的快速发展，目前应用较广的地震属性已达 200 余种，其中超过四分之一与地质结合较为紧密。

诸如 P 波阻抗、P 波振幅等地震属性的空间变化会受到众多岩性的联合影响，它们之间存在着内在联系。其中声波阻抗对孔隙度具有较高的敏感性。再结合横波阻抗，可以有效地在充填有饱和流体孔隙的岩石物理模型中进行孔隙度预测（王延光，2002；Jiang and Spikes，2011，2012，2013）。当然，除了波阻抗之外，有必要研究其他地震属性与孔隙度的敏感性，所以地震岩石物理技术与反演技术也是必不可少的。

（2）弹性性质

致密砂岩储层复杂的微观结构对弹性性质有着显著的影响。诸如纵波速度 V_p、拉梅系数 λ 和 μ、杨氏模量 E 及泊松比 ν 等，它们与孔隙度之间存在着一定的联系。尤其是杨氏模量 E 与泊松比 ν 受矿物组分的影响变化比较明显，即随着脆性矿物的增加，岩石更具脆性，且 E 和 ν 的数值增大，它们对孔隙度的敏感性也随之升高。考虑到致密油储层具有脆性的特点，使用 E 和 ν 预测致密油储层孔隙度是可行的。主要方法是通过岩石物理分析技术，构造多个岩石物理交汇图版，如"$V_p/V_s\text{-}I_p$"、"$E\text{-}\nu$"、"$\mu\rho\text{-}\lambda\rho$"等，优选出对孔隙度敏感的参数，建立其与孔隙度之间的定量关系。最后通过地震反演技术得到孔隙度分布。

（3）AVO 响应

AVO 截距（P）及 AVO 梯度（G）交汇图显示出其对孔隙度的可预测性，可以通过地震 AVO 响应来预测孔隙度。

1.2.2 致密砂岩储层裂缝检测研究现状及发展趋势

致密砂岩储层预测中对裂缝的研究也十分重视。研究方法主要包括：地质构造、岩心分析、地层构造曲率分析技术、地震预测及测井精细描述相结合的综合研究。

1. 地质构造

基于地质成因的裂缝预测是从基础地质资料入手，弄清研究区的构造发育史，确定裂缝的主要形成期及各时期的构造运动情况，研究裂缝在各主要构造发育期的发育状况（张虹，2008）。一般早期裂缝主要与断层相关联，受压扭应力作用和侧向挤压作用影响，一般发育共轭剪切裂缝（压性缝、扭性缝）、张性横裂缝、张性纵裂缝等。而后期的褶皱作用除产生新的无充填裂缝外，还对前期裂缝进行改造，如前期已胶结缝的重新开启，扩大裂缝规模。在构造及裂缝系统的精细解释的基础上，通过地质分析，建立符合地质要求的模型，根据构造约束条件，通过有限元方法得到某个时期的构造应力场。根据岩石的脆性破裂理论，利用数模结果，就可以实现岩石在应力场作用下的裂缝发育情况的预测（丁文龙等，2015b）。

2. 岩心分析

通过岩心分析可对裂缝进行直观的描述，同时可鉴定裂缝参数（如裂缝的张开度、长度、面积）并对裂缝的渗透率、孔隙度进行测定（丁文龙等，2015b，2015c）。

3. 地层构造曲率分析技术

致密砂岩储层主要发育构造裂缝，因此可以采用地层构造曲率法对裂缝进行预测。Murray（1968）最早引入构造面曲率的概念，并进行裂缝预测；曾锦光等（1982）根据薄板小扰度弯曲理论，假设地层为连续均质且各向同性介质，推导出了背斜地层的主曲率计算方法；李志勇等（2003）推导出适用于裂缝性储层的构造曲率计算方法。随着构造应力的增加，地层发生弯曲变形，在中性面外侧派生张性裂缝，而在中性面内侧派生挤压性裂缝，距离中性面越远，派生应力越大（周文等，2007）。地层构造曲率越大，应力越集中，破裂程度也相应增大。因而在张裂缝相对发育区钻井，则可能会获得相对较高的单井油气产能（刘人和等，1998）。

4. 地震预测

随着地震裂缝预测技术的不断探索，已形成基于地震属性的裂缝预测技术和基于地质成因的地震裂缝预测技术，如 MVE 裂缝预测（张筠，2003）。①地震属性裂缝预测技术–地震相干体预测技术，三维地震数据体记录了纵横向地层连续地震波响应，对于相邻的道集之间，地震波组形态存在相似性。但断层及裂缝等非连续地质体的出现，会使地震波形态产生一定程度的变化。对于相干体技术（杨凤丽等，1999）来说，通过对不同道集间的地震数据体进行相关运算，划分出不同部位岩层的相干强度，对于强烈相干的部位，往往代表有断层或裂缝的分布。②地震属性裂缝预测技术–倾角非连续性裂缝预测、倾角检测（苏朝光等，2002）则主要通过对地震数据体进行处理，获得地层的局部倾角数据及任意点的振幅方差，断层或裂缝的存在会使该振幅方差增大，从而实现裂缝发育区的检测。这些方法往往只能对较大尺度裂缝进行检测，当储层中主要发育微裂缝时，预测效果较差。③纵波各向异性分析技术，该技术立足于断层构造解释，首先对地层岩性和流体属性进行精细地震反演。利用叠前纵波地震数据，使用叠前 NMO 道集数据，通过叠加和偏移，得到含方位角的地震数据体，根据数据体的相对波阻抗、振幅、频率及衰减等属性的拟合获得地层裂缝密度和方向的预测（Baytok and Pranter，2013）。该方法要求叠前地震数据应为保幅数据，且地震数据体通过宽方位方法采集（纵横比>0.5）。当地震数据体采集方位角范围较窄时，可以采用叠前远近偏移属性地震正演及方位地震属性差异正演（田立新等，2010）的方法，寻找裂缝在地震资料中的地球物理响应，通过叠前参数反演、地震属性差异分析及方位各向异性分析对裂缝进行检测，最终完成致密砂岩储层的裂缝三维分布预测。④地质成因的裂缝预测技术，基于地质成因的裂缝预测技术与地震属性预测裂缝方法相比，其优越性在于能够基于古构造形态、断裂和地史应变量大小预测不同构造运动时期产生的裂缝、裂缝连通单元及开启闭合的状态，而利用地震属性预测裂缝是在地震剖面上看同相轴及断层附近的杂乱反射来分析裂缝的发育情况，并且无法预测不同构造运动时期所产生的裂缝（颜学梅，2012）。

5. 测井精细描述

1）成像测井裂缝识别技术

声、电成像测井信息丰富，图像显示直观，可以清晰地看到裂缝发育的条数和裂缝的倾角，是裂缝识别的重要手段。利用成像测井分析软件，可以对成像测井数据进行处理，提取裂缝特征信息进行裂缝识别和评价。电成像测井清晰地反映了井壁的电阻率变化，但不能反映低阻裂缝的张开、闭合状态；声成像测井通过传播时间和回波幅度全井眼成像，可以反映井壁的微细变化和介质的声阻抗变化，声、电成像测井组合分析可以获得裂缝有效性的认识（雍世和和张超谟，1996；丁文龙等，2009；赵永刚等，2013；丁文龙等，2015c）。

2）常规测井裂缝识别技术

利用测井资料识别裂缝是应用最为广泛也是最为重要的方法，常规测井方法包括电阻率测井、声波测井、补偿中子测井、密度测井及地层倾角测井等。裂缝的存在往往会影响测井参数的响应，如地层声波时差增大、测井密度值降低等，从而建立储层裂缝与常规测井之间的响应模式，或根据经验公式对裂缝参数如类型、产状、起始位置、方向、密度、开度及充填程度等参数进行描述和统计。常规测井裂缝识别技术能较好地反映裂缝特征的常规测井主要是声波测井和电阻率测井。

（1）声波全波列测井识别裂缝

全波列测井可比较准确地判别出裂缝的发育层段。当声波穿过裂缝时，由于裂缝的存在会引起传播时间的变化；由于能量的转换，声波幅度会减小。对于不同类型的波和不同的裂缝倾角，时差和能量的变化程度不同，低角度缝主要引起纵波时差增大，高角度缝主要引起横波时差增大；低角度缝对横波幅度衰减较大，对纵波影响较小；而高角度缝则能引起纵波一定的衰减，横波衰减不大，但对横波的后续波列造成一些干涉。

（2）电阻率测井识别裂缝

裂缝性地层的双侧向电阻率曲线一般有差异出现，差异情况与井眼条件、裂缝类型和储层的含流体性质有关。总的来说，裂缝性地层的电阻率差异存在多解性，致密岩层由于岩石结构完整，钻井液侵入不明显，RMSF 主要反映地层骨架电性，测值基本与双侧向重合。当地层存在低角度裂缝时，钻井液侵入裂缝，双侧向和 RMSF 测值在裂缝处为骨架与钻井液的共同响应，测值明显降低，常呈现指状低值。

第 2 章 　烃源岩研究及评价标准的建立

　　无论是对于常规油气，还是非常规油气，烃源岩研究都是油气勘探的一个重要研究内容，它主要解决研究区能否生烃、生成了多少烃、生成了多少烃类、探区是否值得勘探和有利区在哪的问题。因此，烃源岩的优劣不仅影响着储层能否成藏，在哪些区域、层位成藏，还制约着油气藏的丰度和油气藏类型。目前，烃源岩评价的方法和技术均较为成熟，其评价标准也一直沿用《陆相烃源岩地球化学评价方法》（SY/T 5735—1995）。

　　前人所建立的烃源岩评价标准是基于烃源岩的生烃能力而划分的，事实上，对于源外油气藏，烃源岩对油气藏的贡献大小不仅仅受到烃源岩的生烃能力限制，更重要的还有烃源岩的排烃效率，因此，烃源岩排烃量的多少才是评价烃源岩对于源外油气藏影响的一个重要指标。基于此，本研究从排烃角度出发，依据对实验分析数据和测井地化评价结果，开展烃源岩地化指标分析，建立有机质丰度、类型、成熟度超压等与排烃量的关系，从而重新拟定烃源岩的新评价标准，更具有针对性地评价烃源岩对类似于扶余油层的源外油气藏的影响和制约。通过开展生烃热模拟实验，标定研究区青一段烃源岩的反应活化能和反应分数，利用化学动力学法和物质平衡法评价烃源岩的生烃能力和排烃能力，刻画优质烃源岩的分布特征，以期指导扶余油层致密油油气勘探。

2.1　烃源岩地化指标分析及评价标准建立

2.1.1　烃源岩分布特征及品质分析

1. 烃源岩发育分布特征

　　青山口期是松辽盆地急剧拗陷、盆地扩张、水进体系发育的主要时期，尤以早、中期水进最急，气候由干热变为温暖潮湿。青山口组是盆地整体下沉、湖盆的首次扩张和其后收缩条件下的沉积，伴随着波动升降，具有明显的"兴急衰缓"的特点。青一段属于一套水进式沉积，而青二段、青三段则属于水退式反旋回沉积。青一段沉积时期，古松辽湖盆发育进入极盛时期，湖水扩张，大部分地区均为湖相沉积。岩性为一套灰黑色泥岩、油页岩与灰白色粉砂岩呈不等厚互层，底部为深灰色、灰黑色泥页岩或油页岩。青一段沉积中心处于大安—乾安一带，南薄北厚，泥岩最大厚度达100m以上，整体来看，厚层泥岩主体发育在红岗阶地东南部、长岭凹陷北部、扶新隆起西部及华字井阶地的北部区域，泥岩厚度基本处于40~100m。统计表明，青一段厚度大于40m的暗色泥岩分布面积约为$5.6×10^4 km^2$，为松辽盆地青一段烃源岩的主要发育区。

2. 烃源岩地化参数特征

　　1）有机质丰度特征

　　有机质丰度是指单位质量岩石中有机质的数量，在其他条件相近的前提下，有机质丰度越高，其生烃能力越高。岩石中的有机质是油气生成的物质基础，它的含量高低对烃源岩的评价有着直接影响。只有当岩石中的有机质含量达到一定界限时，才可能生成具有工业价值的油气，成为有效烃源岩。而有机质丰度是评价烃源岩生烃潜力的重要参数。目前常用的有机质丰度指标主要有有机碳含量（TOC）、岩石热解参数（S_1、S_2）、氯仿沥青"A"等。

从实测有机质含量来看，研究区内有机质丰度普遍较高，不同二级构造带均半数以上达到好烃源岩评价标准，其中长岭凹陷63%达到好的烃源岩标准，扶新隆起带92%为好烃源岩，红岗阶地约81%为好烃源岩，华字井阶地约95%为好烃源岩（图2.2）。虽然四个二级构造带有机质丰度均较高，但扶新隆起和华字井阶地有机质丰度要远好于长岭凹陷和红岗阶地，长岭和红岗有机质丰度半数集中在1%～2%，TOC含量大于2%的比例仅为14.76%和21.86%，而扶新隆起和华字井阶地70%以上的烃源岩有机质含量大于2%（图2.1）。

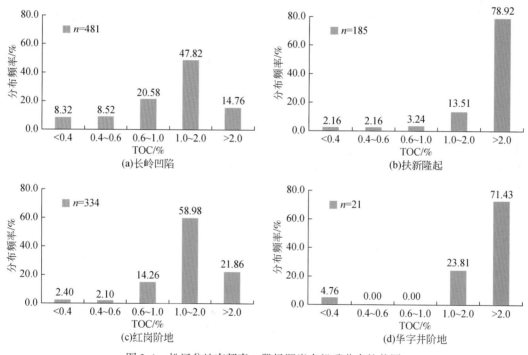

图2.1　松辽盆地南部青一段烃源岩有机碳分布柱状图

氯仿沥青"A"是指用氯仿从沉积岩（物）中溶解（抽提）出来的有机质，它反映的是沉积岩中可溶有机质的含量。严格来讲，它作为生烃（取决于有机质丰度、类型和成熟度）和排烃作用的综合结果，只能反映烃源岩中残余可溶有机质丰度而不能反映总有机质丰度。氯仿沥青"A"指标也揭示研究区半数以上的样品达到好—很好的标准，不过与有机碳含量不同，长岭凹陷和红岗阶地氯仿沥青"A"要好于扶新隆起，这跟烃源岩的埋深和成熟度有关，长岭凹陷和红岗阶地埋深大于扶新隆起，成熟度相对高，较多的有机质转化生烃，致使其氯仿沥青"A"含量高于扶新隆起（图2.2）。

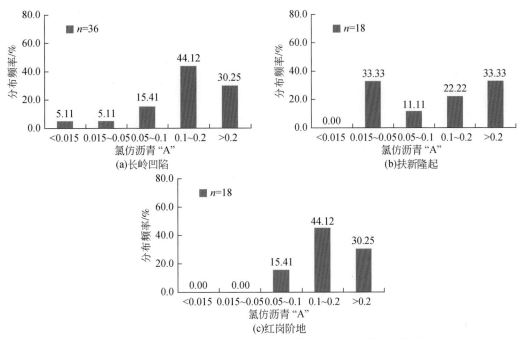

图 2.2　松辽盆地南部青一段烃源岩氯仿沥青 "A" 分布柱状图

生烃潜量或生烃势（S_1+S_2）是烃源岩中已经生成的和潜在能生成的烃量之和，但不包括生成后已从烃源岩排出的部分。在其他条件相近的前提下，两部分之和也随着岩石中有机碳含量的升高而增大，但也会随着成熟度的升高，有机质生烃潜力降低而逐步降低。研究区生烃潜力参数揭示，扶新隆起和华字井阶地 S_1+S_2 含量较高，大于 6mg/g 的比例分别约占 76% 和 92%，其中扶新隆起约 31% 的样品 S_1+S_2 值大于 20mg/g，华字井阶地约 88% 处于 6～20mg/g（图 2.3）。其次为红岗阶地，大于 6mg/g 的约为 57%，其中约 54% 的样品介于 6～20mg/g（图 2.3）。长岭凹陷 S_1+S_2 含量较低，仅 26% 的样品其含量大于 6mg/g，大于 20mg/g 的比例仅占 3% 左右（图 2.3）。因此，仅从生烃潜力指标来看，长岭凹陷烃源岩品质较差，以非烃源岩和差烃源岩为主，而实际上长岭凹陷有机质丰度较高，虽然低于扶新隆起和华字井阶地，但依然主要为好—很好级别的烃源岩，烃源岩生烃潜力较低主要是受到较高的成熟度和排烃的影响，较高的成熟度造成能生成但还未生成的有机质含量减少，S_2 含量较低，而排烃的过程造成残留的液态烃 S_1 含量降低。

此外，扶新隆起和华字井阶地烃源岩 TOC 含量明显高于长岭凹陷和红岗阶地，但残留液态烃 S_1 的含量却远远低于长岭凹陷。类似于红岗阶地的这种高有机碳含量却低 S_1 含量的现象只可能有两种原因：①红岗阶地烃源岩排烃效率极高，生成的油气基本排出去了。②红岗阶地烃源岩依然还未生烃。从该地区烃源岩的埋深和成熟度指标来看，原因属于后者。

综上所述，从烃源岩丰度指标来看，研究区青一段烃源岩有机质丰度普遍较高，其中扶新隆起和华字井阶地有机质丰度最高，但受到有机质成熟度和排烃过程的影响，长岭凹陷氯仿沥青 "A" 和生烃潜力均较低，这一现象不能说明长岭凹陷烃源岩品质比其他地区差，只能说明长岭凹陷烃源岩已经经历了大规模生烃和排烃过程，其对于该地区油气成藏

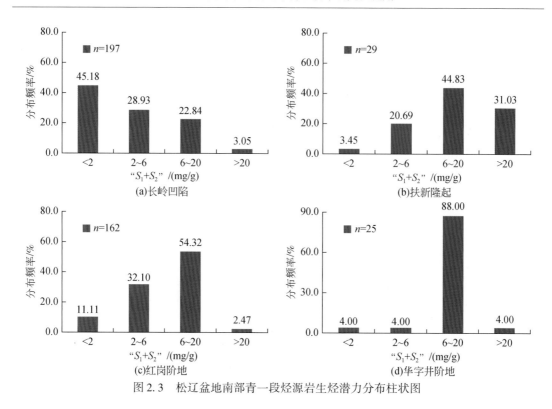

图 2.3　松辽盆地南部青一段烃源岩生烃潜力分布柱状图

的贡献远高于扶新隆起和华字井阶地等地区。

2）有机质类型特征

要客观认识烃源岩的成烃能力和性质，仅仅评价有机质的丰度是不够的，还必须对有机质的类型进行评价。有机质类型是衡量有机质产烃能力的参数，同时也决定了产物是以油为主，还是以气为主。不同类型母质生成烃类的性质也不相同，藻类和腐泥母质生成环烷烃或石蜡环烷烃石油，其生烃期长、生油带厚、生气量少；而高等植物等腐殖型母质则相反，生成石蜡基或芳香族石油，其生烃期短、生油带薄、生气量大并有凝析油生成。由此可见，一定数量的有机质（包括烃源岩有机质含量及烃源岩数量）是成烃的物质基础，而有机质的质量（即母质类型的好坏），则决定着生烃量的大小及生成烃类的性质和组成。

从范氏三类四分图来看，研究区青一段有机质类型基本以Ⅰ型和Ⅱ$_1$型为主，有机质类型较好，长岭凹陷少数样品为Ⅱ$_2$型（图2.4），因此，从沉积环境来看，该地区在沉积时以深湖相沉积体系藻类和腐泥母质为主，生油潜力大。

氯仿沥青"A"是各种烃类和非烃类的混合物，通常可将其进一步分离成饱和烃、芳香烃、非烃和沥青质4个族组分。不同类型干酪根所生成的氯仿沥青"A"的族组成存在一定的超逸，一般来说，类型越好的干酪根，所生成的氯仿抽提物中饱和烃含量越高，饱和烃和芳香烃的比值越大。从青一段烃源岩的氯仿抽提数据来看，58%左右的样品饱和烃/芳烃大于3.0，为Ⅰ型干酪根，其次约34%的样品为Ⅱ$_1$型干酪根，二者占所有样品的90%以上，因此判定青一段有机质类型以Ⅰ型和Ⅱ$_1$型为主（图2.5）。

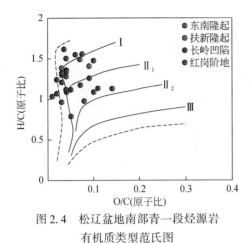

图 2.4　松辽盆地南部青一段烃源岩
有机质类型范氏图

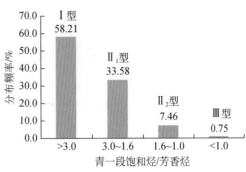

图 2.5　松辽盆地南部青一段烃源岩可溶
有机质特征划分有机质类型

热解三分资料同样也包含有烃源岩有机质类型的信息，如氢指数和氧指数。对于成熟度较低的烃源岩而言，氢指数能较好地反映有机质生烃能力的高低，母质类型指数也可反映有机质氢、氧的相对富集程度，因而可成为良好的判识有机质类型的指标。从氢指数（I_H）-T_{max} 判定图版来看，研究区烃源岩主要为 I 型和 II$_1$ 型有机质，长岭凹陷存在少量的 II$_2$ 型有机质和极少量的 III 型干酪根（图 2.6）。

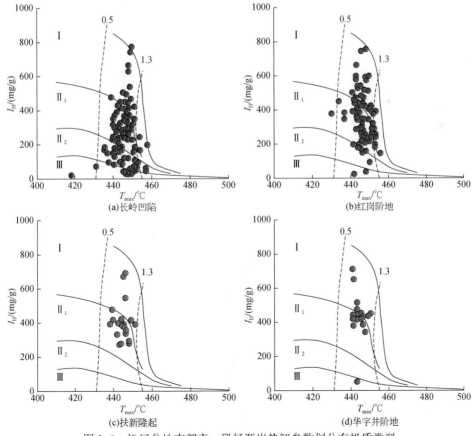

图 2.6　松辽盆地南部青一段烃源岩热解参数划分有机质类型

3）有机质成熟度

勘探实践证明，一个盆地的油气分布受生油区的控制，只有在成熟烃源岩分布区才有较高的勘探成功率，盆地内烃源岩的热演化阶段直接关系到油气的勘探远景。因此，准确确定有机质成熟度是烃源岩评价的又一关键问题。

干酪根镜质组反射率（R_o）被认为是研究干酪根热演化和成熟度的最佳参数之一。随着有机质热演化程度的加深，干酪根镜质组反射率发生有规律的变化。实测 R_o 数据显示（图 2.7），青山口组 R_o 值主要分布在 0.4% ~ 1.3%，为低熟—成熟阶段。但实测 R_o 数据在埋深大于 1200m 后依然存在大量的异常低的样品，甚至在 2300m 左右还存在 R_o 显示为未熟—低熟的烃源岩（图 2.7）。经统计，青一段异常点最多，约占半数的样品都存在 R_o 异常低的现象，其次为青二段—青三段和嫩一段，分别存在约 10% 和 15% 的异常低样品（图 2.8）。通过分析每口单井 R_o 的变化趋势发现，异常并非集中分布，而是零散地分布在正常 R_o 数据间（图 2.9），这一特征表明 R_o 的异常低并非是由于有机质成熟度的影响，而是其他因素导致 R_o 检测得比较低。

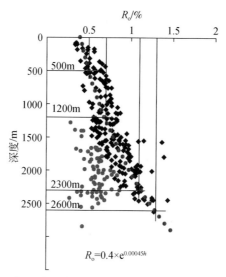

$$R_o = 0.4 \times e^{0.00045h}$$

图 2.7　松辽盆地南部中浅层烃源岩 R_o 随深度变化特征

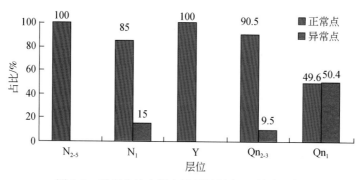

图 2.8　松辽盆地南部中浅层烃源岩 R_o 异常比例

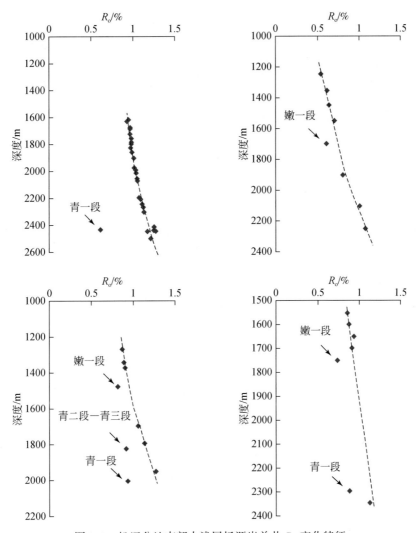

图 2.9　松辽盆地南部中浅层烃源岩单井 R_o 变化特征

　　已有研究表明（赵俊峰等，2004），由于有机质干酪根类型的差异，镜质体的富集程度存在差异，如陆生植物组成的 Ⅲ 型干酪根中镜质体丰度高，Ⅱ 型干酪根镜质体丰度中等，而大多数 Ⅰ 型干酪根是缺乏镜质体的。富氢镜质体主要出现在腐泥煤、油页岩及 Ⅰ 型生油岩中，比共生的正常镜质组反射率低。而研究区青一段烃源岩正是湖相沉积缺少高等植物输入的 Ⅰ - Ⅱ₁ 型有机质，镜质组含量少或缺乏，绝大多数小于 10%，很多样品均检测出镜质组（表 2.1），因此检测的 R_o 数据所表征的成熟度不可靠。同时也有证据表明，沥青的存在（对镜质体的浸染）或烃源岩内存在超压（Hao et al.，1995）都会使镜质组的测值偏低或者正常演化变得迟缓，这些有时会使得 R_o 作为权威成熟度指标的有效性受到挑战。

表 2.1 松辽盆地南部中浅层部分样品干酪根显微组分含量

井号	层位	顶深/m	腐泥组/%	壳质组/%	镜质组/%	惰质组/%	TI	类型	数据来源
查 19	嫩一段	1586.30	0.00	82.00	8.00	10.00	25.00	II_2	中东数据库
查 19	青一段	2171.00	0.00	77.00	17.00	6.00	19.80	II_2	中东数据库
查 22	青一段	1736.00	99.00	0.00	1.00	0.00	98.25	I	中东数据库
查 22	青一段	1794.00	100.00	0.00	0.00	0.00	100.00	I	中东数据库
查 22	青一段	1802.00	100.00	0.00	0.00	0.00	100.00	I	中东数据库
黑 47	嫩一段	1700.00	0.00	98.00	0.00	2.00	47.00	II_1	中东数据库
黑 47	嫩一段	1750.00	0.00	98.00	0.00	2.00	47.00	II_1	中东数据库
黑 47	青一段	2350.00	57.00	20.00	17.00	6.00	48.70	II_2	中东数据库
黑 53	嫩一段	1712.00	100.00	0.00	0.00	0.00	100.00	I	中东数据库
黑 53	青一段	2459.00	0.00	86.00	10.00	4.00	31.50	II_2	中东数据库
黑 53	青一段	2410.00	0.00	89.00	10.00	1.00	36.00	II_2	中东数据库
黑 54	嫩一段	1550.00	95.00	0.00	5.00	0.00	91.25	I	中东数据库
黑 55	嫩一段	1450.00	0.00	93.00	7.00	0.00	41.20	II_1	中东数据库
黑 55	嫩一段	1420.00	0.00	92.00	8.00	0.00	40.00	II_1	中东数据库
黑 55	嫩一段	1400.00	0.00	85.00	15.00	0.00	31.20	II_2	中东数据库
黑 56	青一段	2300.00	98.00	0.00	2.00	0.00	96.50	I	中东数据库
黑 93	嫩一段	1818.20	0.00	99.00	1.00	0.00	48.75	II_1	中东数据库
黑 93	嫩一段	1818.60	0.00	99.00	1.00	0.00	48.75	II_1	中东数据库
黑 93	嫩一段	1818.40	0.00	97.00	3.00	0.00	46.25	II_1	中东数据库
乾 101-1	青一段	1460.00	98.00	2.00	0.00	0.00	98.00	I	中东数据库
乾深 10	青一段	2107.00	92.00	2.00	6.00	0.00	88.50	I	中东数据库
情 4	青一段	1805.52	0.00	98.00	1.00	1.00	47.30	II_1	中东数据库
情 6	青一段	1871.00	0.00	97.00	2.00	1.00	51.00	II_1	中东数据库
情 6	青一段	1820.60	0.00	77.00	18.00	5.00	20.00	II_2	中东数据库

剔除这些异常的 R_o 数据，建立 R_o 与深度的关系，显示 R_o 与深度具有良好的指数关系，即 $R_o = 0.4 \times e^{0.00045h}$。当埋深达到 500m 时，$R_o$ 达到 0.5%，有机质进入低熟阶段；当埋深达到 1200m 时，有机质开始进入成熟阶段，R_o 等于 0.7%，开始大量生烃；当埋深达到 2300m 时，烃源岩达到生烃高峰期，并有少量油开始裂解；当埋深进入 2600m 以下时，原油开始大量裂解成气，进入高熟阶段，对应 R_o 约为 1.3%（图 2.7）。

T_{max} 是由 Rock-Eval 热解仪分析所得到的 S_2 峰的峰顶温度，对应着实验室恒速升温的条件下热解产烃速率最高的温度。由于有机质在埋藏过程中随着热应力的升高逐步生烃时，活化能较低，容易成烃的部分往往更多地被优先裂解，因此，随着成熟度的升高，残余有机质成烃的活化能越来越高，相应地，生烃所需的温度也逐渐升高，即 T_{max} 逐渐升高。这是 T_{max} 作为成熟度指标的基础。也有人认为，T_{max} 可能比 R_o 值对于热事件更敏感（王铁冠等，1998）。Rock-Eval 分析既快速又经济，使它成为常用的成熟度指标之一。从图 2.10 可以看出，松辽盆地南部青一段在 1000m 以下的泥岩中，热解峰温 T_{max} 基本处于 440～450℃，为成熟阶段，因此可以推断，在埋深大于 1600m 的时候青一段烃源岩不会出现未熟—低熟的情况。

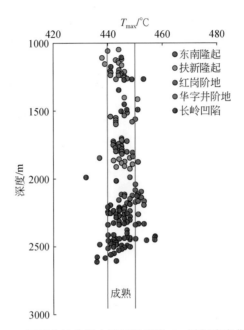

图 2.10　松辽盆地南部中浅层烃源岩 T_{max} 随深度变化特征

3. 烃源岩排烃特征分析

Rock-Eval 分析所得的 S_1 代表源岩中已经生成的烃类化合物的含量（或称为游离烃或热解烃），S_2 则代表源岩中能够生烃但尚未生成的有机质的含量（从实验分析的角度讲，称为裂解烃），两者之和（S_1+S_2）称为生油势。它包括源岩中已经生成的和潜在能生成的烃量之和，但不包括生成后已从源岩中排出的部分。而将（S_1+S_2）/TOC 称为生烃势指数。显然，源岩的生烃势是其中有机质数量、性质和排烃效率的综合反映。而生烃势指数则只与有机质的性质和排烃量有关。

对含有同样类型有机质的烃源岩来说，不论其成熟度如何，也不论源岩中的有机母质是以何种方式、机理成烃（可溶有机质早期生物降解或干酪根晚期热降解），在源岩中生成的烃类满足自身的各种残留需要之前，基本没有排烃，它的生烃势指数［（S_1+S_2）/TOC］应该基本保持不变。因此，对同一烃源岩层的同一有机相，若由分析所得的（S_1+S_2）/TOC 对成熟度（或埋深）作图，如果该参数随埋深减小，最可能的原因只能是排烃作用。开始减小的点对应着排烃门限，减小的幅度即定量指示了排烃量的大小。从图 2.11 可以看出，青一段少量的 II_2 型和 III 型样品基本未排烃，而占主体地位的 I 型和 II_1 型有机质的排烃门限存在微小的差异。I 型有机质排烃门限为 1570m 左右，II_1 型有机质在

1640m 左右，因此总体来看，青一段烃源岩的排烃门限定为 1600m（图 2.11），其对应的 R_o 值约为 0.8%，这也说明烃源岩在进入成熟阶段后便开始排烃；而当埋深达到 1900～2050m 时，烃源岩排烃量达到最大值。长岭凹陷青一段泥岩埋深基本大于 1600m，最大埋深达到 2300m 左右，因此，该地区烃源岩已进入排烃门限，甚至青一段底部的部分烃源岩已进入最大排烃门限，因此，从烃源岩排烃角度来看，该地区较为有利。

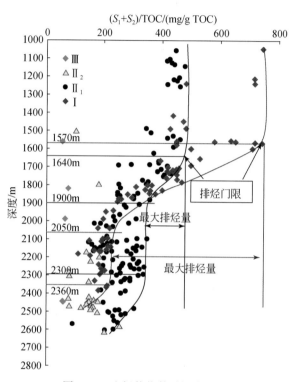

图 2.11　生烃势指数随深度变化

2.1.2　烃源岩评价标准的建立

只有从烃源岩中排替出来的烃量才能对成藏有贡献，如图 2.12 所示，松辽盆地南部扶余油层致密油的分布和产能与其上覆青一段烃源岩的排烃量有着密切的关系，高排烃量的烃源岩，其下伏的泉四段油层厚度大，产能高。因此，从原理上讲，对烃源岩排烃量的评价比对其生烃量的评价具有更为重要的意义。由于前人所提出和沿用的烃源岩评价标准均是基于烃源岩的生烃特征而划分的，因此，对于源外油气藏，从排烃角度出发，建立新的烃源岩评价标准更有意义。

有效且方便应用的烃源岩评价指标依然是烃源岩的发育程度、有机质丰度、类型和成熟度，考虑到研究区泉四段特殊的上生下储型成藏特点，油气以超压为驱动力下排倒灌，因此，本次还要厘定超压的划分界限。从排烃角度出发，建立排烃与有机质丰度、类型、成熟度及超压的关系，从而建立新的烃源岩评价标准。

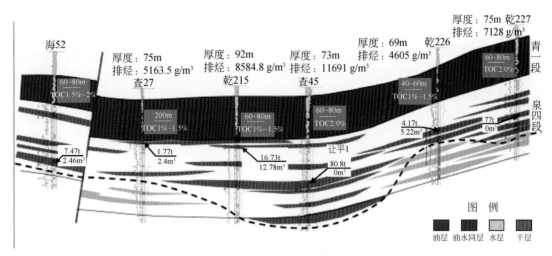

图 2.12 海 52—乾 227 井扶余油层成藏与烃源岩关系模式图

　　基于实测热解数据，利用物质平衡法计算单位质量岩石的最大排烃量，并根据烃源岩生烃特征恢复原始有机质含量，建立单位质量岩石的最大排烃量和原始有机碳含量（TOC_0）的关系。由图 2.13 可知，随着原始有机碳含量的增加，单位岩石最大排烃量呈现典型的三分性，即当原始有机碳含量小于 1.0% 时，随着有机碳含量的增加，单位质量烃源岩排烃不明显，此时可定义该类烃源岩为无效烃源岩（或Ⅲ类烃源岩）；当原始有机碳含量增大至 2.5% 时，随着有机碳含量的增加，单位质量烃源岩排烃量缓慢增加，定义此类源岩为有效烃源岩（或Ⅱ类烃源岩）；当原始有机碳含量超过 2.5% 时，随着有机碳含量的增加，单位质量烃源岩排烃量急剧增加，定义此类烃源岩为优质烃源岩（或Ⅰ类烃源岩）。因此，当 $TOC_0 \geq 2.5\%$，残余 $TOC \geq 2.0\%$ 时，烃源岩为Ⅰ类烃源岩或优质烃源岩；当 $1.0\% < TOC_0 < 2.5\%$，$0.8\% <$ 残余 $TOC < 2.0\%$ 时，烃源岩为Ⅱ类烃源岩或有效烃源岩，当 $TOC_0 \leq 1.0\%$，残余 $TOC \leq 0.8\%$ 时，烃源岩为Ⅲ类烃源岩或无效烃源岩。

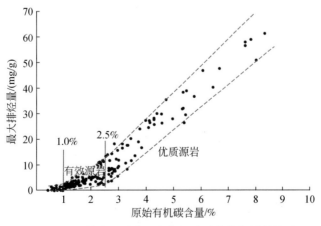

图 2.13 原始有机碳含量与烃源岩最大排烃量的关系

　　图 2.14 反映不同类型有机质的生烃潜力与有机碳含量的变化趋势，由图可知，Ⅰ型和Ⅱ$_1$型有机质生烃能力较强，但Ⅰ型有机质的生烃能力大于Ⅱ$_1$型有机质，而Ⅱ$_2$型和Ⅲ型有机质的生烃能力均较低。从残留烃数据来看，Ⅰ型和Ⅱ型有机质中单位质量有机质残留烃量基本相当，Ⅱ$_1$型略多于Ⅰ型，Ⅱ$_2$型和Ⅲ型有机质残留烃量普遍较低（图 2.15）。因此，Ⅰ型有机质的排烃能力要优于Ⅱ$_1$型有机质，Ⅱ$_2$型和Ⅲ型干酪根排烃能力最差，据此，可定义富含Ⅰ型有机质的烃源岩为Ⅰ类烃源岩或优质烃源岩，富含Ⅱ$_1$型有机质的烃源岩为Ⅱ类烃源岩或有效烃源岩，富含Ⅱ$_2$型和Ⅲ型有机质的烃源岩为Ⅲ类烃源岩或无效烃源岩。

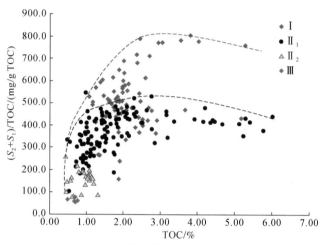

图 2.14　残余有机碳含量与单位质量有机质生烃潜力的关系

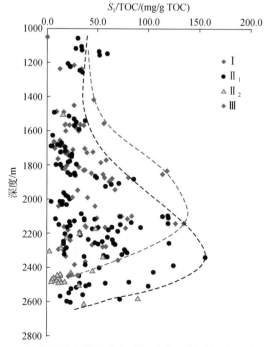

图 2.15　单位质量有机质富含残留液态烃量随深度变化的关系

　　烃源岩对油气藏是否有贡献，重点在于烃源岩是否排烃，排多少烃，这就涉及烃源岩的排烃门限和最大排烃门限，以及排烃门限控油气成藏理论（庞雄奇，1993；庞雄奇等，2003）。如"烃源岩排烃特征"所述，青一段烃源岩在 1600m 左右开始排烃，其对应 R_o 约为 0.8%；当埋深达到 2000 时，烃源岩排烃量达到最大，随后基本保持不变，对应的 R_o 为 0.9%。因此拟定 $R_o \geqslant 0.9\%$ 时，烃源岩为Ⅰ类烃源岩，当 $0.8\% < R_o < 0.9\%$ 时，烃源岩为Ⅱ类烃源岩，当 $R_o \leqslant 0.8\%$ 时，烃源岩为Ⅲ类烃源岩。

　　基于单井声波时差计算了 169 口单井的现今青一段超压，分析部分单井现今超压与单位质量烃源岩排烃量的关系（图 2.16）。表明现今超压与排烃量呈现正相关，在超压约为 6.8MPa 时存在一个拐点，当超压小于 6.8MPa 时排烃量变换缓慢，当超压超过 6.8MPa 时，排烃量急剧增加，这表明超压约为 6.8MPa 是优质烃源岩和有效烃源岩的分水岭（图 2.16）。超压与残余有机碳含量的关系也揭示，当 TOC 约为 2.0% 时也出现拐点，此时超压约为 7.2MPa（图 2.17）。因此，将现今地层超压为 7MPa 作为Ⅰ类烃源岩和Ⅱ类烃源岩的分界线。当 TOC 等于 0.8% 时，地层现今超压约为 1MPa，故将 1MPa 作为Ⅱ类烃源岩和Ⅲ类烃源岩的分界线。

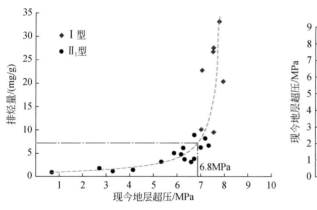 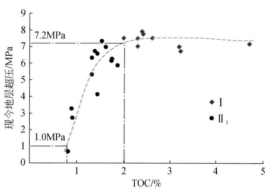

　　图 2.16　地层现今超压与排烃量的关系　　　　　图 2.17　残留有机碳与现今地层超压的关系

　　依据上述分析结果，建立了烃源岩分级评价标准，将烃源岩划分为三类：Ⅰ类烃源岩为优质烃源岩，以Ⅰ型有机质为主，部分为Ⅱ$_1$型，有机碳含量大于 2.0%，单位质量岩石排烃量大于 8mg/g，有机质成熟度介于 0.7% ~ 1.0%，源内超压超过 7MPa，烃源岩厚度介于 70 ~ 130m，排烃强度大于 50 万 t/km²；Ⅱ类烃源岩为有效烃源岩，以Ⅱ$_1$型有机质为主，部分为Ⅰ型，有机碳含量介于 0.8% ~ 2.0%，单位质量烃源岩排烃量介于 0 ~ 8mg/g，有机质成熟度介于 0.5% ~ 0.7%，源内超压介于 1 ~ 7MPa，烃源岩厚度介于 30 ~ 70m，排烃强度介于 25 万 ~ 50 万 t/km²；Ⅲ类烃源岩为无效烃源岩，以Ⅱ$_2$型和Ⅲ型有机质为主，存在少量Ⅱ$_1$型，有机碳含量小于 0.8%，单位质量岩石排烃量为 0，有机质成熟度小于 0.5%，源内超压小于 1MPa，烃源岩厚度介于 10 ~ 30m，排烃强度小于 25 万 t/km²。烃源岩分类评价标准如表 2.2 所示。

表 2.2　烃源岩分类评价标准

判断指标	烃源岩类型划分		
	Ⅰ类烃源岩	Ⅱ类烃源岩	Ⅲ类烃源岩
有机质类型	Ⅰ，部分Ⅱ$_1$	Ⅱ$_1$，部分Ⅰ	Ⅱ$_2$，Ⅲ，部分Ⅱ$_1$
TOC/%	>2.0	0.8~2.0	<0.8
最大排烃量/（mg/g 岩石）	>8	0~8	0
R_o/%	0.7~1.0	0.5~0.7	<0.5
源内超压/MPa	>7	1~7	<1
烃源岩厚度/m	70~130	30~70	10~30
排烃强度/（t/km²）	>50×10⁴	25×10⁴~50×10⁴	<25×10⁴

　　根据烃源岩的评价标准，研究区内致密油区内（埋深大于1750m）的烃源岩均进入排烃门限，且绝大部分区域已达到排烃高峰，为该地区泉四段致密油提供了充足的油源（图2.18）。从烃源岩地化指标来看，虽然致密区内60%以上的烃源岩残余有机碳含量介于0.8%~2.0%，仅16%左右的烃源岩样品有机碳含量超过2.0%，但由于致密油区内有机碳源岩已大量生烃，致使现今的残余有机碳含量偏低（图2.19）。这一现象在生烃潜力（S_1+S_2）参数上也有佐证，致密油区内青一段烃源岩的生烃潜力60%以上小于6mg/g，无样品的生烃潜力大于20mg/g，由于已大量生烃，烃源岩残余的生烃潜力S_2很低，同时烃源岩大量排烃，其残余的且已生成的液态烃S_1含量较低，故致密油区内烃源岩总体上生烃潜力较斜坡区和隆起区低很多（图2.20）。

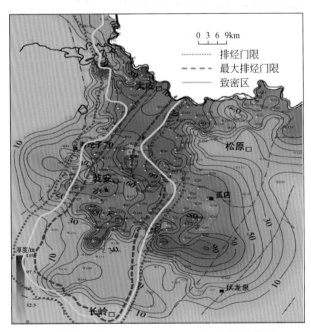

图2.18　青一段烃源岩厚度与排烃门限叠合图

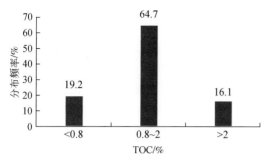

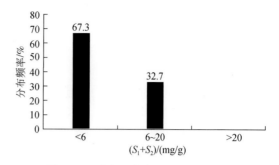

图 2.19　致密区内青一段烃源岩有机碳　　　　　图 2.20　致密区内青一段烃源岩生烃
　　　　　含量分布柱状图　　　　　　　　　　　　　　　　潜力分布柱状图

2.2　烃源岩测井地化及有机非均质性刻画

　　烃源岩存在较强的有机非均质性，实测地化数据受到样品数量的限制，难以精确描述烃源岩有机碳和残留烃的分布特征。本研究基于改进的 $\Delta \lg R$ 方法，对研究区 266 口单井进行有机非均质性刻画，以阐明研究区青一段烃源岩有机质丰度和 S_1 在横向和纵向上的平面分布特征，以期更加精确地评价研究区烃源岩的品质。

2.2.1　$\Delta \lg R$ 方法原理及模型改进

　　$\Delta \lg R$ 技术由埃克森（EXXON）和埃索（ESSO）石油公司推导和实验得出，并得到广泛应用，其方法主要是利用补偿声波时差与电阻率曲线之间的幅度差（$\Delta \lg R$）来反映泥页岩中有机质丰度和含烃量的变化，公式如下：

$$\Delta \lg R = \lg (R / R_{\text{基}}) + K (\Delta t - \Delta t_{\text{基}}) \tag{2.1}$$

$$\text{TOC} = \Delta \lg R \times 10^{(2.997 - 0.1688 \text{LOM})} \tag{2.2}$$

式中，R 和 Δt 分别为实测电阻率（$\Omega \cdot \text{m}$）和声波时差（$\mu \text{s/ft}$）；$R_{\text{基}}$ 和 $\Delta t_{\text{基}}$ 分别为基线对应的电阻和声波值；K 为叠合系数，定值 0.02；LOM 为成熟度参数。

　　由于声波时差和电阻率对岩石骨架、孔隙度及孔隙流体的敏感性较强，因此，利用声波时差和电阻率来评价泥页岩有机质和烃类流体时需要考虑到如何消除孔隙度对测井曲线的影响。Passey 等（1990）分别建立了声波时差和电阻率与孔隙度的关系，通过联立方程消除孔隙度，发现在一定孔隙范围内，声波和电阻与孔隙度大致呈线性关系，斜率为0.02，即叠合系数 K。问题在于叠合系数 K 的推导过程中运用了大量的经验公式和经验系数，具有区域上的限制，而且除了孔隙外，骨架中的无机矿物同样也会产生类似的影响，因此，利用固定的叠合系数来计算各个盆地的 TOC 和残留烃含量显然不合适。同时传统$\Delta \lg R$ 法需要人为确定基线，可操作性不强，且基线的选值也直接影响着计算结果。基于此，刘超等（2011）对该模型做了基线的自动选取、叠合系数的动态优选及 TOC 背景值拟合确定等多方面的改进，改进后的模型如式（2.3）、式（2.4）所示：

$$\Delta \lg R = \lg R + \lg (R_{\max} / R_{\min}) / (\Delta t_{\max} - \Delta t_{\min}) \times (\Delta t - \Delta t_{\max}) - \lg R_{\min} \tag{2.3}$$

$$TOC = A \times \Delta lgR + B \qquad (2.4)$$

式中，R_{max}（Δt_{max}）和 R_{min}（Δt_{min}）分别为电阻率与声波时差曲线叠合时电阻率（声波时差）曲线刻度的最大值和最小值；A 为调节因子；B 为背景值，即幅度差为 0 时的有机碳或残留烃含量。

在整个模型改进过程中，关键的就是叠合系数的动态优选。从表 2.3 中的数据容易发现，无论声波时差和电阻率的刻度范围如何，只要 K 值不变，计算值与实测值的相关度 R^2 不变；K 值改变，相关度 R^2 随之变化。这说明叠合系数 K 是决定利用该方法识别有机质含量准确与否的关键因素，若想提高 ΔlgR 与计算参数的相关度，必须找到最佳的 K 值。理论上，K 值由小变大的过程是一个从主要识别烃类流体逐渐向烃类流体和干酪根共同识别、从主要依赖一条曲线响应无法消除其他因素的影响向两条曲线并用逐渐消除其他因素对有机质或烃类流体测井响应影响逐渐过渡的过程。故理论上随着 K 值由小到大，计算数据与实测数据的相关度应呈现先增大后减小的趋势，实践也证实了这一观点（图 2.21），由增大到减小的转折点为最优叠合系数。

表 2.3　叠合系数 K 与模型参数关系

声波时差刻度范围	电阻率刻度范围	K	R^2	ΔlgR 均值	A	B
0 ~ 200	0.01 ~ 0.1	0.005	0.1723	2.8560	4.2683	-9.6769
0 ~ 200	0.02 ~ 2	0.005	0.1723	2.5497	4.2683	-8.392
0 ~ 200	0.01 ~ 100	0.02	0.4985	0.8563	10.67	-6.6466
5 ~ 205	0.01 ~ 100	0.02	0.4985	0.7563	10.67	-5.5796
1 ~ 201	0.00110 ~ 3478	0.325	0.741	0.12047	14.247	0.7743
-1 ~ 199	0.00115 ~ 3636	0.325	0.741	0.0686	14.247	0.1233

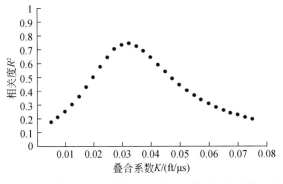

图 2.21　模型计算结果与实测数据的相关度 R^2 随叠合系数 K 变化曲线

$1ft = 3.048 \times 10^{-1} m$

2.2.2　有机非均质性测井建模及验证

考虑到不同地区 ΔlgR 与 TOC、S_1 相关关系式可能存在差别，因此针对青一段烃源岩的非均质性测井评价，采取分区带选取标准井建模和验证，并基于标准间建立的公式，计算预测附近单井的测井地化参数。对于 TOC 评价，本次选取 32 口井建模，并针对这 32 口井所建立的模型利用 51 口井进行验证，并划分 23 个区块，共评价预测了 266 口单井的青一段 TOC，建模井、验证井及计算井区带划分，基本覆盖青一段烃源岩主要发育区。针对 S_1 的测井评价，优选了 18 口建模井，利用 33 口单井的实测数据验证所建立的测井模型，并划分 18 个区块评价预测 266 口单井青一段烃源岩 S_1 含量，评价井分布及分区。建立的 TOC 和 S_1 测井模型及相关参数如表 2.4 和表 2.5 所示。

表 2.4　TOC 测井模型及相关参数

区块	建模井	$TOC = A \times \Delta\lg R + B$	叠合系数 K	电阻系列	相关度 R^2
1	红 153	$y = 1.0227x + 0.1905$	0.3	RLLD	0.9827
1	红 153	$y = 0.93x + 0.19$	0.5	RT	0.89
2	大 47	$y = 1.5266x - 0.0047$	0.4	RLLD	0.9612
2	大 47	$y = 1.3354x - 0.0572$	0.25	R2.5	0.9662
3	红 150	$y = 2.6424x - 1.1354$	0.5	RT	0.8648
4	新 338	$y = 1.6012x - 0.1501$	0.55	RLLD	0.9646
5	新 216	$y = 2.1257x - 0.1262$	0.35	R2.5	0.9046
6	庙 133	$y = 1.5398x + 1.2899$	0.45	RLLD	0.926
7	民 31	$y = 0.8138x + 3.1094$	0.2	R2.5	0.6082
8	长 45	$y = 1.8271x - 0.2738$	0.3	R2.5	0.9241
9	查 22	$y = 1.2948x + 0.6789$	0.55	RLLD	0.8628
9	查 22	$y = 1.1817x + 0.7131$	0.3	R2.5	0.846
10	查 37	$y = 1.528x + 0.0397$	0.2	RLLD	0.8859
11	让 59	$y = 1.1134x + 0.0405$	0.95	RLLD	0.9935
12	木 18	$y = 1.7569x + 0.649$	0.05	R2.5	0.8636
13	花 2	$y = 1.7067x - 0.9829$	0.05	R2.5	0.9255
14	乾深 9	$y = 0.9903x + 0.1885$	0.2	R2.5	0.9308
14	乾 102	$y = 1.492x + 0.4817$	0.35	R2.5	0.9088
15	乾 225	$y = 2.1637x - 0.1307$	0.8	R2.5	0.9958
16	孤 6	$y = 1.9867x - 0.2727$	0.3	R2.5	0.7722
17	孤 33	$y = 1.5774x + 0.6845$	0.9	RLLD	0.8292
17	孤 33	$y = 1.4454x + 0.3919$	0.05	R2.5	0.9391
18	孤 56	$y = 1.3068x + 0.0081$	0.55	RLLD	0.9999
19	花 57	$y = 1.3375x - 0.7038$	0.05	R2.5	0.7204
20	乾 104	$y = 1.0541x - 0.0253$	0.5	R2.5	0.9983
21	情 6	$y = 1.3555x - 0.0152$	0.35	RLLD	0.987
21	情 6	$y = 1.4274x - 0.2741$	0.2	R2.5	0.9767
22	黑 62	$y = 2.2456x - 0.7074$	0.05	RLLD	0.9081

续表

区块	建模井	$TOC = A \times \lg\Delta R + B$	叠合系数 K	电阻系列	相关度 R^2
22	黑 62	$y = 1.1090x - 0.0684$	0.25	RT	0.8011
23	黑 174	$y = 1.1799x + 0.0381$	0.2	R2.5	0.9577
24	乾 217	$y = 1.8902x - 0.1889$	0.5	R2.5	0.99
25	老 14	$y = 1.95x$	0.05	RLLD	1
26	伏 10	$y = 1.0648x - 0.4337$	0.65	RLLD	0.8661

表 2.5　S_1 测井模型及相关参数

区块	建模井	$S_1 = A \times \lg\Delta R' + B$	叠合系数 K	电阻系列	相关度 R^2
1	红 153	$y = 0.2128x - 0.0309$	0.65	RLLD	0.7504
1	红 153	$y = 0.2279x + 0.0638$	0.95	RT	0.8805
2	大 47	$y = 0.9998x - 0.2198$	0.2	R2.5	0.8264
2	大 47	$y = 0.9695x - 0.1782$	0.3	RLLD	0.7652
3	红 150	$y = 2.8158x - 1.858$	0.5	RLLD	0.8158
4	新 338	$y = 1.0583x - 0.0546$	0.95	RLLD	0.932
5	庙 133	$y = 1.0582x + 0.2802$	0.1	RLLD	0.7911
6	长 45	$y = 0.4714x + 0.1289$	0.95	R2.5	0.9391
7	花 2	$y = 1.0524x - 0.0131$	0.75	R2.5	1
8	查 37	$y = 1.2421x - 0.1771$	0.15	RLLD	0.9244
9	查 22	$y = 0.7548x + 0.0636$	0.95	RLLD	0.7951
9	查 22	$y = 0.7548x + 0.0636$	0.95	R2.5	0.7951
10	让 59	$y = 0.1512x + 0.1196$	0.95	RLLD	0.8544
11	花 57	$y = 2.0116x - 0.9058$	0.7	R2.5	0.9692
12	乾 225	$y = 0.8135x + 0.0733$	0.95	R2.5	0.8268
13	孤 33	$y = 1.3514x - 0.0415$	0.55	RLLD	0.746
14	孤 56	$y = 1.1442x + 0.0068$	0.9	RLLD	0.8212
16	黑 62	$y = 0.221x - 0.013$	0.2	RLLD	0.9436
17	黑 174	$y = 0.4299x - 0.1104$	0.95	R2.5	0.8728
17	黑 100	$y = 0.927x + 0.0154$	0.35	RLLD	0.7365
18	情 6	$y = 1.3736x - 0.5493$	0.1	R2.5	0.8788
18	情 6	$y = 1.30305x - 0.16$	0.3	RLLD	0.9707

从单井建模效果来看，情 6 井 TOC 与幅度差的关系为 $TOC = 1.356\Delta\lg R - 0.015$，其相关系数高达 0.987，$S_1$ 与幅度差关系为 $S_1 = 1.303\Delta\lg R - 0.16$，相关性为 0.97；乾 225 井 TOC 与幅度差的关系为 $TOC = 2.164\Delta\lg R - 0.13$，其相关系数高达 0.996，$S_1$ 与幅度差关系

为 $S_1 = 0.184\Delta\lg R + 0.073$，相关性为 0.83；从其他部分探井的建模效果来看，无论是 TOC 还是 S_1，计算值和实测值的相关性普遍在 90% 以上（图 2.22，表 2.4，表 2.5）。

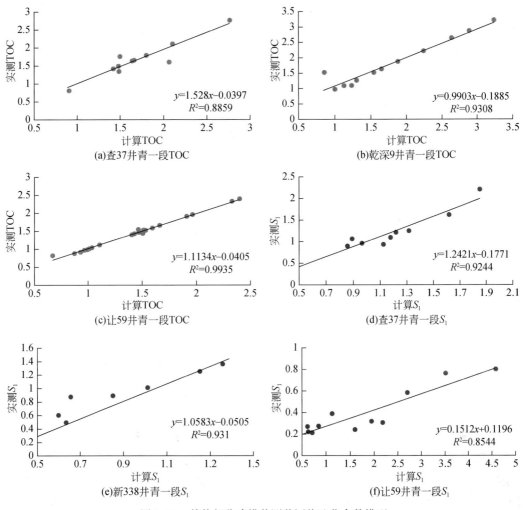

图 2.22　其他部分建模井测井评价地化参数模型

从验证效果来看，通过分区带建模，验证的效果普遍良好，如图 2.23 所示，情 4 井基于情 6 井模型计算，其计算的 TOC 和 S_1 与实测值吻合良好；乾 228 井依据乾 225 井所建立的模型，其实测值与计算值同样吻合较好。因此，基于此所评价的烃源岩地化参数具有较高的可靠性。

2.2.3　烃源岩有机非均质性评价及有机碳分布

通过对全区 266 口单井的测井地化评价发现，无论在纵向上还是平面分布上，青一段烃源岩有机质丰度均存在较强的非均质性，从整体上看，青一段烃源岩上部和下部的有机质丰度存在一定的差异，大部分区域下部烃源岩有机质丰度普遍要高于上部烃源岩，考虑

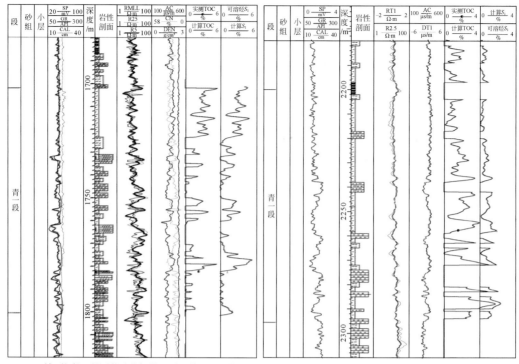

(a)情4井青一段测井地化柱状图（以情6井为模型）　　(b)乾228井青一段测井地化柱状图（以乾225井为模型）

图2.23　测井评价地化参数验证效果

到扶余油层致密油来源于上部青一段烃源岩，其下部烃源岩生成的原油比上部更有利于下排至泉四段储层中，因此，青一段烃源岩有机质丰度的这种分布特征，对于泉四段致密油成藏十分有利。

　　为了分析青一段上部与下部烃源岩对扶余油层成藏的贡献是否存在差异，分别统计了上部和下部优质烃源岩的厚度与扶余油层油柱高度的关系（图2.24），结果显示，下部烃源岩和扶余油层油柱高度具有良好的线性关系，优质烃源岩厚度越大，油源充足，其下排的原油量多，下排深度也大；而上部优质烃源岩的厚度则与扶余油层的油柱高度关系不明显，这一现象也充分说明，虽然青一段作为扶余油层的主力烃源岩，但以下部烃源岩生烃为主，因此，对于扶余油层评价其烃源岩，应更关注青一段下部烃源岩的分布特征和品质好坏。

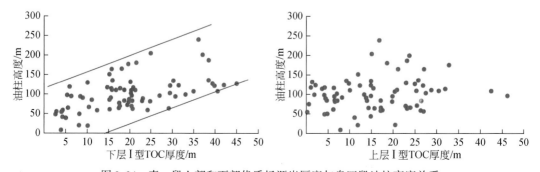

图2.24　青一段上部和下部优质烃源岩厚度与泉四段油柱高度关系

从烃源岩有机质丰度平面分布来看，青一段上部烃源岩平均 TOC>2%的区域主要分布在扶新隆起带、红岗阶地的红 69—海 2—海 4—查 24 井区、长岭凹陷乾 178—黑 82 井区一带，以及华字井阶地大部分地区；而下部烃源岩平均 TOC>2%的区域分布面积较广，红岗阶地、长岭凹陷北部、扶新隆起带及华字井阶地有机碳含量基本都大于 2%。考虑到下部烃源岩对泉四段致密油成藏更有利，同时扶新隆起带和华字井阶地有机质成熟度较低，因此，长岭凹陷北部和红岗阶地高丰度有机质区域成为泉四段致密油成藏的有利烃源岩区块。

2.3　烃源岩生排烃量评价及平面分布特征

以干酪根生烃理论的建立为标志，地球化学家对有机质成烃的认识实现了从现象到本质和机理的升华。这就为科学、定量地计算生油气量奠定了基础。因此，自 20 世纪 80 年代起，从定性评价到定量评价就成为烃源岩研究的重要发展趋势之一。不难理解，只有从烃源岩中排替出来的烃才能对成藏有贡献，因此，烃源岩研究的重要发展趋势之二就是体现在从单纯评价生烃逐步向同时评价生、排烃，并且更注重排烃的方向发展。

2.3.1　烃源岩生烃热模拟实验及生烃特征

生烃模拟实验是获取计算生烃（油、气）量所需的成烃转化率–温度（成熟度）关系的重要方法。实验所用的样品设计采用的出发点是有机质涵盖研究区主要的烃源岩层位，所取样品应处于未成熟阶段，且具有较高的有机质丰度。由于在长岭断陷无法取到低成熟度、高丰度的深层烃源岩样品，此次选取了松辽盆地南部扶新隆起带青一段新 348 井和王府凹陷城深 1 井的暗色泥岩样品进行热模拟实验。表 2.6 列出了实验样品的基本地质地球化学特征。

表 2.6　模拟实验所用样品的基本地质地球化学特征

井号	层位	深度/m	岩性	R_o/%	TOC/%	S_1/(mg/g)	S_2/(mg/g)
新 348	青一段	1110	暗色泥岩	0.46	1.87	0.75	7.76
城深 1	青一段	669.2	暗色泥岩	0.34	5.17	2.36	20.18

利用化学动力学法对新 348 井和城深 1 井青一段暗色泥岩生烃热模拟实验结果进行标定，从标定结果来看，在不同的升温速率条件下，实验检测结果与模型计算相应条件下的理论转化率吻合良好，表明了模型标定的精确性。从标定的活化能分布来看，由于青一段有机质类型较好，活化能分布较为集中，基本分布在 200 ~ 220kJ/mol，主体均分布在 210kJ/mol 左右（图 2.25）。

在沉积埋藏史和热史恢复的基础上，开展新 348 井和城深 1 井泥岩生烃特征的恢复模拟，从泥岩生烃剖面来看，新 348 井青一段在埋深 800m 时烃源岩开始生烃［图 2.26（a）］，此时距今约 82Ma［图 2.27（a）］，处于嫩江组沉积末期；城深 1 井青一段埋深达到 1200m 时开始进入生烃门限［图 2.26（b）］，对应时间距今 80Ma［图 2.27（b）］，同样处于嫩江组末期。因此，从烃源岩生烃史来看，青一段烃源岩主体于嫩江组末期开始大量生烃。

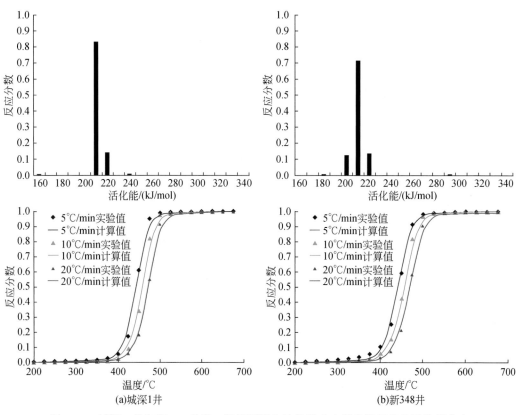

图 2.25　城深 1 井和新 348 井青一段烃源岩生油化学动力学参数标定及活化能分布

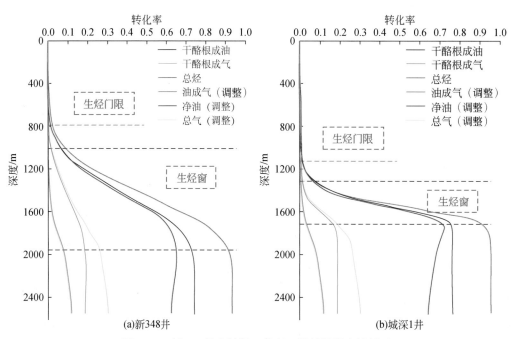

图 2.26　新 348 井和城深 1 井青一段烃源岩生烃剖面

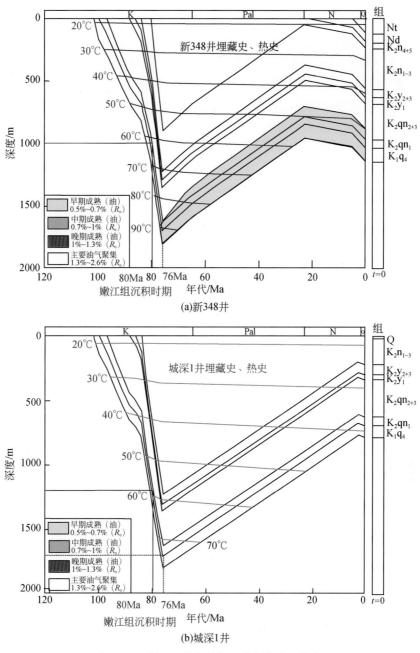

图 2.27　新 348 井和城深 1 井埋藏史、热史

2.3.2　烃源岩生烃定量评价

　　按照现代油气成因机理，单位烃源岩中油气的生成量取决于有机质的丰度（数量）、类型（反映单位质量有机质的生烃能力）和成熟度（反映有机质向油气转化程度的成烃

转化率）。这样，某评价目标中油气的生成量应该为

$$Q = S \times H \times \rho \times TOC \times I_H \times X \tag{2.5}$$

式中，$S \times H \times \rho$ 为烃源岩的质量；TOC 为烃源岩中有机碳含量，可采用恢复后的原始有机碳；I_H 为单位质量有机质的原始生烃潜力（如 mg HC/g TOC 或 kg HC/t TOC，反映有机质的类型）；$TOC \times I_H$ 则反映了单位质量烃源岩的生烃潜力；X 为成烃转化率（无量纲，或用%表示），计算生油量时用成油转化率，计算生气量时用成气转化率。$I_H \times X$ 则反映了单位质量有机碳的生烃量。

基于化学动力学法，本次定量评价了松辽盆地南部 266 口单井青一段烃源岩的生烃，基本体现研究区烃源岩的生烃特征和生烃量。根据每口井的生烃总量与烃源岩埋深关系，烃源岩生烃存在明显的阶段性。当烃源岩埋深达到 700m 时，烃源岩开始少量生烃，此时烃源岩进入低熟阶段；当烃源岩埋深进入 1200m 以下时，烃源岩开始大量生烃，在 1200～1700m 时，烃源岩累计最大生烃量约为 25mg/g，此时为成熟阶段早期；当烃源岩达到 1700m 以后烃源岩开始大规模生烃，直至烃源岩埋深至 2000m，烃源岩生烃达到最高峰，烃源岩累计最大生烃量约为 100mg/g，此阶段为成熟阶段中期，是大量生烃阶段；当烃源岩埋深进入 2000～2500m 时，烃源岩的累计最大生烃总量基本保持在 100mg/g，为成熟阶段晚期（图 2.28）。

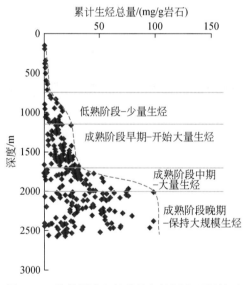

图 2.28 单井累计生烃总量与烃源岩埋深关系

2.3.3 烃源岩排烃定量评价

由于排烃是一个发生在地质历史时期的过程，现今难以追踪，因此，相当长的时期内，排烃问题都是石油地质和油气地球化学研究领域的一个薄弱环节。近年来，由于研究思路的更新和技术的发展，相关研究取得了显著进展。定量评价烃源岩的排烃量，曾经提

出和应用的方法主要有四种：一是在生烃量的基础上乘以排烃系数得到排烃量，不过排烃效率的取值没有客观的标准，使这一方法难以被普遍认可和应用。二是设定含油饱和度达到一定的门槛值后，烃类开始随水排出，并且排出流体中油水比等于排液发生时的油水比，显然这一假设并没有理论基础，而且不同学者应用的门槛值差别较大（陈发景，1989；李明诚，1994）。三是庞雄奇（1993，1995）倡导的生烃减除残烃等于排烃的物质平衡法。尽管这一方法还有它的不足之处，但由于它将非常棘手的对烃源岩排烃问题的研究转化为相对较易进行的对烃源岩生烃和残烃问题的研究，具有理论上的可行性和应用上的有效性，代表了一条重要的研究方向和思路，并被越来越多的学者接受和应用。四是生烃势指数法。

根据庞雄奇倡导的物质平衡法，烃源岩的排烃量=生烃量−残烃量，前文已通过化学动力学法评价了青一段烃源岩的生烃量，因此，在定量表征排烃量的过程中，重点是对残留烃的定量刻画。烃源岩热解数据中 S_1 是岩石中已由有机质生成但尚未排出的残留烃，但实际上烃源岩在生烃过程中所包含的残留烃由轻烃、重烃和目前实验测量出的 S_1 组成，轻烃是指底下残留烃中的轻质部分，这部分在进行热解实验前已完全挥发，不体现在实测的 S_1 中；重烃是指高碳数烷烃和芳烃，由于 Rock-Eval 热解实验加热温度为 300℃，而这部分烃类在 300℃前未能热解出来，同样不体现在实测 S_1 中。因此，在定量表征青一段烃源岩时，在测井方法评价 S_1 的基础上，必须开展 S_1 的重烃和轻烃补偿校正。

王安乔和郑保明（1987）根据大庆、胜利、辽河、河南和珠江口盆地 61 块生油岩样品开展了热解色谱分析参数校正实验，得出了不同类型干酪根进入 S_2 的重质组分（$C_{33\text{-}40}$）ΔS_2 与 S_1 比值，从而确定了针对 S_1 的重烃校正系数（表 2.7）。从数据结果来看，随着干酪根类型变差，ΔS_2 含量逐渐减少，这主要是由于随着类型的变差，干酪根中杂原子较多，键能较弱，更容易断裂，生成的重烃逐渐减少。

表 2.7　不同干酪根类型生油岩重烃校正系数（王安乔和郑保明，1987）

分析项目　　　生油岩类型	I	II$_A$	II$_B$	II$_C$	III
$\Delta \overline{S_2}$/（mg/g）	4.22	2.70	1.61	1.02	0.33
$\Delta \overline{S_2}/\overline{S_1}$（$K_{重烃}$）	1.93	2.89	4.28	4.92	0.83

由于泥页岩样品在热解实验前长时间暴露在空气当中，其易挥发的轻烃部分（$C_{7\text{-}15}$）难以检测，通过密闭取心的方法检测不仅成本较高，且不同样品由于丰度、类型及成熟度均存在差异，其轻烃含量有所不同。我们利用组分生烃动力学法，通过对代表性样品的生烃热模拟实验，分析不同温度下不同组分的生成速率和生成量（图 2.29），在沉积埋藏史和热史恢复的基础上，建立轻烃恢复系数与泥页岩成熟度关系图版（图 2.30）。选取的样品为松辽盆地青山口组暗色泥岩，干酪根类型 I 型。

基于上述实验结果，对松辽盆地 266 口单井的 S_1 进行重烃和轻烃补偿校正，得出烃源岩中残留烃的含量（图 2.31）。根据物质平衡原理，对 266 口单井的生烃量减去其补偿后的残烃量，即可分别评价出每口井青一段任一深度点的排烃量，累加求出每口单井的总排烃量。从累计排烃量与深度关系来看，烃源岩的排烃随深度变化也存在阶段性。烃源岩埋

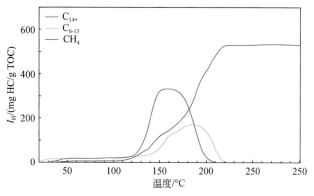

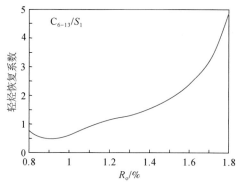

图 2.29 青一段烃源岩生烃产率图

图 2.30 烃校正系数与成熟度关系图版

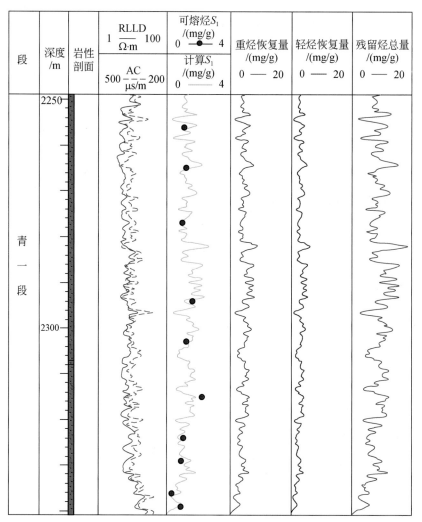

图 2.31 查 37 井青一段残留烃补偿及分布特征

深在 1000m 时开始排烃，但此时排烃量较小，在 1000~1600m 排烃量缓慢增加，该阶段为烃源岩少量排烃阶段，单位质量岩石累计最大排烃量不超过 20mg/g；埋深进入 1600m 后烃源岩排烃量急剧增加，埋深增至 2000m 时，单位质量岩石累计最大排烃量由不到 20mg/g 增加至 60mg/g，该阶段为开始大量排烃阶段；当埋深超过 2000m，单位质量岩石的最大排烃量基本保持不变，维持在 60~70mg/g，为大量排烃阶段（图 2.32）。

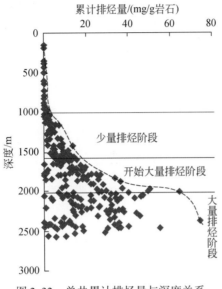

图 2.32　单井累计排烃量与深度关系

由于青一段沉积环境、岩性组合特征和有机质类型差异性不大，烃源岩排烃效率差异性也较小，故排烃强度分布特征与生烃强度分布特征类似。上部烃源岩排烃强度高值区域主要分布在红 88—红 93 区块、海 4—查 24 区块和乾 110—乾 102 区块，青一段下部烃源岩排烃强度大高值区域分布范围也较广，基本涵盖红岗阶地和长岭凹陷北部大部分区域。目前长岭断陷的两个重点致密油区块大遷字井区和鳞字井区青一段下部烃源岩排烃强度均在 50×10⁴t/km² 以上，排烃强度高，对其下部扶余油层的成藏十分有利。

2.4　烃源岩超压演化特征及平面分布

超压是构成盆地流体和油气运移的重要驱动力，超压体与油气富集具有密切的关联。松辽盆地扶余油层"倒灌"成藏模式的提出，使得超压在上生下储型成藏组合的勘探部署中起着关键的参考作用。已有研究表明，超压体与泄压通道、泄压仓的匹配关系控制着油气的运聚模式，制约着油气富集层位和最大下排的深度（付晓飞等，2009；王雅春等，2009；张雷等，2010；王有功，2012；丛琳等，2016）。

对于超压的成因，前人已做了大量的研究工作，至今，有关超压的形成机理有十多种，如欠压实、构造应力、流体热作用、成岩作用、有机质生烃、浮力作用、水压头作用或潜水面差异等。本研究基于两种方法对研究区的 188 口单井的超压进行评价：一是利用声波时差计算超压；二是利用 BasinMod 软件进行超压演化史恢复。

2.4.1　基于声波时差评价超压

大量的研究表明，欠压实泥岩比正常压实泥岩具有异常高的孔隙率，且其异常高孔隙率值比正常压实泥岩孔隙率值越大，欠压实泥岩内的异常孔隙流体压力越高。大量的统计资料均表明，泥岩孔隙率与其声波时差值之间存在明显的线性关系，这也表明声波时差异常值与正常值的差值与超压的大小具有明显的线性关系。

不同区域，青一段泥岩的声波时差具有明显的差异，从声波时差分布特征来看，从红岗阶地至长岭凹陷，声波时差异常值逐渐增大，从长岭凹陷至华字井阶地和扶新隆起，声波时差异常值逐渐减小，表现为凹陷区异常值高，斜坡和隆起区异常值低（图2.33）。根据南北方向的探井声波时差异常值分布特征来看，长岭凹陷北部异常值较高，往南至黑字号井区，声波时差逐渐降低，整体表现为北高南低（图2.33）。

本次基于自编的利用声波时差计算泥岩超压的软件，完成了研究区171口单井的超压评价，从评价结果来看，青一段现今超压主要分布在长岭凹陷北部、扶新隆起的西北部及两井地区，现今超压最大值达到10MPa以上，按照烃源岩评价标准，超压大于7MPa为有利烃源岩区，面积达到2950km²。

2.4.2　基于 BasinMod 软件恢复超压史

由于利用声波时差评价青一段超压存在两个方面的问题：①声波时差的异常不仅仅是由于超压引起，烃源岩的有机质丰度和残留油（S_1）含量也影响着泥岩的声波时差异常。②利用声波时差计算的超压为烃源岩现今的超压，而无法体现出超压的发育史，而油气运移时期的古超压才对油气的运移具有真正的影响。

基于此，本次利用BasinMod软件对研究区188口单井的超压史进行恢复，不仅考虑到由于欠压实所形成的超压，同时还能评价出由于烃源岩生烃形成的超压大小。因此，其结果更加可靠。根据声波时差评价青一段的超压分布特征来看，青一段超压主要发育在红岗阶地东部、长岭凹陷北部、扶新隆起带西部及华字井阶地的西北部。按照烃源岩的评价标准，超压大于7MPa为有利的烃源岩分布区，主要分布在长岭凹陷的北部、两井地区及红岗和扶新的斜坡区。

从单井超压演化特征来看，青一段地层自沉积之处，由于地层沉积速率快，泥岩中形成以欠压实为主导的超压，随着地层埋深的增大。至75Ma后，有机质开始大量生烃，青一段烃源岩内超压进一步增加，直至明水组沉积时期，地层超压基本达到最高峰（图2.34）。明水组地层沉积后，由于研究区一直处于抬升剥蚀期，地层沉积速率缓慢，青一段烃源岩内超压逐渐减小（图2.34）。

不同区域由于青一段地层的埋深、岩性等差异，超压发育程度明显不同。在长岭凹陷北部湖盆中心（以乾175井为例），沉积大套暗色泥岩（图2.35），该地区地层沉积速率快、埋深大、有机质大量生烃，模拟结果显示青一段超压高达20MPa以上，超压主要由两部分组成，早期为欠压实形成的超压，晚期主要为有机质生烃增压，其两者的增烃量基本

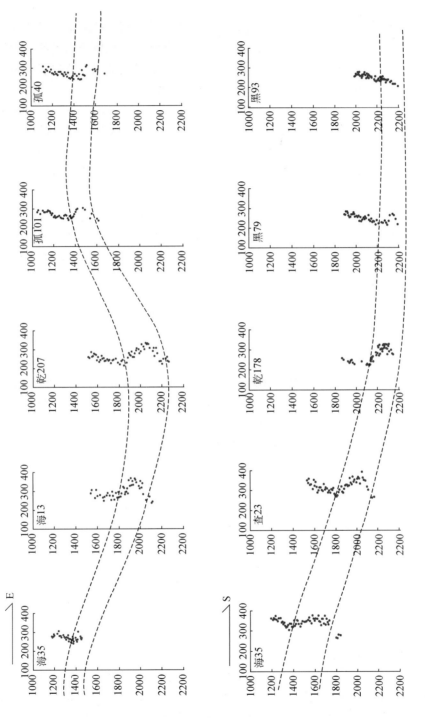

图 2.33　青一段东西走向和南北走向探井声波时差分布特征

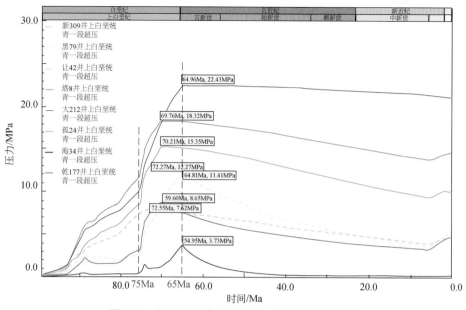

图 2.34　松辽盆地南部单井青一段超压演化特征

相当，自明水组沉积之后，虽然该地区地层沉积速率较小，且生烃也基本结束，但由于大套泥岩沉积，流体流通不畅，超压释放量较小，致使该地区现今超压依然很大（图 2.36）。扶新隆起区虽然也位于湖盆沉积中心，青一段同样发育大套暗色泥岩（以新125 井为例），岩性组合上与长岭凹陷北部差异性不大，且有机质丰度甚至要高于长岭凹陷北部，但由于其埋深较浅，有机质还未大量生烃，因此该地区超压较低，只有压实不均衡造成的超压（图 2.37）。长岭凹陷南部黑字号井区（以黑 43 井为例）青一段以砂泥互层沉积为主（图 2.35），沉积初期虽然地层沉积速率大，但由于砂岩疏导性好，难以形成超压封存箱，因此早期的欠压实增压值较低，后期由于有机质生烃作用形成超压，但在明水组沉积之后超压释放速度较快，致使该地区现今超压不大（图 2.38）。

　　根据 188 口单井的超压史模拟结果：从超压分布特征来看，长岭凹陷现今地层超压主要发育在凹陷北部，超压值基本大于 15MPa，局部地区能达到 20MPa 以上；扶新隆起区超压主要发育在靠近长岭凹陷的斜坡带地区，超压基本在 15MPa 以下，且超压发育的面积较小；红岗阶地超压主要发育在靠近长岭的东部地区，超压最高能达到 18MPa 左右；华字井阶地超压不甚发育，仅在区域的西北部部分地区发育超压，超压基本小于 14MPa，是四个二级构造带超压最不发育的地区。

　　由于油气的运移发生在历史时期，研究表明，松辽盆地南部青一段油气运移主要发生在嫩江组末—明水组沉积时期，因此该时期的超压大小才是影响油气下排充注的关键。从嫩江组末期超压分布平面图来看，虽然嫩江组末时期的古超压与现今超压分布形态上差异性不大，超压高值区依然发育在长岭凹陷北部、红岗阶地东部、扶新隆起西部及华字井阶地西北部地区，但古超压的发育程度和范围均大于现今超压。按照上述烃源岩评价标准，I 类烃源岩位于现今超压大于 7MPa、嫩江组末时期古超压大于 10MPa 的范围内，该范围内烃源岩埋深较大，有机质生烃排烃强度高，为上生下储型致密油成藏的有利烃源岩区。

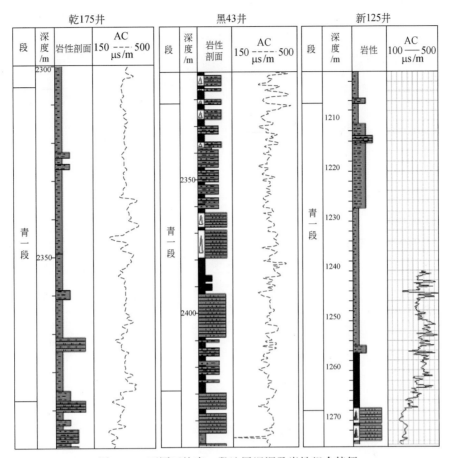

图 2.35　不同区块青一段地层埋深及岩性组合特征

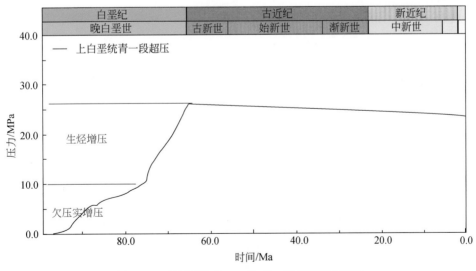

图 2.36　长岭凹陷乾 175 井青一段超压演化特征

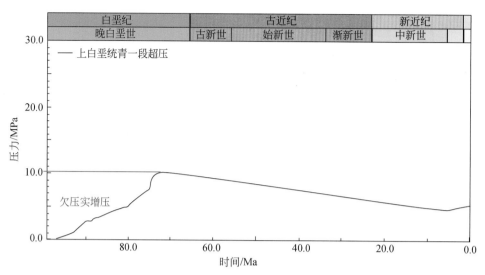

图 2.37　扶新隆起新 125 井青一段超压演化特征

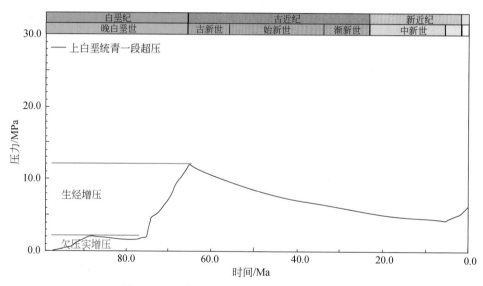

图 2.38　长岭凹陷黑 43 井青一段超压演化特征

第3章　致密油储层成藏实验分析

与常规油气成藏不同，致密储层具有低孔低渗的特征，毛细管阻力较大，并且致密储层内油气的运移和分布不受浮力的影响。因此，需要对致密储层进行相关成藏实验分析，才能充分了解致密油冲注过程及成藏机理，具体包括致密储层突破压力实验，致密油充注实验，流体包裹体发育丰度及赋存特征测试，流体包裹体均一温度及致密油成藏期分析和储层致密期分析及与油气成藏期关系分析。

3.1　致密油充注模拟实验及充注特征分析

致密油运聚成藏过程中的驱动力主要为超压，而浮力对于油气的运移影响有限。那么需要多大的超压才能使原油充注至致密储层中，致密油在充注过程中含油饱和度如何变化？这些都是研究致密油充注过程必须了解和分析的内容。

3.1.1　致密储层突破压力实验

本次针对致密储层突破压力测试，分别设计了 6 个样品开展气体的突破压力和原油的突破压力检测。首先对样品开展气体的突破压力检测，将致密岩石进行煤油饱和，对饱和煤油的样品进行非润湿相（气体）的排驱实验，由于非润湿性流体必须克服岩石的毛细管阻力才能排驱润湿相流体，因此，岩石的毛细管半径越小，阻力越大，所需的突破压力越高。在模拟地层条件下逐渐增加进口端的测试压力，当压力足以排替样品中的饱和流体时，在出口端即可见到气体突破溢出，此时的压力为岩样的气体突破压力。实验样品参数及结果如表 3.1 所示。

表 3.1　气体突破压力实验样品参数及结果

序号	井名	深度 /m	长度 /cm	直径 /cm	密度 /(g/cm³)	孔隙度 /%	渗透率 /mD	突破压力 /MPa
1	红97	2416.2	2.393	2.5	2.61	0.9	0.01	7.4
2	红97	2419.3	2.412	2.5	2.4	9.8	0.49	2.6
3	黑160	2526.4	2.452	2.5	2.42	8.1	0.04	4.2
4	黑160	2525.8	2.591	2.5	2.41	8.9	0.06	4.1
5	黑160	2524.9	2.437	2.5	2.47	7	0.04	3.9
6	让58	2039.4	2.476	2.5	2.31	12.1	1.1	3.8

根据致密岩石气体突破压力与储层物性关系来看，随着储层孔隙度和渗透率的增大，岩石突破所需的驱动力减小（图 3.1）。驱动力在 3MPa 以上时，气体方可进入 I 类致密储

层，当驱动力达到 3.5MPa 时气体可进入Ⅱ类致密储层，当驱动力达到 4MPa 时气体可进入Ⅲ类致密储层（图 3.1）。由于气体分子半径小，因此气体突破致密储层所需的驱动力整体上也较小。

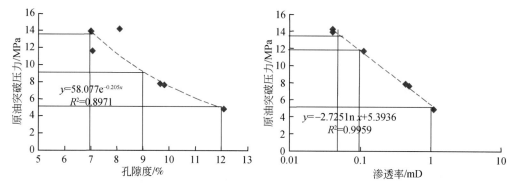

图 3.1　致密储层气体突破压力与储层物性关系

松辽盆地南部泉四段以油为主，因此，我们更加关注原油充注致密储层所需驱动力（超压）的大小。依据吉林油田泉四段实际的地层情况，配比水型为 NaHCO_3、密度为 1.02g/mL 的地层水，并饱和岩样。然后充注按照吉林油田泉四段原油性质配比的饱和油，原油黏度为 44mPa·s，密度为 0.75g/mL。实验样品参数及结果如表 3.2 所示。

表 3.2　饱和油突破压力实验样品参数及结果

序号	井名	深度 /m	长度 /cm	直径 /cm	密度 /(g/cm³)	孔隙度 /%	渗透率 /mD	突破压力 /MPa
1	查平 2	2183.5	4.925	2.5	2.39	9.65	0.43	7.8
2	红 97	2419.3	2.412	2.5	2.4	9.8	0.49	7.9
3	黑 160	2526.4	2.452	2.5	2.42	8.1	0.04	14.1
4	黑 160	2524.9	2.437	2.5	2.47	7	0.04	13.9
5	让 53-2	2176.9	3.47	2.5	2.46	7.05	0.11	11.6
6	让 58	2039.4	2.476	2.5	2.31	12.1	1.1	4.9

从实验结果来看，致密储层原油的突破压力要远大于气体的突破压力，这主要是原油的分子结构大小和黏度均大于气体，致使其需要更大的驱动力才能进入致密储层的孔喉中驱替地层水。从致密岩石原油突破压力与储层物性关系来看，储层物性和突破压力依然呈现典型的负相关（图 3.2）。驱动力至少在 5MPa 以上时，原油方可进入Ⅰ类致密储层，当驱动力达到 12MPa 左右时原油可进入Ⅱ类致密储层，当驱动力达到 14MPa 左右时气体可进入Ⅲ类致密储层。

因此，无论是气体还是原油，致密储层物性越差，所需的驱动力就越大，而且将原油驱至致密储层中所需的驱动力要远大于气体所需的压力。同时发现压力与渗透率的相关性要好于与孔隙度的相关性，这表明致密储层的渗透性（最大喉道半径）才是制约致密油是否能够进入致密储层成藏的关键。

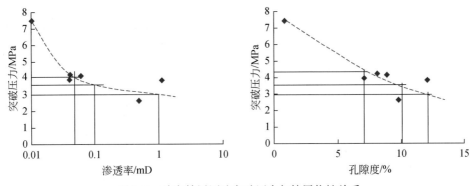

图 3.2　致密储层原油突破压力与储层物性关系

3.1.2　致密油充注实验

本次设计选取三块致密油样品，分别进行孔/渗检测、洗油和致密油充注模拟实验，其中查 45 井样品渗透率极低，无法开展致密油充注模拟实验，因此，仅完成查平 2 井和让 53-2 井两个样品的致密油充注实验。

本次实验依据吉林油田扶余油层原油和地层水性质，配比黏度为 44mPa·s、密度为 0.75g/mL 的原油进行充注，样品饱含水，水型为 NaHCO$_3$ 型，密度为 1.02m/mL。在不同压力下将原油注入饱含水的岩石中，检测每个压力下不同时间原油的注入量、流出量的变化，从而刻画致密油在不同压力下的充注过程及含油量的变化特征。致密岩石样品和实验试剂信息如表 3.3 所示。

表 3.3　致密油充注模拟实验基本信息

岩样号：2	送样单位：中国石油大学（华东）
井号：查平 2	岩样长度：4.925cm
层位：K$_2$q$_4$	岩样直径：2.52cm
井段：2183.45m	孔隙度：9.65%
饱和油黏度：44mPa·s；密度：0.75g/mL	渗透率：0.43mD
水型：NaHCO$_3$；密度：1.02g/mL	实验温度：22℃
岩样号：3	送样单位：中国石油大学（华东）
井号：让 53-2	岩样长度：3.47cm
层位：K$_2$q$_4$	岩样直径：2.52cm
井段：2176.92m	孔隙度：7.05%
饱和油黏度：44mPa·s；密度：0.75g/mL	渗透率：0.11mD
水型：NaHCO$_3$；密度：1.02g/mL	实验温度：22℃

查平 2 井样品孔隙度为 9.65%，渗透率为 0.43mD，岩样长度为 4.925cm，直径为 2.52cm，岩性柱孔隙体积为 2.37mL。该样品分别开展了 5MPa、6MPa、8MPa、9MPa、

12MPa、15MPa、18MPa、21MPa 及 25MPa 这 9 个压力点下的致密油充注实验，累计时长 121.5h，实验结果如表 3.4 所示。

表 3.4 查平 2 井致密油充注实验结果

序号	压力 /MPa	累计油量 /mL	累计水量 mL	速度 /（mL/min）	每个压力点	
					驱替时间/h	流液量/mL
1	5	0	0	0	12	0
2	6	0	0	0	12	0
3	8	1.3	1.1	0.0024	16.5	2.38
4	9	1.3	3	0.0036	9	1.94
5	12	1.5	5.6	0.0019	24	2.74
6	15	1.5	8	0.0044	9	2.38
7	18	1.5	11.3	0.0037	15	3.33
8	21	1.5	13.6	0.0043	9	2.32
9	25	1.5	25.2	0.013	15	11.7

从实验结果来看，查平 2 井样品累计油量随着充注压力的增大呈两次跳跃式增长（图 3.3），表明该样品孔喉大小分布存在双峰结构（图 3.4）。在驱替压力为 5MPa 和 6MPa 时油、水均无法注入，当压力达到 8MPa 时，原油可以进入样品的较大的孔喉中，驱替时间为 16.5h，随着充注时间的增加，岩石中含油量逐渐增加，其驱替速率也逐渐增大，当驱替 8h 后，岩石中累计含油量不再变化，表明此压力下最终可注入 1.3mL 的油气。当充注压力增至 9MPa，原油累计充注量依然保持在 1.3mL 不变。当充注压力增至 12MPa 时，原油开始进入小孔喉，历经 4h，原油便充满大的孔喉，达到 1.3mL，随后的 3h 内，小孔喉中的含油量逐渐增加，在充注 7h 后样品中原油累计量保持在 1.5mL 不变（图 3.5）。当充注压力继续增大时，原油的充注速率继续增大，当使用 18MPa 充注时，仅历时 3h，原油累计充注量便达到 1.5mL 且保持不变。因此，对于查平 2 井样品，8MPa 是大孔喉的充注突破压力，12MPa 是小孔喉的充注突破压力。最终进油量为 1.5mL，样品总孔隙体积为 2.37mL，因此该样品最终的进油饱和度为 63.29%。

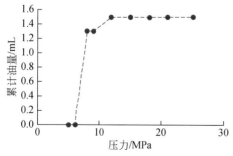

图 3.3 查平 2 井致密储层原油累计 充注量随充注压力变化特征

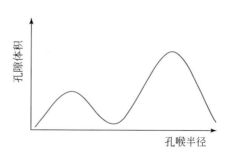

图 3.4 查平 2 井致密储层孔喉 分布特征示意图

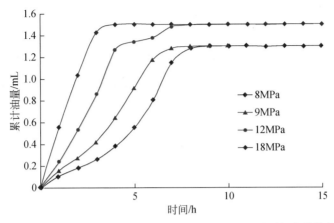

图 3.5   查平 2 井致密储层不同压力下原油充注量随时间变化特征

让 53-2 井样品孔隙度为 7.05%，渗透率为 0.11mD，岩样长度为 3.47cm，直径为 2.52cm，岩性柱孔隙体积为 1.22mL。该样品分别开展了 8 MPa、10MPa、12MPa、13MPa、15MPa、18MPa、21MPa 及 25MPa 这 8 个压力点下的致密油充注实验，累计时长 97.5h，实验结果如表 3.5 所示。

表 3.5   让 53-2 井致密油充注实验结果

序号	压力 /MPa	累计油量 /mL	累计水量 /mL	速度 /(mL/min)	每个压力点	
					驱替时间/h	流液量/mL
1	8	0	0	0	12	0
2	10	0	0	0	12	0
3	12	0.4	0.2	0.0006	16.5	0.59
4	13	0.4	0.6	0.0007	9	0.38
5	15	0.4	1.1	0.0006	15	0.54
6	18	0.4	1.5	0.0007	9	0.38
7	21	0.4	6.4	0.0005	15	4.5
8	25	0.4	10.7	0.0008	9	4.32

让 53-2 井样品累计油量随着充注压力的增大呈单阶梯式增长（图 3.6），表明该样品孔喉大小分布为单峰结构（图 3.7），样品渗透率较低，且累计进油量仅为 0.4mL，远小于查平 2 井，表明该样品以小孔喉半径为主。在驱替压力为 8MPa 和 10MPa 时油、水均无法注入，当压力达到 12MPa 时，原油可以进入样品的孔喉中，驱替时间为 16.5h，随着充注时间的增加，充注初期样品中累计进油量增长速度较为缓慢，当达到 7h 时，驱替速率增大，当驱替 11h 后岩石中累计含油量不再变化，表明此压力下最终可注入 0.4mL 的油气（图 3.8）。随着充注压力持续增大，样品中最终累计进油量一直保持在 0.4mL 不变，但充注速率随着压力的增大持续增大，18MPa 时仅需 7h 累计油量便达到 0.4mL，压力为 25MPa 时仅需 4h。因此，对于让 53-2 井样品，12MPa 是其原油充注突破压力，该压力值与查平 2 井小孔喉的充注突破压力相同，也表明让 53-2 井样品的孔喉大小分布与查平 2 井

的小孔喉半径相当。该样品最终进油量为 0.4mL，样品总孔隙体积为 1.22mL，因此该样品最终的进油饱和度为 32.79%。

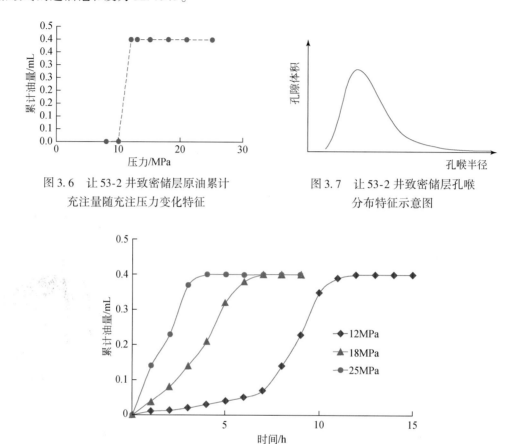

图 3.6　让 53-2 井致密储层原油累计
充注量随充注压力变化特征

图 3.7　让 53-2 井致密储层孔喉
分布特征示意图

图 3.8　让 53-2 井致密储层不同压力下原油充注量随时间变化特征

由此可见，虽然充注压力和充注时间影响着致密储层的含油性，但最终含油量的多少更主要的是受到储层物性（尤其是渗透性）的制约，储层渗透性高，则含油饱和度有可能较高，但储层渗透性差，其含油饱和度则一定较低。从整个实验过程来看，无论是储层物性好还是差的致密储层，当原油充注压力和充注时间达到一定时，无论是增加充注压力还是延长充注时间，其含油饱和度均保持不变，无法将致密油中水驱除干净，这也证实了致密油藏的含油饱和度通常低于常规油藏，且常常表现为油水同层的特征。

3.2　致密油成藏期及储层致密期研究

从现今的储层物性资料来看，松辽盆地南部长岭凹陷及相邻的斜坡带储层均为致密储层，与常规储层不同，致密储层内油气的运移和分布不受浮力的影响。油气是在历史时期运聚，那么在油气运聚时期储层是否已经致密？这一问题将直接影响着致密油的运聚模式和分布特征。

　　黄志龙和高岗（2003）研究表明，在扶新隆起区存在两期油气充注，分别为嫩江组沉积末期和明水组沉积末期。中国石油勘探开发研究院对长岭凹陷内部的包裹体进行了研究，认为在长岭凹陷内部仅一期成藏，为嫩江组沉积末期，那么研究区扶余油层到底是有几期成藏？何时发生油气充注？这一问题需要进一步得到明确。本专著选取了研究区 17口单井 39 个样品的包裹体检测工作，并结合前人完成的包裹体测试资料，基于油气包裹体的赋存矿物、包裹体产状、矿物成岩期次来判断油气的充注时期和充注特征，并依据油气包裹体的均一温度，结合埋藏史和热史，分析油气充注的期次和具体充注时间。包裹体样品检测井共 21 口，样品点 45 个。

　　包裹体均一温度是在大庆油田勘探开发研究院有机地球化学实验室测定，测定仪器为THMS600 型冷热台，测定误差为 ±0.1℃，测温类型均为均一温度稳定性较高的含烃盐水包裹体。包裹体检测结果显示在隆起区存在液烃和气烃两类包裹体，在凹陷区只存在液烃包裹体。本书仅列出部分样品包裹体检测数据，如表 3.6 所示。

表 3.6　松辽盆地南部泉四段部分样品包裹体检测数据

井号	赋存矿物产状	测温类型	共生类型	形状	气液比/%	均一温度/℃
民 54 639.49m	石英颗粒的微裂隙	含烃盐水包裹体	液烃包裹体	规则	≤5	70.1
	石英颗粒的微裂隙	含烃盐水包裹体	液烃包裹体	规则	≤5	76.5
	石英颗粒的微裂隙	含烃盐水包裹体	液烃包裹体	规则	≤5	71
	石英颗粒的微裂隙	含烃盐水包裹体	液烃包裹体	规则	≤5	75.5
前 101 895.5m	石英加大边的微裂隙	含烃盐水包裹体	气烃包裹体	规则	≤5	79.5
	石英加大边的微裂隙	含烃盐水包裹体	气烃包裹体	规则	≤5	88.3
	石英加大边的微裂隙	含烃盐水包裹体	气烃包裹体	规则	≤5	87.8
	石英加大边的微裂隙	含烃盐水包裹体	气烃包裹体	规则	≤5	93.7
	石英加大边的微裂隙	含烃盐水包裹体	气烃包裹体	规则	≤5	84.5
庙 139 1279.65m	石英颗粒的微裂隙	含烃盐水包裹体	气烃包裹体	规则	≤5	109
	石英颗粒的微裂隙	含烃盐水包裹体	气烃包裹体	规则	≤5	112.5
	石英颗粒的微裂隙	含烃盐水包裹体	气烃包裹体	规则	≤5	115
	石英颗粒的微裂隙	含烃盐水包裹体	气烃包裹体	规则	≤5	116.9
	石英颗粒的微裂隙	含烃盐水包裹体	气烃包裹体	规则	≤5	105.8
	石英颗粒的微裂隙	含烃盐水包裹体	气烃包裹体	规则	≤5	117.5
	石英颗粒的微裂隙	含烃盐水包裹体	气烃包裹体	规则	≤5	71.2
	石英颗粒的微裂隙	含烃盐水包裹体	气烃包裹体	规则	≤5	110.7
孤 32 1392.5m	晚期方解石胶结物	含烃盐水包裹体	液烃包裹体	规则	≤5	119
	石英颗粒的微裂隙	含烃盐水包裹体	液烃包裹体	规则	≤5	71.2
	石英颗粒的微裂隙	含烃盐水包裹体	液烃包裹体	规则	≤5	119
	石英颗粒的微裂隙	含烃盐水包裹体	液烃包裹体	规则	≤5	79
	石英颗粒的微裂隙	含烃盐水包裹体	液烃包裹体	规则	≤5	73
	石英颗粒的微裂隙	含烃盐水包裹体	液烃包裹体	规则	≤5	77

续表

井号	赋存矿物产状	测温类型	共生类型	形状	气液比/%	均一温度/℃
乾239 2070.5m	石英次生加大边微裂隙	含烃盐水包裹体	液烃包裹体	规则	≤5	88.4
	晚期方解石胶结物	含烃盐水包裹体	液烃包裹体	规则	≤5	117
	石英次生加大边微裂隙	含烃盐水包裹体	液烃包裹体	规则	≤5	84.9
	石英次生加大边微裂隙	含烃盐水包裹体	液烃包裹体	规则	≤5	93.5
	晚期方解石胶结物	含烃盐水包裹体	液烃包裹体	规则	≤5	109.8
	石英次生加大边微裂隙	含烃盐水包裹体	液烃包裹体	规则	≤5	86.5
	晚期方解石胶结物	含烃盐水包裹体	液烃包裹体	规则	≤5	111
	石英次生加大边微裂隙	含烃盐水包裹体	液烃包裹体	规则	≤5	98.5
让53-2 2199.75m	切穿石英颗粒及其次生加大边的微裂隙	含烃盐水包裹体	液烃包裹体	规则	≤5	99.3
	切穿石英颗粒及其次生加大边的微裂隙	含烃盐水包裹体	液烃包裹体	规则	≤5	103
	石英加大边的微裂隙	含烃盐水包裹体	液烃包裹体	规则	≤5	90.1
	石英加大边的微裂隙	含烃盐水包裹体	液烃包裹体	规则	≤5	91.6
	石英加大边的微裂隙	含烃盐水包裹体	液烃包裹体	规则	≤5	89.7
	石英加大边的微裂隙	含烃盐水包裹体	液烃包裹体	规则	≤5	77
	切及石英颗粒次生加大边的微裂隙	含烃盐水包裹体	液烃包裹体	规则	≤5	96
	石英加大边的微裂隙	含烃盐水包裹体	液烃包裹体	规则	≤5	90.1
	石英加大边的微裂隙	含烃盐水包裹体	液烃包裹体	规则	≤5	87.7
黑160 2524m	石英加大边的微裂隙	含烃盐水包裹体	液烃包裹体	规则	≤5	82.3
	切穿石英颗粒及其次生加大边的微裂隙	含烃盐水包裹体	液烃包裹体	规则	≤5	107.6
	晚期方解石胶结物	含烃盐水包裹体	液烃包裹体	规则	≤5	116.5
	石英加大边的微裂隙	含烃盐水包裹体	液烃包裹体	规则	≤5	89
	石英加大边的微裂隙	含烃盐水包裹体	液烃包裹体	规则	≤5	78
	石英加大边的微裂隙	含烃盐水包裹体	液烃包裹体	规则	≤5	86.2
	切穿石英颗粒及其次生加大边的微裂隙	含烃盐水包裹体	液烃包裹体	规则	≤5	101

3.2.1 流体包裹体发育丰度及赋存特征

油气运移过程中, 微量的流体随着储集层胶结物沉淀和微裂隙愈合被捕获形成包裹体, 其包含了油气运移和充注的流体温度、压力和成分等信息。流体包裹体可以为恢复储集层古地温和古压力、确定油气运移和充注时间及研究孔隙流体演化等提供有力证据。

本专著通过分析研究区 21 口探井 45 个样品点的包裹体镜下照片，发现研究区烃类包裹体主要以四种方式赋存于宿主矿物中。

（1）沿石英颗粒次生加大边的微裂隙成带分布的烃类包裹体（图 3.9）。该类包裹体发育丰度较高，GOI 在 3% ~ 14%（GOI 为含油流体包裹体丰度指标，是岩石样品中含有油包裹体的格架矿物颗粒占总矿物颗粒的百分比，其大小取决于储层或圈闭内流体的充注程度，其值及属性变化可以反映出油气的充注历史），大量烃类被捕获，揭示油气运移规模较大。液烃包裹体显示黄绿色、亮黄色、浅褐色荧光，气烃包裹体显示为深灰色。

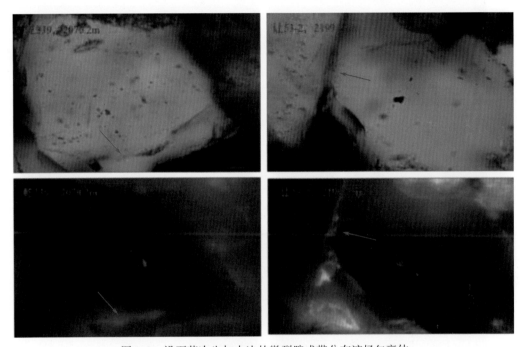

图 3.9　沿石英次生加大边的微裂隙成带分布液烃包裹体

（2）沿石英颗粒内及切及但未切穿加大边的微裂隙成带分布的烃类包裹体（图 3.10）。该类包裹体发育丰度也较高，GOI 分布在 2% ~ 7%。液烃包裹体显示黄绿色、亮黄色、浅褐色荧光，气烃包裹体显示为深灰色。

（3）长石中由于溶蚀成因成群分布的液烃包裹体（图 3.11）。GOI 分布在 2% ~ 7%，包裹体发育丰度高，为油气大规模运移时捕获，荧光显示为黄绿色、亮黄色、浅褐色。

（4）晚期亮晶方解石胶结物内孤立分布的油包裹体（图 3.12）。该类包裹体零星分布，丰度低，GOI 基本在 1% 以下，揭示该时期油气运移规模较小。

从上述包裹体赋存的宿主矿物和丰度来看，早期油气充注时的包裹体赋存在原生石英内的微裂缝中，包裹体中 70% 的 GOI 指数小于 2%，发育丰度在低—中等，油气充注规模较小；石英加大期间和长石溶蚀期间，宿主矿物分别为石英加大边的微裂缝、切及石英及其加大边的微裂缝、溶蚀的长石中，GOI 指数绝大部分大于 2%，包裹体丰度为中等—高，

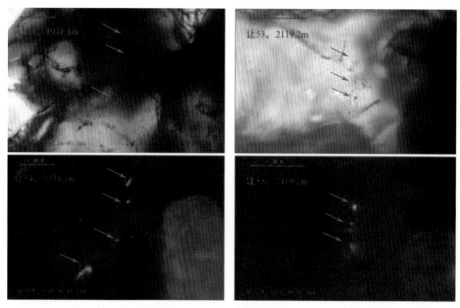

图3.10　沿石英颗粒切及加大边的微裂隙成带分布液烃包裹体

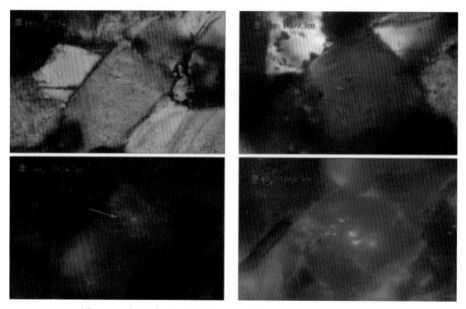

图3.11　长石中由于溶蚀成因成群分布浅褐—无色油包裹体

此时发生大规模油气充注。而后期油气运移规模较小，发生在晚期碳酸盐胶结时期，于亮晶方解石内零星分布，GOI指数小于2%（图3.13）。

　　通过前述的储层成岩特征和包裹体赋存特征分析，建立了松辽盆地南部扶余油层成岩序列和油气充注的关系，主要表现为机械压实→绿泥石胶结衬边→早期方解石胶结→片钠铝石交代→油气充注开始→石英次生加大（油气大规模充注）→长石、方解石被溶蚀（油气大规模充注）→长石次生加大→晚期方解石胶结（油气充注结束）→黄铁矿交代

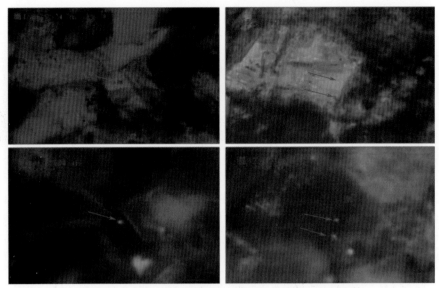

图 3.12　亮晶方解石胶结物内孤立分布浅褐色油包裹体

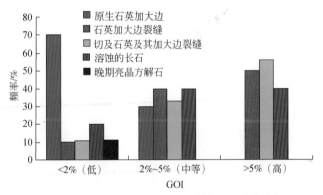

图 3.13　不同宿主矿物内的包裹体 GOI 分布特征

（图 3.14）。由于每一种成岩作用的存在都有一定的时间，因此，上述序列存在交叉重叠现象。

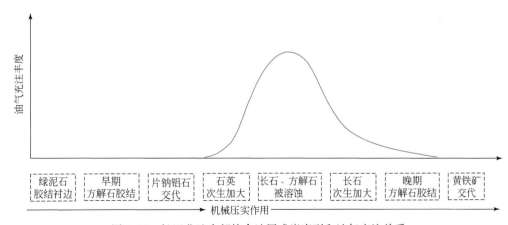

图 3.14　松辽盆地南部扶余油层成岩序列和油气充注关系

3.2.2　流体包裹体均一温度及致密油成藏期分析

储层流体包裹体目前已成为油气成藏期次和时间、成矿流体性质、流体来源、古油水建模、油气运移充注途径和古地温恢复等研究的常用方法（蒋有录等，2018；鲁金凤等，2018）。分析技术包括储层油气包裹体岩相学、偏光-荧光分析、均一温度测定、流体包裹体成分分析等。其中利用流体包裹体均一温度结合地层埋藏史和热史恢复确定油气成藏期次和时间在油气地球化学中得到了广泛应用。该方法的准确性除了取决于包裹体均一温度测定的准确程度外，储层埋藏史和热史的恢复也是极其重要的因素。

黄志龙教授曾对松辽盆地南部泉四段储层的流体包裹体进行过检测和分析，认为该地区包裹体均一温度主要分布在 80 ~ 100℃ 和 110 ~ 120℃ 两个温度区间 ［图 3.15（a）］，据此推断扶余油层致密油存在两期成藏，即为嫩江组沉积末期和明水组沉积末期两次成藏。本专著主要基于新增的 21 口探井 45 块样品的包裹体检测数据，其结果也显示包裹体的均一温度分布区间为 60 ~ 130℃，且主体分布在 70 ~ 100℃，约 16% 的样品包裹体温度分布在 100 ~ 130℃ ［图 3.15（b）］。以下按照黄志龙教授对研究区包裹体均一温度划分的界限，分析这两个温度区内不同区块均一温度的分布情况。

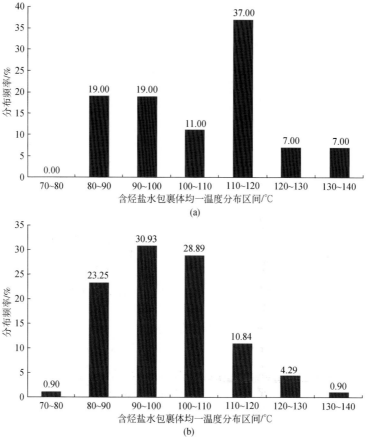

图 3.15　松南泉四段流体包裹体均一温度直方图

　　按照包裹体检测探井的分布特征，将研究区内的探井分为四个区块，区块Ⅰ和区块Ⅱ位于长岭凹陷，区块Ⅲ位于华字井阶地，区块Ⅳ位于扶新隆起。从四个区块的包裹体均一温度分布来看，区块Ⅰ和区块Ⅱ包裹体均一温度主峰分布在 80～100℃（图 3.16，图 3.17），区块Ⅲ包裹体均一温度主要分布在 70～90℃（图 3.18），区块Ⅳ包裹体均一温度主要分布在 70～80℃（图 3.19）。从长岭凹陷到华字井阶地，再到扶新隆起，包裹体均一温度逐渐降低，这与其泉四段地层埋深逐渐升高有关。即使在同一时期捕获，不同地区的古地温差异，其包裹体均一温度也不相同。但可以推断出，均一温度在 100℃以下的包裹体，虽然不同地区温度有所差异，但仍然很可能是同一时期被捕获的。

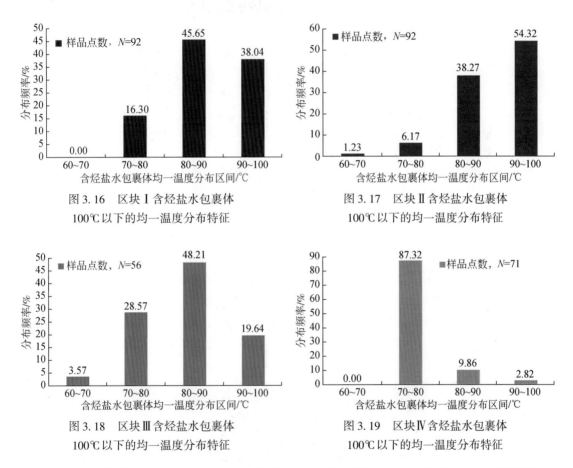

图 3.16　区块Ⅰ含烃盐水包裹体
100℃以下的均一温度分布特征

图 3.17　区块Ⅱ含烃盐水包裹体
100℃以下的均一温度分布特征

图 3.18　区块Ⅲ含烃盐水包裹体
100℃以下的均一温度分布特征

图 3.19　区块Ⅳ含烃盐水包裹体
100℃以下的均一温度分布特征

　　针对包裹体均一温度在 100℃以上的样品点，四个区块的均一温度分布也有所不同，位于长岭凹陷的区块Ⅰ和区块Ⅱ的均一温度主要分布在 100～110℃（图 3.20，图 3.21），位于华字井阶地的区块Ⅲ的均一温度主要分布在 110～130℃（图 3.22），扶新隆起的包裹体均一温度主峰分布在 110～120℃（图 3.23）。对比这四个区块的均一温度分布发现，隆起区的均一温度要高于凹陷区，如果它们是同一时期被捕获，理论上应该是隆起区的均一温度低于凹陷区，因此，扶新隆起区和华字井阶地均一温度在 110～130℃的包裹体捕获时间肯定晚于凹陷区该温度下的捕获时间。由此推断，凹陷区 100℃以上的包裹体依然为上一期的油气运移时所捕获，而扶新隆起和华字井阶地则为第二期油气运移。

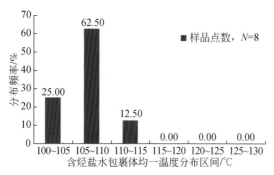

图 3.20　区块 Ⅰ 含烃盐水包裹体
100℃以上的均一温度分布特征

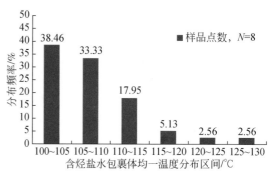

图 3.21　区块 Ⅱ 含烃盐水包裹体
100℃以上的均一温度分布特征

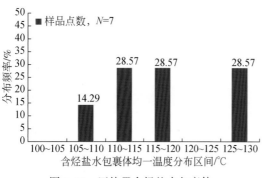

图 3.22　区块 Ⅲ 含烃盐水包裹体
100℃以上的均一温度分布特征

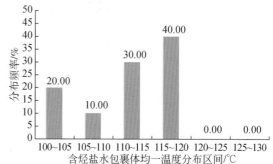

图 3.23　区块 Ⅳ 含烃盐水包裹体
100℃以上的均一温度分布特征

　　为了探究隆起区两期包裹体的特征和差异，分析扶新隆起区流体包裹体的成分发现，隆起区不仅仅只有液烃包裹体，还存在气烃包裹体（图 3.24）。包裹体均一温度虽然存在两个峰值，但均一温度在 100℃以上的包裹体均为气烃包裹体，而含油的液烃包裹体均一温度普遍在 100℃以下。下面分别评价扶新隆起带气烃包裹体和液烃包裹体的特征以及油气的运聚成藏期。

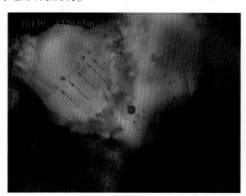
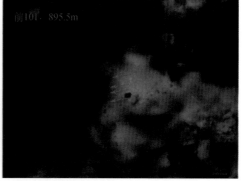

图 3.24　扶新隆起带气烃包裹体分布特征

　　扶新隆起区气烃包裹体发育丰度较低，为深灰色气烃包裹体，其中赋存于原生石英颗粒微裂缝中的气烃包裹体均一温度主要分布在 70～80℃（图 3.25）；赋存于石英加大边微裂隙中的气烃包裹体均一温度主要分布在 100～120℃（图 3.26）。结合隆起区的沉积埋藏史和热史，揭示地层温度为 70～80℃时为 84Ma 左右，为嫩江组沉积初期，地层温度处于 100～120℃时处于 73～50Ma，为四方台子—依安组沉积时期（图 3.27）。因此，对于隆起区气烃存在两次充注，充注时期分别为嫩江组沉积初期和四方台子—依安组沉积时期。

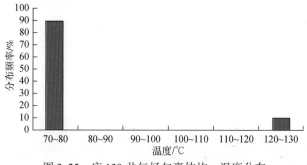

图 3.25　庙 139 井气烃包裹体均一温度分布

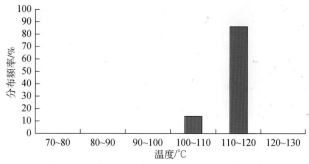

图 3.26　前 101 井气烃包裹体均一温度分布

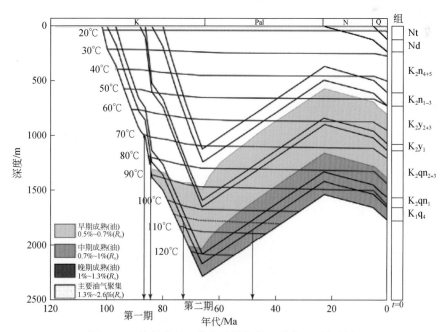

图 3.27　扶新隆起区扶余油层气烃运移充注时期判定

扶新隆起带液烃包裹体也较为发育，且分布于不同的宿主矿物中，如民54井701.4m为浅褐色油包裹体，显示为黄色、浅绿黄色荧光，沿石英颗粒微裂隙成带分布（图3.28），包裹体丰度较低，GOI仅为1%（图3.29）。新320井1759.6m为浅褐色油包裹体，显示为亮黄色、黄绿色荧光，发育于石英矿物次生加大前，沿切及（未穿）石英颗粒次生加大边的微裂隙成带分布，包裹体发育丰度较高，GOI高达10%。液烃包裹体的均一温度主要分布在70～100℃（图3.30），结合该地区的沉积埋藏史和热史，其被捕获时间在85～73Ma，为嫩江组沉积时期（图3.31）。未发现110℃以上的包裹体，因此，隆起区的液烃充注只有一期，发育在嫩江组沉积时期。综上所述，扶新隆起带在嫩江组时期发生液态烃的充注，且伴随少量气烃；四方台子—依安组沉积时期，主要是气烃的充注。

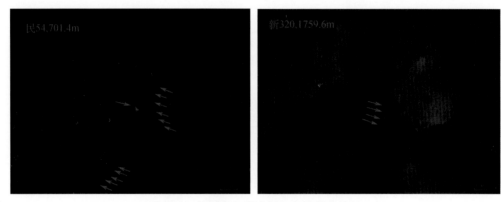

图3.28　扶新隆起带液烃包裹体分布特征

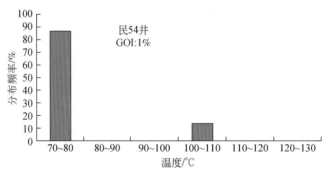

图3.29　民54井液烃包裹体均一温度分布

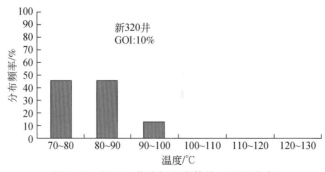

图3.30　新320井液烃包裹体均一温度分布

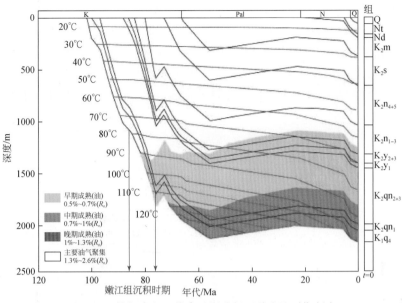

图 3.31　扶新隆起区扶余油层液烃运移充注时期判定

　　长岭凹陷致密储层中包裹体丰度和宿主矿物差异较大，最早期的包裹体赋存于石英微裂缝中，其在石英次生加大之前，包裹体丰度低—中等，成带分布，油气刚开始运聚时被捕获；其后在石英加大边、切及石英加大边的裂缝及溶蚀的长石中均发现丰度较高的液烃包裹体，此类包裹体在石英次生加大和长石溶蚀期间被捕获，发育丰度高、成带分布，表明该时期油气大规模运聚；最晚出现的包裹体赋存在亮晶方解石中，是晚期方解石胶结期间被捕获，发育丰度低，零星分布，是油气运移晚期遗留下的痕迹（图 3.32）。

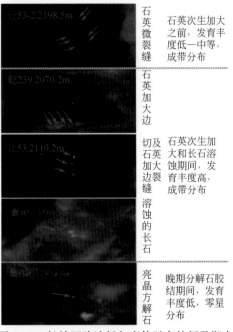

图 3.32　长岭凹陷液烃包裹体赋存特征及期次

长岭凹陷液烃包裹体均一温度主体分布在 80～110℃，110～130℃区间包裹体出现频率较少（图 3.33）。从均一温度分布形态来看，虽然凹陷区均一温度范围广，但呈单峰分布，表明仍为一期充注，只不过凹陷区地层沉积速率快，泉四段地层温度变化快且范围广。

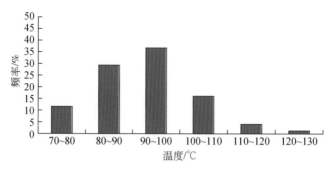

图 3.33　长岭凹陷液烃包裹体均一温度分布特征

从沉积埋藏史和热史对应的地层温度变化特征来看，80～110℃对应于嫩江组沉积时期，该时期油气大规模充注，包裹体主要赋存于石英的次生加大边及裂隙以及溶蚀的长石中，而110～130℃对应于嫩江组沉积末期至明水组沉积时期，该时期油气充注量逐渐减少（图 3.34）。

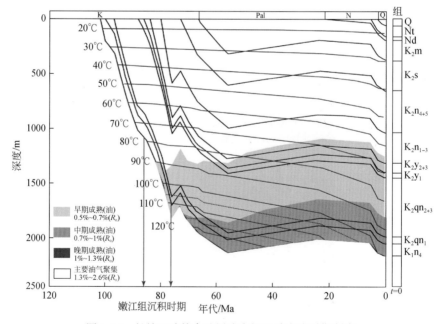

图 3.34　长岭凹陷扶余油层液态烃运移充注时期判定

3.2.3　储层致密期分析及与油气成藏期关系

对于常规油气藏，往往评价圈闭的形成期与油气的充注期的时间匹配关系，从而判定是否能形成油气藏，然而对于致密油藏来说，圈闭已不是其成藏的关键因素，而储层的品质和致密期往往是制约油气丰度和分布的关键所在。因此，研究致密储层的致密期，并结合油气的充注时期，判定致密油藏是先成藏后致密还是先致密后成藏，对于分析致密油充注时期的运聚机理及富集规律有着重要的指导作用。

　　按照致密储层的评价标准，当储层孔隙度小于 12%，渗透率小于 1mD 时即为致密储层。随着地层沉积埋深的不断加大，由于机械压实作用和胶结成岩作用，砂岩的孔隙度会随着深度逐渐衰减，不同地区由于压实程度和成岩作用类型及程度存在差异，因此，其孔隙度随深度的演化特征也有所不同。本研究对松辽盆地南部扶余油层分区块建立孔隙度随深度的演化关系，厘定不同地区砂岩开始致密的埋深，并结合该区块的沉积埋藏史，确定其致密期。根据成藏期和储层致密期的时间匹配关系，划分泉四段致密油成藏类型。判定方法如图 3.35 所示。

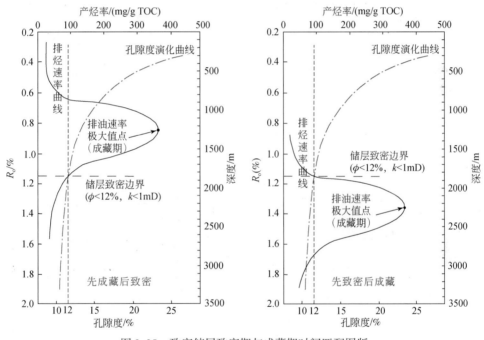

图 3.35　致密储层致密期与成藏期时间匹配图版

　　按照松辽盆地南部不同井字号划分为 12 个区块分别进行成藏期和致密期分析，共包括红岗阶地的大字号井区、红字号井区，长岭凹陷的查字号井区、乾字号井区、黑字号井区，扶新隆起的民字号井区、新字号井区、木字号井区、让字号井区、前字号井区，华字井阶地的情字号井区、老字号井区。

　　从分析结果来看，长岭凹陷查字号井区（查 21 井为代表）泉四段砂岩在埋深为1100m 左右时开始致密，此时大约为 87Ma，而油气充注的时间约为 80Ma，因此，该地区为先致密后成藏。红岗阶地的大字号井区（以大 217 井为代表），储层埋深在 1600m 左右开始致密，其对应的地质时期为 80Ma 左右，与油气充注时期相同，因此该地区为边致密边成藏。红岗阶地红字号井区泉四段在 1700m 左右开始致密，对应的地质时期远晚于油气充注的 80Ma，该地区为先成藏后致密或先成藏未致密（图 3.36）。基于同样的手段对其他井区进行评价，结果显示为民字号井区、新字号井、让字号井区、情字号井区为边致密边成藏，乾字号井区、黑字号井区为先致密后成藏，木字号井区、前字号井区、老字号井区为先成藏后致密或先成藏至今仍未致密。

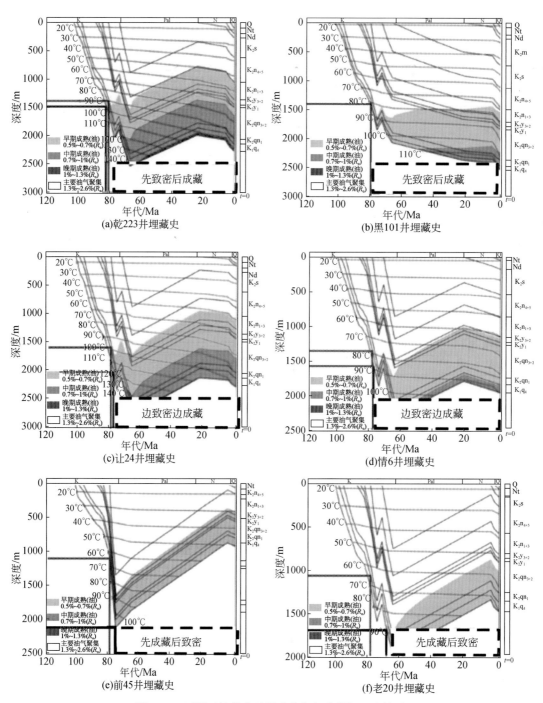

图 3.36　不同区块扶余油层致密期与成藏期匹配关系

　　从不同区块的泉四段砂岩致密深度来看，凹陷区储层发生致密的深度要小于斜坡区，隆起区发生致密的深度最大，这主要是凹陷区地层沉积速率大，地层压实作用强，机械压实致使的孔隙度损失较大。同时由于凹陷区泥岩发育程度要强于隆起区，压实作用将泥岩中的高矿化度地层水压排至相邻的砂岩中，促使砂岩发生胶结作用，从而加速降低储层的孔隙度。

　　综上所述，松辽盆地南部泉四段在长岭凹陷通常是砂岩先致密，其后原油下排聚集成藏，在斜坡区是边致密边成藏，隆起区扶余油层大部分现今还未致密，少量致密储层的形成发生在油气充注期之后，因此，隆起区为先成藏后致密或先成藏至今未致密。

第4章 松南扶余油层致密油概况

致密油通常是指覆压基质渗透率小于 $0.1 \times 10^{-3}\,\mu m^2$ 或空气渗透率小于 $1 \times 10^{-3}\,\mu m^2$ 的砂岩、碳酸盐岩等油层，单井一般无自然产能，或自然产能低于工业油气流下限，但在一定经济条件和压裂、水平井、多分支井等技术措施下可以获得工业油产量。

本章以松辽盆地南部扶余油层致密油为例，对致密油的测井评价技术和地震技术进行阐述。

4.1 致密油地球物理技术研究经历

致密油地震综合预测技术有效可行是 2016 年提交致密油探明储量的前提条件之一，2012～2015 年松辽盆地南部致密油勘探开发项目，有效推动了扶余油层致密油地震综合预测技术研究的深入开展，该致密油项目是吉林油田在"十二五"期间践行致密油勘探开发一体化模式的典型代表，是多专业一体化攻关的高度浓缩。

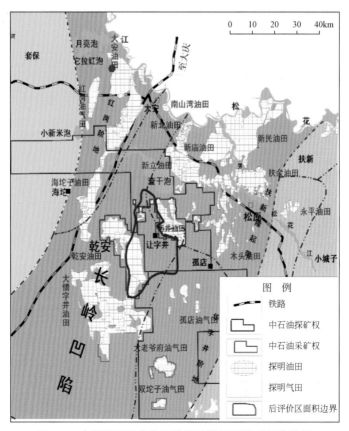

图4.1 吉林油田松南盆地致密油勘探开发项目位置图

松辽盆地南部致密油勘探开发项目主要工区（乾 246-让 70 区块、让 53-让 54 区块）位于吉林省松原市乾安县境内，东与两井油田老区相连，北为查干泡，西南为乾安油田。地表主要是草原和耕地，地势平坦，属典型的温带大陆性季风气候，四季分明，区内交通便利，依托两井油田老区，基础设施健全，经济地理条件优越。

区域构造位于松辽盆地南部中央拗陷区的长岭凹陷，东接华字井阶地，西邻红岗阶地，为向西南倾的斜坡带。致密油项目评价的乾 246-让 70 区块、让 53-让 54 区块矿权均属于吉林油田分公司（图 4.1）。

评价区主要目的层为扶余油层，油藏埋深 1750～2600m，总面积 560km²，该项目所涉及的 560km² 研究领域三维地震全覆盖，跨越了 2000～2010 年先后实施的 8 块三维地震工区，8 块三维地震满覆盖面积 2896km²，具体采集施工参数见表 4.1，截至 2015 年年底共完成钻探井、评价井 129 口，进尺 32.04×10⁴ m，总计提交预测石油地质储量 3720×10⁴ t，控制地质储量 7401×10⁴ t，完钻开发井 70 口，进尺 19.75×10⁴ m，建产能 12.92×10⁴ t（含探评井），累计产油 6.23×10⁴ t（具体见表 4.2）。

表 4.1　乾安地区（8 个三维工区）三维地震采集参数表

年度	工区	观测系统	覆盖次数/次	接收道数/道	最大炮检距/m	面元	纵横比	纵向排列方式	炮数/炮	满覆盖面积/km²
2000	情字井东北	10L15S112R	4×10	1120	3228	20m×40m	0.65	1660-20-40-20-2780	29389	598
2002	乾西北	12L18S140R 砖墙	6×10	1680	2975	20m×20m	0.38	2780-20-40-20-2780	11612	109
2003	乾安	10L10S120R 正交	5×10	1200	2613	20m×40m	0.45	2380-20-40-20-2380	11901	201
2005	乾安北	12L18S180R 斜交	6×9	2160	4099	20m×20m	0.25	3180-20-40-20-3980	19647	268
2006	两井	12L12S184R 斜交	6×13	2208	4594	20m×20m	0.24	4460-20-40-20-2780	48335	452
2007	查干泡	12L9S208R 斜交	6×13	2496	4190	15m×30m	0.31	4005-15-30-15-2205	48339	574
2008	乾安东	12L4S228R 斜交	6×19	2736	4636	20m×20m	0.21	4540-20-40-20-4540	71792	559
2010	鳞字井	12L4S228R 斜交	6×19	2736	4636	20m×20m	0.21	1660-20-40-20-2780	18174	135
合计									259189	2896

表 4.2　乾安地区扶余油层致密油勘探开发项目工作量及成果表

区块	地震工作量		钻井工作量				资源量/10⁸ t	地质储量/10⁴ t			建产/10⁴ t	
	二维/km	三维/km²	探井/口	探井进尺/10⁴ m	开发井/口	开发井进尺/10⁴ m		探明	控制	预测	产能	产量
让 53-让 54		154	40	9.83	27	7.09	0.6		2125	3720	3.06	2.6
乾 246-让 70		406	89	22.21	43	12.66	1.5		5276		9.86	3.6
合计		560	129	32.04	70	19.75	2.1		7401	3720	12.92	6.2

截至 2011 年年底，评价区共完成 2896km² 三维地震采集及处理解释工作，针对扶余油层顶界落实了整体构造面貌及局部构造圈闭；完钻探井、评价井 55 口，进尺 12.28×10⁴ m，完钻开发井 12 口，进尺 2.45×10⁴ m，提交石油控制储量 1600×10⁴ t（表 4.3）。

表 4.3　乾安地区扶余油层致密油项目实施前勘探开发情况表

区块	地震工作量		钻井工作量				资源量/10⁸t	地质储量/10⁴t			建产/10⁴t	
	二维/km	三维/km²	探井/口	探井进尺/10⁴m	开发井/口	开发井进尺/10⁴m	资源量/10⁸t	探明	控制	预测	产能	产量
让53-让54		154	11	2.47	4	1.22	0.6				0.1	0.38
乾246-让70		406	44	9.81	8	1.23	1.5		1600	0.6	12.8	1.33
合计		560	55	12.28	12	2.45	2.1		1600	0.6	12.9	1.71

项目实施前，2010～2012 年针对本区扶余油层复杂的油藏特点，加大了油藏综合研究力度，先后开展了"让字井斜坡带沉积特征研究""让字井斜坡带扶余油层富集规律研究""让字井地区扶余油层油水层识别及储量参数研究""让字井地区扶余油层致密油成藏机制研究""松辽盆地南部中浅层油气资源精细评价""松辽盆地南部扶余油层致密油测井评价技术攻关"等专项课题的研究，以上课题的研究成果为扶余油层致密油勘探的新突破奠定了地质理论及技术基础。

为了提高油水层解释精度，客观评价有效厚度等储量评价参数，开展了"七性"关系研究所需的三品质化验分析资料录取，烃源岩品质方面录取有机碳热解样品 78 块，R_o 样品 6 块；储层品质方面录取常规孔渗和压汞、核磁等特殊化验分析样品 3185 块；工程品质方面录取三轴应力样品 27 块。在"七性"对比分析的基础上，结合成像测井资料，开展了有效厚度下限、岩石物理特征等多项研究，建立了高精度的油水层解释图版和孔隙度解释模型。这些研究成果的储备，为本区致密油储量的计算奠定了基础。

勘探开发工作深化了松南盆地致密油成藏规律认识，发现了规模储量，发展了配套技术，为 2012～2015 年松南盆地致密油勘探开发工作奠定了理论基础、工程技术保障，在致密油藏理论指导下，勘探思路、勘探技术方面由寻找规模储量转变为寻找"甜点"。

4.2　扶余油层致密油特征

松辽盆地南部扶余油层是吉林油田的主力油层之一，资源规模大，潜力大，总资源量达 $18.87×10^8t$，占吉林探区中浅层石油总资源量的 90% 以上，根据成因机理、储层物性、油控因素，扶余油层的油藏类型可分为构造油藏、断层岩性油藏和岩性油藏三类。过去勘探以构造、断层岩性油藏为主，埋深在 300～1750m，孔隙度大于 12%，渗透率大于 1mD，勘探对象相对简单，物探技术针对以上勘探对象能够较好满足部署需求。经过几十年的勘探开发，剩余资源量 $8.4×10^8t$，其中致密油藏 $7.8×10^8t$，占剩余资源的 94%。

松辽盆地南部扶余油层致密油特点：埋深 1750～2600m，孔隙度小于 10%，压覆渗透率小于 0.1mD，直井稳定产量小于 1t，常规技术开采效益差。从资源现状及油田公司未来发展需求来看，致密油藏是公司实现增储稳产战略最现实的资源基础，是吉林油田"十二五""十三五"勘探、开发的主要目标。自 2012 年起吉林油田以中央拗陷区扶余油层为重点，加大了致密油藏分布规律的研究力度，确立了松辽盆地南部"立足大场面，开辟新领域，寻找大型整装油田"的勘探指导思想，加大了扶余油层致密油藏的勘探力度。随着勘探程度的不断深入，发现以往针对致密油勘探均以直井部署为主，单井日产在 0.5~3t，多数井日产在 1t 左右。加上致密油埋藏深、储层致密的特殊性，导致致密油前期的勘探、开发成本费用高于常规油，这种高成本、低产量的直井严重制约了致密油有效开发动用。

为实现致密油藏的有效开发利用，2012 年以来，油田公司决定转变勘探开发模式和方式，针对致密油以水平井部署和钻探为主，并进行勘探、评价、开发一体化井位部署。水平井钻探是沿着某一油层进行钻进，通过钻遇油层的长度来增加供油体积，达到提高单井产量的目的。因此，保障水平井获得较高的油层钻遇率，是单井提产的关键。为此致密油水平井部署、钻探对储层及构造成果的精度提出了更高的要求，物探作为油田勘探开发的重要的支撑技术，必须紧跟勘探开发步伐，通过技术提升来提高物探成果的精度，以满足致密油水平井部署、钻探及勘探开发一体化的需求。因此，物探工作紧密围绕致密油水平井油层钻遇率，开展针对性的精细构造解释及致密油储层有效刻画技术攻关。

4.2.1　石油地质特征

（1）储层沉积特征，研究区扶余油层存在着长期发育的河流相沉积环境，控制了本区的沉积特征。研究区普遍发育分支河道、水下分支河道等沉积砂体，是良好的储集层，它与断层配置，可形成断鼻或断层-岩性型油气藏。另外，砂岩之间的泥岩隔层对砂体具有良好的盖层作用和侧向封堵作用，在有利构造背景的控制下，可形成岩性尖灭油气藏。大遈字井以断层岩性和岩性油藏为主。Ⅰ砂组为三角洲前缘水下分流河道沉积，总体砂比小于 30%，单砂层厚度 2~6m，由 2~3 层组成，平面上呈条带状展布；Ⅱ-Ⅳ砂组为三角洲平原叠置河道砂沉积，河道砂叠置关系复杂，属于"砂包泥"情况，砂地比为 30%~70%，单砂厚度为 3~10m，泥岩隔层为 1~20m，储层横变快，物性差，累计砂岩厚度为 30~50m，平面上连片分布，研究区位于主砂带上。

（2）构造特征：位于乾安鼻状构造背景、斜坡背景，断裂发育，西南至东北展布的河道砂体与近南北走向的鼻状构造的良好的配置，是扶余油层致密油最富集的区带，该区鼻状构造主体以构造岩性油藏为主，两翼以断层岩性和岩性油藏为主，西南至东北展布的河道砂体与近西北至东南的断层有机配置成藏。

（3）断裂特征：断层的发育区是油气有利富集区，由于断层的发育，伴生了一批局部断鼻、断块型构造圈闭。断层是油气运移的通道，又可起到遮挡作用。扶余致密油发育北北东走向的斜坡带，斜坡带在受到区域性挤压扭应力作用下，形成了北北西走向的褶皱带，并伴随与褶皱带轴向平行的一系列断裂带。对于扶余油层来说，断层对油气成藏有着重要的控制作用，西南至东北展布的河道砂体与近西北至东南的断层有机配置成藏：一是要有断层作为油气运移的通道；二是断层的断距大小对油气藏也有重要控制作用，在断层的断距比较小的条件下，不能使泉四段砂岩与青一段泥岩完全对接，因而青一段泥岩不能对泉四段砂岩形成有效封堵，不利于断层-岩性油气藏的形成，而断层的垂直断距控制着断层-岩性油气藏的油柱高度；三是断层面要具有封闭性，否则断层就不能起到遮挡作用而不能使油气聚集成藏。

（4）研究区生油条件：位于生烃洼陷，暗色泥岩厚度为 60～90m，TOC 值为 1.5%～2.5%，R_o 值大于 0.7%，排烃强度 100 万～400 万 t/km^2，S_1+S_2 大于 6mg/g。

（5）研究区其他有利条件：CO_2 多，物性相对较好，气油比高，原油密度低，为 0.82～0.85g/cm^3，原油黏度低，为 10～20mPa·s，地层水矿化度高，为 20000～40000ppm[①]，利于油气产出。

通过与国内外典型致密油区进行对比分析，乾安油田扶余油藏泉四段具有形成致密油的条件：优质烃源岩广覆式分布、致密储层大面积分布、源储配置关系良好。

4.2.2　地震资料情况

该项目所涉及的 560km^2 研究领域，跨越了 2000～2010 年先后实施的 8 块三维地震工区，8 块三维地震满覆盖面积 2896km^2，总炮数 259189 炮，纵横比最大为 0.65，最小为 0.21，平均为 0.3375（具体参数情况见表 4.4）。从逐年的施工参数对比看，覆盖次数逐年增加，最大炮检距逐年增大，面元在逐年缩小，接收道数在逐年增多，炮密度在逐年增大，总体看观测系统的参数逐年在不断强化，保证高品质的原始资料获得，另外，从 2012～2015 年松辽盆地南部致密油勘探开发项目跨越的 8 个三维地震工区的原始记录质量统计情况看（表 4.5），原始记录优级品率最低的是 2000 年的情字井北地震资料，其原始记录优级品率 86.7%，原始记录优级品率最高的是 2007 年施工的查干泡地震资料，其原始记录优级品率达到了 93.4%，8 块工区整体原始记录优级品率平均达到了 90.6%，总体采集的原始资料达到了优质水平。由此来看，松辽盆地南部致密油勘探开发项目所涉及的三维地震资料都较好地达到当时岩性勘探的采集设计要求，从原始地震资料品质来看，这些三维地震勘探的实施为该项目的开展提供了较好的三维地震资料保障。

表 4.4　松辽盆地南部致密油勘探开发项目跨越的 8 个三维地震统计

年度	工区	观测系统	覆盖次数/次	接收道数/道	最大炮检距/m	面元	纵横比	炮密度/(炮/km^2)	炮道密度/(万道/km^2)	炮数/炮	满覆盖面积/km^2
2000	情字井东北	10L15S112R	40	1120	3228	20m×40m	0.65	45	6	29389	598
2002	乾西北	12L18S140R 砖墙	60	1680	2975	20m×20m	0.38	106	15	11612	109
2003	乾安	10L10S120R 正交	50	1200	2613	20m×40m	0.45	53	6.25	11901	201
2005	乾安北	12L18S180R 斜交	54	2160	4099	20m×20m	0.25	63	13.5	19647	268
2006	两井	12L12S184R 斜交	78	2208	4594	20m×20m	0.24	89	19.5	48335	452
2007	查干泡	12L9S208R 斜交	78	2496	4190	15m×30m	0.31	69	17.3	48339	574
2008	乾安东	12L4S228R 斜交	114	2736	4636	20m×20m	0.21	104	28.5	71792	559
2010	鳞字井	12L4S228R 斜交	114	2736	4636	20m×20m	0.21	104	28.5	18174	135
合计										259189	2896

---

① 1ppm＝1mg/L。

表 4.5　2000～2010 年松南致密油项目地震原始记录质量统计表

地震工程	年份	工区名称	总张数/张	一级品/张	一级品率/%	废品/张	废品率/%	备注
三维地震	2000	情字井东北	29404	25494	86.7	0	0	2011 年后无新采集资料
	2002	乾西北	11612	10389	89.5			
	2003	乾安	11901	10781	90.6			
	2005	乾安北	19647	18090	92.1			
	2006	两井	43631	39793	91.2			
	2007	查干泡	48339	44847	93.4			
	2008	乾安东	71792	65166	90.8			
	2010	鳞字井	18174	16424	90.4			

另外从 8 块三维地震资料最终处理成果评价看（表 4.6），各个工区地震剖面的一级品率都在 90% 以上，一级品率最低的工区是情字井北，一级品率为 91.2%，一级品率最高的工区是查干泡，一级品率为 98.2%，8 个地震工区的处理成果剖面一级品率总平均为 95.1%，从处理成果剖面一级品率统计看，这些三维地震资料也都较好地达到了原来岩性勘探设计要求。

表 4.6　2011～2015 年松南致密油项目三维处理成果品质统计表

	工区名称	面积/km²	一级品		二级品	
			面积/km²	比例/%	面积/km²	比例/%
1	情字井东北	598	545	91.2	53	8.8
2	乾西北	109	103	94.5	6	5.5
3	乾安	201	191	95.1	10	4.9
4	乾安北	268	256	95.7	12	4.3
5	两井	452	438	97.0	14	3
6	查干泡	574	564	98.2	10	1.8
7	乾安东	559	529	94.7	30	5.3
8	鳞字井	135	129	95.3	6	4.7
		2896	2755	95.1	141	4.87

从储层地震地质特征研究中，乾东地区三维地震剖面纵向上及横向上的变化总体能够揭示储层纵横向变化。从地震资料解释的角度也可以看出，以往的三维地震资料一定程度上可以支持致密油项目的开展与实施。

2010～2011 年针对本区扶余油层复杂的油藏实际情况，先后开展了"让字井斜坡带有利河道砂体地震预测方法攻关""松南中浅层地震资料精细目标处理技术攻关""扶余油层河道砂体识别及有效储层预测技术攻关"等专项课题的研究，以上课题的研究成果为扶余油层致密油勘探提供物探技术基础，在地震资料处理解释研究方面，主要是以深盆油理论为指导，以岩性油藏为勘探对象，以指导直井井位部署为目的，加强了井震有机结合，采用了地震资料处理解释一体化的运行模式，处理方面从改善原始地震资料品质入手，注重了保幅拓频等技术应用研究，一定程度上提高了地震资料的品质和纵横向分辨率，解释方面，研究应用基于河道刻画属性分析及多属性融合、叠前弹性参数反演等针对性配套适用技术，对扶余油层薄互层储层的预测精度有了一定程度的提高，较好地指导直井的部署及钻探，同时也为该项目的致密油地质"甜点"地震预测配套技术研究、探井水平井部署及钻探奠定了一定基础。

随着勘探程度的不断深入，致密油勘探已成为目前和今后的主要对象。以往致密油勘探以直井为主，单井产量较低。为实现松南盆地扶余油层致密油的有效动用，研究应用水平井是探索提高产能的新途径。但是在勘探阶段，由于井距较大，无法精确描述砂体，影响水平井井眼轨迹设计及钻探。2012~2015年先后围绕让53井、让54井、乾246井、让70井等重点试验区有序开展了扶余油层致密油"甜点"地震预测配套技术研究，通过加强井震结合及处理解释一体化技术攻关，有效提高储层的纵横向分辨率，精细地落实了储层的展布，较好地指导了井位部署和工程设计，保障了钻探成功率和油层钻遇率，为实现致密油单井产能的突破提供技术支撑。在技术攻关过程中共完成处理、解释专题9个，累计完成三维地震资料处理1917km²，三维地震资料解释2907km²（具体见表4.7）。

表 4.7　2012~2015 年松南致密油勘探开发项目处理解释统计

年度	课题名称	工作量	支持部署与钻探	应用关键技术	承担单位
2012	松辽南部让字井斜坡带扶余油层地震储层预测	乾安北—两井连片处理解释合计面积320km²	让平1、让平2、让平3、让平4、乾246	保幅提频处理，叠前反演及烃类检测	北京勘探开发研究院东方地球物理公司
2012	扶余油层河道砂体识别及有效储层预测技术攻关	乾215—让53区块的扶余油层300km²	让平1、让平2、让平3、让平4、乾246	属性分析、多属性融合、敏感储层参数优选及多参数反馈	吉林油田地球物理勘探研究院
2013	松南扶余油层致密油藏地震资料处理技术攻关	新北地区满覆面积为166km²	新361、新362	提高信噪比、能量补偿、静校正、拓频、数据规则化、成像	吉林油田地球物理勘探研究院
2013	扶余油层致密油储层预测技术及水平井部署	扶余油层I砂组河道刻画2492km²，5个重点区块1607km²储层反演	让59、查平2、查平3、查平4、让70、新361、新362、庙平6	保真拓频、复波分析、地质统计学反演、叠前叠后反演	吉林油田地球物理勘探研究院
2014	长岭凹陷薄互层岩性油层保幅拓频地震处理技术攻关	乾安东330km²，新庙西151km²	庙平6、乾262、乾244、让平9、让平10	保幅拓频处理、地表一致性处理、静校正等	吉林油田地球物理勘探研究院
2014	扶余油层河道砂体精细描述技术攻关	构造解释及储层反演550km²	查平4、查平59、查平57、乾215-14、乾262、乾244、乾247、让63、让64、让65、让66、让平9、让平10	叠后拓频保幅去噪、波形分解法去T₂屏蔽、相位扫描处理、正演模型分析及模拟反演技术	吉林油田地球物理勘探研究院

续表

年度	课题名称	工作量	支持部署与钻探	应用关键技术	承担单位
2014	乾东地区三维地震叠前偏移处理有利储层预测	乾东（北）面积260km²	让63、让64、让65、让66、乾244、让平9、让平10	保幅提高分辨率处理、叠前反演、有利河道砂体预测及薄互层有效储层预测、烃类检测	大连鸿元石油勘探开发公司
2015	长岭凹陷扶余油层保幅拓频处理技术研究	鳞字井叠前精细处理135km²，乾安—鳞字井—乾西北等连片处理面积555km²	让70块、查平3块水平井部署钻探	OVT处理、VSP在处理中应用、近地表Q补偿、叠前黏弹性提高分辨率处理	吉林油田地球物理勘探研究院
2015	扶余油层叠置河道刻画有利储层预测技术研究	乾246区块、让70区块精细储层预测、水平井现场轨迹导向450km²	部署钻探水平井29口	精细河道储层分类、统计学反演、技术	吉林油田地球物理勘探研究院
合计三维地震资料处理1917km²，三维地震解释2907km²					

第5章 致密油测井评价技术

测井上针对致密油储层电性、岩性、物性、含油气性、烃源岩评价、脆性、岩石机械特性的评价，通过精选参数，建立测井解释方程和模型，建立了乾安地区"甜点"指数综合评价方法，利用有限的测井资料最大限度地寻找潜力层，寻找"甜点"，预测产能，为扶余油田的增储做出贡献。

5.1 测井技术研究难点与技术路线

5.1.1 研究难点

扶余油藏是一个新生界的富油凹陷，预测资源量不少于 $3 \times 10^7 t$。石油勘探始于1980年，到1990年对该区进行数字地震，1991年获得工业油流，随着勘探开发的不断深入，研究区存在的问题也越来越凸显，主要表现在以下几个方面。

（1）超低渗致密储层岩电实验困难极大，不同井岩电参数差异大，扶余油层含油饱和度低，不易定量求准饱和度参数，储层含油饱和度求取困难。

（2）乾安地区老井大约有265口，不同时期的测井系列，测井方法不同，导致曲线没有统一的标准，测井曲线需要进行标准化校正。

（3）油水性质复杂，地层水矿化度变化大，为 $6000 \sim 62120 ppm$，高阻油层与低阻油层并存，影响电阻率因素复杂。

（4）岩性油气藏受构造影响小，岩性影响物性，物性影响含油性，"甜点"区域评价困难。

（5）储层"七性"关系复杂，储层评价没有统一的标准。

（6）水平井产能影响因素不明确，取决于产能高低的影响因素复杂，产能预测是急需突破的难题，通过测井曲线探寻表征储层产能的参数是关键。

5.1.2 技术路线

针对复杂致密油油气藏，制定了以下测井油气藏综合研究技术路线（图5.1）。测井油气藏综合评价是以测井精细评价新发现为核心，以多井对比和油藏描述为手段，最终达到为勘探开发提供预见性的有效建议的目的。

测井油气藏精细评价新发现主要从两个点出发：在测井、录井、试油、岩心化验基础资料收集整理的基础上，展开单井评价和油气藏宏观分布规律的研究。其中第一个出发点是从单井测井评价出发，主要包括在对储层进行岩石学特征研究、储层物性评价、储层流体识别、脆性识别、岩石力学参数评价等精细评价的基础上，结合动态跟踪分析，在单井测井评价过程中找出单井解释疑难层位，然后结合横向上多井油气藏成藏规律辅助单井解释，进行区域产能影响因素、规律研究，最终实现单井的产能预测。另外一个出发点是从多井油气藏成藏规律研究为出发点，主要包括烃源岩评价、源储配置研究、成藏规律研究，并找出与成藏规律不吻合的矛盾井和矛盾层，并对矛盾井和矛盾层的单井解释进行再认识。

最终在纵横向研究的基础上，结合宏观油气成藏规律研究将单井的油气微观发现放大从而寻找"甜点"富集区，同时在宏观油气成藏规律研究得到的潜力区域内的单井的有利层位进行再认识，从而最大限度地发现油气储量，利用有限的测井资料最大限度地寻找潜力层，为乾安油田的勘探开发提供技术支持。

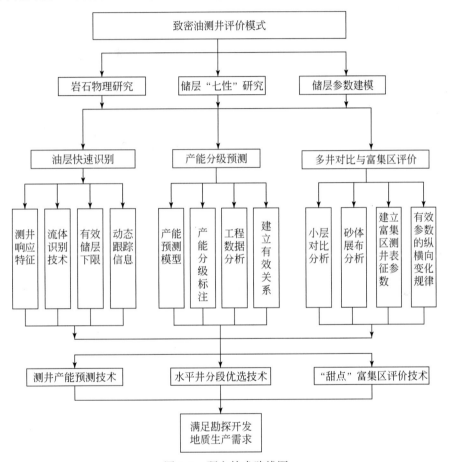

图 5.1　研究技术路线图

5.2　致密油"七性"关系评价

致密油"七性"关系评价，主要包括对储层电性、岩性、物性、含油气性、烃源岩评价、脆性、岩石机械特性的评价。通过精选参数，建立测井解释方程和模型，建立了乾安地区的储层"七性"评价方法、模型、标准，通过对区域 206 口井的重新计算，利用电性、物性、岩性、脆性、有效厚度等参数建立了乾安地区"甜点"指数综合评价方法，乾

246 井区 I 类储层"甜点"指数大于 150，Ⅱ 类储层"甜点"指数在 100～150，Ⅲ 类储层"甜点"指数在 50～100，Ⅳ 类储层或非储层"甜点"指数小于 50；让 70 井区 I 类储层"甜点"指数大于 200，Ⅱ 类储层"甜点"指数在 120～200，Ⅲ 类储层"甜点"指数在 60～120，Ⅳ 类储层或非储层"甜点"指数小于 60。

5.2.1　测井资料标准化

测井资料标准化的关键是对测井资料进行质量检查，以及在研究区块内选择标志层，并以关键井的测井响应值来标定非关键井的测井值。

测井资料标准化的步骤：

（1）对关键井测井资料进行环境影响校正，包括井眼大小、井内流体性质、层厚和围岩校正，以及泥浆滤液侵入校正。

（2）对关键井测井资料进行质量检查，确定其校正量。经环境影响校正的测井曲线，在已知岩性井眼规则的井段作交会图、直方图，检查测井资料质量，确定测量校正值。

（3）在研究区域内确定标志层。标志层应是目的层段内分布稳定、岩性较纯、物性相近或有规律变化的地层。

（4）对所有井进行标准化。应用交会图、直方图解释技术，对其他井进行检查，并确定校正值。

选取青一段稳定泥岩层进行统计，由峰值确定研究区测井曲线的质量，提供校正依据（表 5.1）。

表 5.1　测井曲线标准化统计表

区块	电阻率/(Ω·m)	自然伽马/API	声波/(μs/m)	体积密度/(g/cm³)
乾 246	4～7	148	320	2.25
让 53	5～8	145	310	2.28
让 70	7～10	137	300	2.31

5.2.2　储层岩石学特征分析

1. 岩石学特征

乾安地区储集层岩石类型为岩屑砂岩。成分成熟度较低。颗粒直径一般为 0.008～0.30mm，主要岩性有粗砂岩、细砂岩、粉砂岩、泥质粉砂岩、粉砂质泥岩。泉四段储层岩性为长石质岩屑粉砂岩、细砂岩。乾 246 区块Ⅲ、Ⅳ砂组以细砂岩为主，I、Ⅱ砂组以粉砂岩为主，让 70 区块Ⅲ、Ⅳ岩性以细砂岩为主。颗粒直径一般为 0.008～0.30mm（图 5.2，图 5.3）。

岩石矿物组分主要有石英、长石、黏土、方解石、白云石，局部有黄铁矿分散，让 70、乾 246、让 53 区块矿物成分、含量相当（图 5.4），其中石英含量为 40%～50%，长石含量在 30% 左右，黏土在 20% 左右，方解石为 5%，少量白云石、菱铁矿，胶结物主要为泥质、碳酸盐和硅质胶结物。

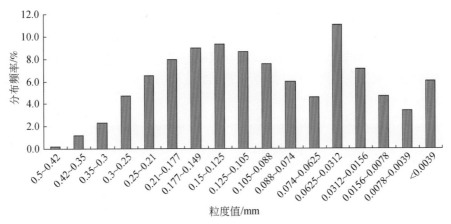

图 5.2　乾安地区粒度分析图

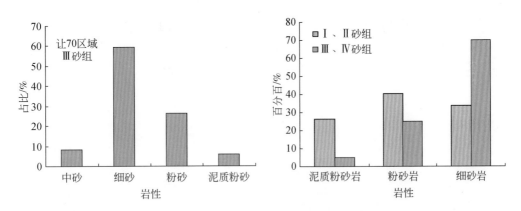

图 5.3　乾安地区岩性分析图

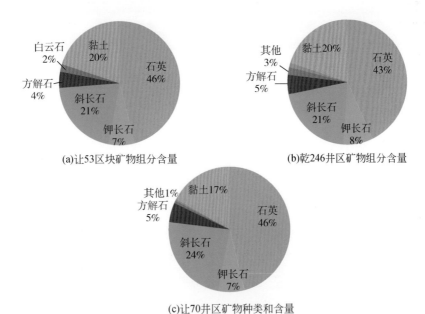

(a)让53区块矿物组分含量

(b)乾246井区矿物组分含量

(c)让70井区矿物种类和含量

图 5.4　乾安地区岩石学特征分析图

　　乾安地区不同储层的成岩作用基本相同。磨圆度以次棱—次圆为主、分选以中等—好为主、接触以线为主，少量凹凸接触储集层砂岩经历中等强度压实作用，机械压实作用影响明显。成分成熟度低，接触方式为直接接触，孔隙成因为原始粒间孔，胶结物胶结类型为接触式、再生胶结，胶结物主要为方解石胶结和石英、长石加大胶结（图5.5～图5.7）。

乾223井，泉四段，2223.28m，细粒岩屑砂岩　　　　乾223井，泉四段，2224.28m，细—中粒岩屑砂岩

图5.5　乾安地区岩石学特征分析图

乾223井，2200m，石英的自生加大　　　　　　乾223井，2185.6m，粒间充填方解石

图5.6　乾安地区岩石学特征分析图

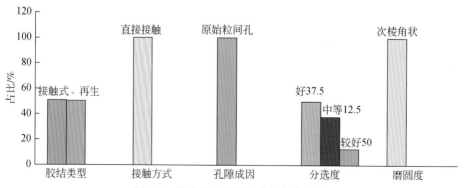

图5.7　乾安地区储层结构特征分析图

　　乾安地区粒间黏土矿物（图 5.8）伊蒙混层含量占主导地位，通过了解区域泥岩、细砂岩、中砂岩中的黏土矿物成分，伊蒙混层都大于 60%，其次为伊利石和高岭石，伊利石、高岭石主要为层片状、蠕虫状（图 5.9）。

　　让 53 井，2120.4m，粒间层片状高岭石和丝伊利石　　　　让 53 井，2123.2m，粒间层片状高岭石和丝伊利石

　　让 53 井，2113.7m，粒间蠕虫状高岭石、片状伊利石　　　让 53 井，2126.4m，粒间层片状高岭石和丝伊利石

图 5.8　乾安地区储层结构特征分析图

■伊蒙混层　　■伊利石　　■高岭石　　■绿泥石　　■绿蒙混层

(a)泥岩黏土矿物相对含量　　　(b)中砂岩黏土矿物相对含量　　　(c)细砂岩黏土矿物相对含量

图 5.9　乾安地区储层黏土矿物特征图

2. 评价方法

　　依据储层岩性特征，建立测井矿物体积模型，计算储层矿物体积含量，储层主要矿物平均体积含量为石英 48.3%，长石 34%，黏土 12.9%，方解石 3.5%，白云石 1.3%，测

井矿物体积模型设定矿物为石英、长石、黏土、碳酸盐岩四种矿物和孔隙度等地层参数为自变量建立测井响应方程，而地层组分分析程序是以各组分的相对含量为自变量建立测井响应方程，建立的测井响应方程简单、数学模型易于求解。它的主要特点是计算速度快，模型误差小，使用简单，能充分利用现有的测井信息。应用矿物组分方法计算孔隙度，其实是线性方程组最优化算法，首先选择优化方程，根据本地区的岩性特点设定矿物组分组合，矿物体积+孔隙度体积为100%，以让59井为例，从计算的结果分析，计算的矿物体积含量与岩心分析的矿物体积含量，相关性良好，误差小于3%。

孔隙度体积模型为

$$V_{总} = V_{quar} + V_{feld} + V_{calc} + V_{por} + V_{clay} \tag{5.1}$$

式中，V_{quar}为石英体积含量；V_{feld}为长石体积含量；V_{calc}为方解石体积含量；V_{clay}为黏土体积含量；V_{por}为孔隙体积含量。

5.2.3　电性特征

乾安地区泉四段电性特征复杂，泥岩的电阻率为5~10Ω·m，受水性及岩性变化的影响，存在低阻油层和高阻水层，如果消除地层水矿化度的影响，北部乾246井区泥岩电阻率为5~7Ω·m，南部让70井区泥岩电阻率为6~8Ω·m，北部乾246井区典型油层（油水同层）的电阻率大于15Ω·m，南部让70井区典型油层（油水同层）的电阻率大于20Ω·m。从泉四段四个砂组13个小层分析，1、2小层电阻率数值较高，8、9、10小层让70井区数值较高，详见下面的分析。

1. 地层水矿化度对测井资料的影响

从区域测井资料及试油资料分析，矿化度对测井曲线数值影响较大，是区域形成低阻油层的重要影响因素。例如：让52井，第16号层为泉四段储层，该层岩性纯、物性好，电阻率数值不突出，储层和泥岩相差范围小，地层电阻率为12.4Ω·m，声波时差为270μs/m，体积密度为2.41g/cm³，录井见油斑显示。下部28号层，岩性纯、物性比16号层稍差，电阻率数值不突出，储层和泥岩相差范围小，地层电阻率为10.8Ω·m，声波时差为245μs/m，体积密度为2.48g/cm³，录井见油迹显示。16号层试油结果，日产油12.8t，日产水8.9m³，是一个高产的油多水少的油水同层。28号层试油结果，日产油2.4t，日产水7.2m³，为油水同层。

让54井，第19号层同为泉四段储层，该层岩性纯、物性好，电阻率数值很高，地层电阻率为60Ω·m，声波时差为233μs/m，体积密度为2.47g/cm³，录井见油浸显示。下部26号层，岩性纯、物性好，电阻率数值突出，地层电阻率为60Ω·m，声波时差为241μs/m，体积密度为2.44g/cm³，录井见油迹显示。19号层试油结果，日产油3.2t，日产水6.0m³，是一个油水同层。26号层试油结果，日产油1.3t，日产水4.5m³，为油水同层。

让52和让54井岩性、物性相当，电阻率相差将近6倍，让54井试油效果比让52井差，让52井地层水矿化度40000ppm左右，而让54井地层水矿化度10000ppm左右，原因就是地层水矿化度的影响造成让52井电阻率曲线数值降低，形成低阻油层。

同样，在让70井区也有这样的例子，从区域测井资料及试油资料分析，乾189井，第 16 号层为泉四段储层，地层电阻率为 30Ω·m，声波时差为 235.7μs/m，体积密度为 2.42g/cm³，录井见油斑显示。试油日产油 1.16t，日产水 2.17m³，为油水同层。

乾 188 井，第 22 号层同为泉四段储层，地层电阻率为 36Ω·m，声波时差为 227μs/m，体积密度为 2.42g/cm³。试油结果，日产油 0.4t，日产水 1.45m³，为油水同层。乾 188 井地层水矿化度 3.5×10⁴pmm 左右，而让 54 井地层水矿化度 1.5×10⁴pmm 左右，原因也是受地层水矿化度的影响。

2. 地层水矿化度分布规律

本地区的地层水矿化度变化较大，最大为 56900.9ppm，最小为 4256.0ppm，平均为 19500ppm，等效后地层水电阻最大为 0.533Ω·m，最小为 0.08Ω·m，平均为 0.206Ω·m，中部偏西北部乾 198、乾深 11 井区和乾 220、让 52 井区矿化度较高。

Ⅲ、Ⅳ 砂组分布规律，本地区的地层水矿化度变化较大，最大为 62029.9ppm，最小为 5958.9ppm，平均为 21675ppm，等效后地层水电阻最大为 0.656Ω·m，最小为 0.047Ω·m，平均为 0.18Ω·m，矿化度高的集中在中西部。

3. 等效地层水电阻率校正方法

由地层水矿化度经过求取，可以得到地层水电阻率，方法如下：

由试水资料求 R_w，通过如下公式求得。

$$P = 1.05Y \tag{5.2}$$

$$Y = 3 \times 105 / [R_w (T(^\circ F) + 7) - 1] \tag{5.3}$$

$$T(^\circ F) = 1.8T(^\circ C) + 32 \tag{5.4}$$

式中，P 为地层水总矿化度。

由地层水矿化度求取地层水电阻率，研究区泉四段 Ⅰ、Ⅱ 砂组地层水电阻率为 0.206Ω·m，泉四段 Ⅲ、Ⅳ 砂组地层水电阻率为 0.189Ω·m，以平均地层水电阻率为基准，通过校正地层水电阻率的方法对区域电阻率曲线进行校正，使电阻率曲线数值归一化，大大提高了解释精度。

$$RT_{校正} = RT \times (R_{WA等效} / A \times R_{WA}) \tag{5.5}$$

式中，RT 为测井测量电阻率；$R_{WA等效}$ 为等效地层水电阻率。

4. 区域电性分布特征

乾安油田在泉四段共分为 4 个砂组，其中 Ⅰ 砂组分为 4 个小层，其余砂组每砂组为 3 个小层，共 13 个小层，通过对乾安地区 200 余口井重新处理，以小层层析剖析，建立了 13 个小层孔隙度展布图，校正后的油层电阻率数值大于 15Ω·m，高产层电阻率一般要达到 25Ω·m，从各小层电阻率平面图分析，1 小层、2 小层、整体电阻率数值较高，3 小层南部、6 小层、7 小层、8 小层中南部电阻率数值较高。1、2 小层电阻率分布状况见下面详细分析。

1）1 小层电阻率分布特征

从 1 小层孔隙度指示分布图分析，总体评价电阻率东部较好西部较差，其中大于 28Ω·m 的孔隙度基本分布在中东部。具体到主要区块，乾 183、让 54-14、乾 191 井区往东电阻率较高，北部局部在乾平 20、乾 246-19、查 58 井区电阻率稍高，南部局部在乾 125-10 井—乾 125-34 井—黑 98 井电阻率稍高。

2）2 小层电阻率分布特征

从 2 小层电阻率指示分布图分析，总体评价中东部、西南部电阻率较高，北部电阻率低，其中大于 28% 的基本分布在中东部和西南局部。具体到主要区块，东部乾 188-10、让 54 井区，西南部乾 268、黑 98-3-16 井区电阻率高，中部乾 F 平 8、乾 188、乾 188-6 井区电阻率稍高。

5.2.4　物性特征

储层物性是评价储层性质好坏的重要参数。孔隙度反映存储空间，渗透率不仅反映油层渗流能力的大小，还是划分油层和致密层的重要依据。常规定义孔隙度小于 15%，渗透率小于 $50 \times 10^{-3} \mu m^2$ 的储层为低孔渗储层。致密油储层定义为孔隙度小于 10%，渗透率为 $0.1 \times 10^{-3} \mu m^2$，局部有孔渗好的"甜点"分布的储层。

1. 乾安地区物性特征

乾安地区储层物性横向、纵向变化较大，乾 246 井区 Ⅰ、Ⅱ 砂组孔隙度主要集中在 4%~12%，有明显峰值，主峰在 8%~10%，约占 38%，渗透率为 $0.02 \times 10^{-3} \sim 0.32 \times 10^{-3}$ μm^2，峰值不明显，主要范围为 $0.04 \times 10^{-3} \sim 0.32 \times 10^{-3} \mu m^2$，占 80% 以上；让 70 井区孔渗好于乾 246 井区，孔隙度为 6%~12%，有明显峰值，主峰出现在 8%~12%，大于 10% 的孔隙度占 50%，大于 8% 的孔隙度大于 70%，渗透率为 $0.02 \times 10^{-3} \sim 0.64 \times 10^{-3} \mu m^2$，都有分布，没有明显的主峰，各个区间分布均衡，其中大于 $0.64 \times 10^{-3} \mu m^2$ 约占 20%，大于 $0.32 \times 10^{-3} \mu m^2$ 的大于 50%（图 5.10）。

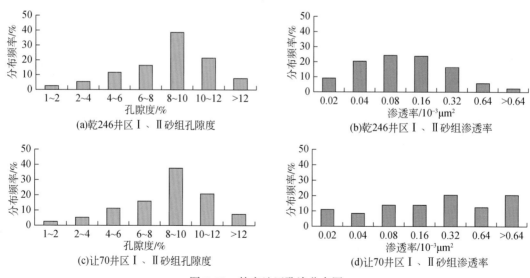

图 5.10　乾安地区孔渗分布图

乾安地区 Ⅲ、Ⅳ 砂组物性分析，物性最好的为东北方向的让 15 井区，孔隙度峰值在 8%~12%，占 80% 左右，渗透率主要集中在 $0.32 \times 10^{-3} \sim 0.64 \times 10^{-3} \mu m^2$，占 80% 以上；其次是让 70 井区，有明显主峰，孔隙度峰值在 6%~12%，其中 8%~10% 占 45%，渗透率

主要集中在 $0.16×10^{-3} \sim 0.64×10^{-3}\ \mu m^2$，大于 $0.16×10^{-3}\ \mu m^2$ 的渗透率占 70% 左右，乾 246 区块孔隙度主要集中在 4%~10%，主峰出现在 6%~8%，大于 6% 的占 70% 以上，渗透率为 $0.16×10^{-3} \sim 0.64×10^{-3}\ \mu m^2$，其中渗透率大于 $0.16×10^{-3}\ \mu m^2$ 的占 50%，而小于 $0.02×10^{-3}\ \mu m^2$ 的有 20% 左右；让 53 井区孔渗条件最差，有明显主峰，孔隙度峰值在 4%~10%，主峰为 6%~8%，渗透率为 $0.08×10^{-3} \sim 0.32×10^{-3}\ \mu m^2$，主峰在 $0.16×10^{-3}\ \mu m^2$，乾安各个井区物性条件都比较差，为致密油储层（图 5.11）。

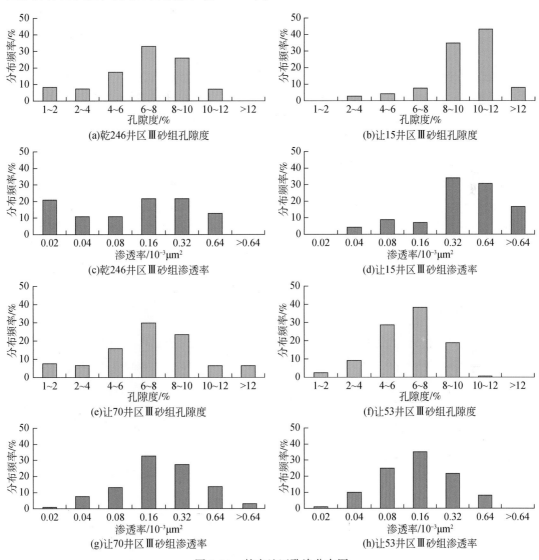

图 5.11　乾安地区孔渗分布图

2. 孔隙度计算方法

孔隙度主要指岩石中互相连通的孔隙的体积与岩石总体积之比，由于致密油复杂的孔隙结构特征，致密油孔隙度求准不易。在这里采用矿物组分计算孔隙度、岩心回归计算孔隙度，以及利用补偿声波、体积密度、补偿中子算数方法计算孔隙度，不同的计算方法优势不同，其中利用岩心分析计算的孔隙度可以得到精确的孔隙度骨架值，并且有简单、实用、易于操作的响应方程，运用方便，但是由于不能做岩性及泥质含量和粒度的校正，在储层岩性较为复杂的地层，计算的误差较大；利用矿物体积计算的孔隙度，吸取了岩心分析的矿物骨架值，在特定的程序里有泥质含量的校正、井眼校正和粒度中值的校正，误差最小，计算较为精确。利用 HBP 程序利用单声波和三孔隙度加权平均计算的孔隙度，也有泥质校正和粒度中值校正，方便灵活，计算较准确。

1）矿物组分计算孔隙度

常规测井解释程序是以孔隙度、含水饱和度、泥质含量等地层参数为自变量建立测井响应方程，而地层组分分析程序是以各组分的相对含量为自变量建立测井响应方程，建立的测井响应方程简单、数学模型易于求解（张兆辉等，2012）。它的主要特点是计算速度快，模型误差小，使用简单，能充分利用现有的测井信息。应用矿物组分方法计算孔隙度，其实是线性方程组最优化算法，首先选择优化方程，根据本地区的岩性特点设定矿物组分组合，矿物体积+孔隙度体积为100%，因此，只要求准矿物体积含量，就能得到真实的地层有效孔隙度（图5.12）。

孔隙体积模型为

$$V_{por} = 100\% - (V_{quar} + V_{feld} + V_{calc} + V_{clay} \qquad (5.6)$$

式中，V_{por} 为矿物体积计算的孔隙体积含量；V_{quar} 为石英体积含量；V_{feld} 为长石体积含量；V_{calc} 为方解石体积含量；V_{clay} 为黏土体积含量。

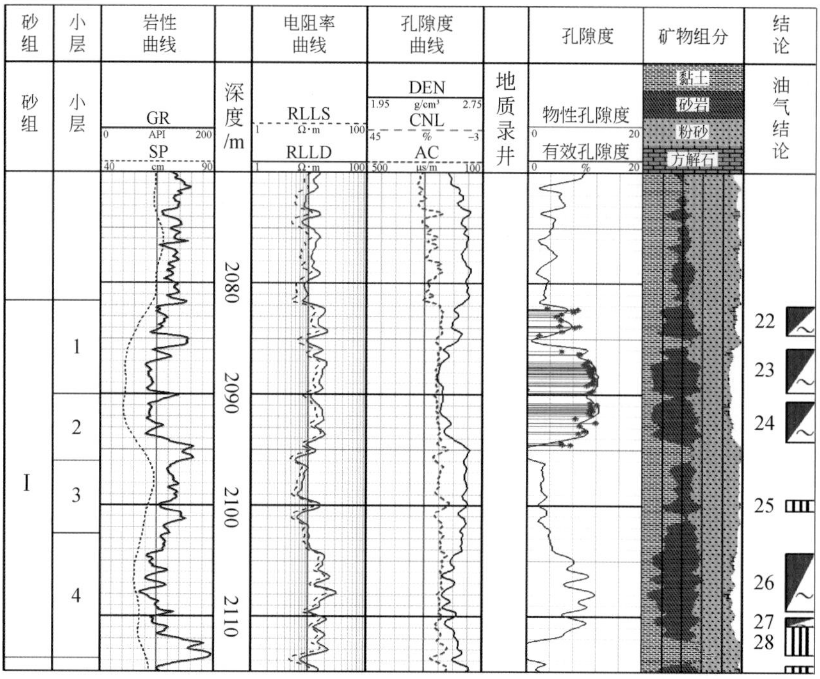

图 5.12　乾 246 区块乾 246-22 井孔隙度对比图

2）岩心回归计算孔隙度

依据岩性分析资料，首先对岩心深度进行归位，然后做岩心孔隙度与声波时差、体积密度交会图，可以求得岩石声波骨架值（图 5.13～图 5.15），建立岩心孔隙度与声波时差、体积密度的计算公式。一般认为可由声波时差、体积密度曲线求得地层有效孔隙度。乾 246 区块砂岩声波骨架为 185.02μs/m，响应方程为 $y = 6.2964x + 185.02$；砂岩体积密度骨架为 2.66g/cm^3，响应方程为 $y = -0.0238x + 2.6602$；粉砂岩声波骨架为 192.59μs/m，响应方程为 $y = 8.0749x + 192.59$；粉砂岩体积密度骨架为 2.62g/cm^3，响应方程为 $y = -0.0159x + 2.6193$；让 53 区块砂岩声波骨架为 189.8μs/m，响应方程为 $y = 5.5172x + 189.81$；砂岩体积密度骨架为 2.62g/cm^3，响应方程为 $y = -0.0129x + 2.6215$；岩石骨架参数是求取储层有效孔隙度的关键，利用岩心分析资料，精细求取不同岩性的骨架值，建立孔隙度模型，可以对储层物性有较准确地评价（表 5.2）。

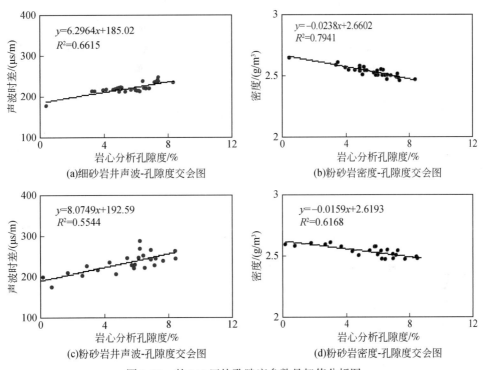

图 5.13　乾 246 区块孔隙度参数骨架值分析图

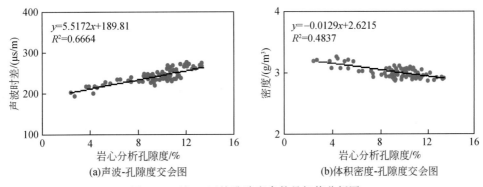

图 5.14　让 53 区块孔隙度参数骨架值分析图

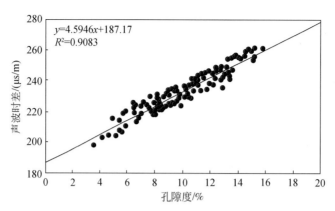

图 5.15　乾 246 井区块西北部孔隙度参数骨架值分析图

表 5.2　孔隙度响应方程统计表

区块	岩性	声波骨架值	密度骨架值	声波响应方程	密度响应方程
乾 246	细砂岩	185.02	2.6602	$Y=0.1208 \times AC-19.798$	$Y=-37.58 \times DEN+103.36$
乾 246	粉砂岩	192.59	2.6168	$Y=0.1051 \times AC-17.562$	$Y=-33.324 \times DEN+89.787$
乾 246	砂岩	187.17		$Y=0.1977 \times AC-36.085$	
让 53	粉砂岩	189.81	2.6215	$Y=0.0687 \times AC-10.859$	$Y=-38.767 \times DEN+103.57$

3）利用三孔隙度曲线计算孔隙度

本井采用微机 LEAD 解释平台中 HBS4 综合程序进行最终成果处理。该程序能够准确地提供地层孔隙度、渗透率、泥质含量、束缚水饱和度、含油饱和度等储层参数。本井解释模型选择砂岩矿物体积模型。在砂岩储层采用三孔隙交会计算储层孔隙度。

（1）地层泥质含量解释模型

$$SH = \frac{SHLG-GMIN}{GMAX-GMIN} \tag{5.7}$$

$$V_{sh} = \frac{2^{GCUR \times SH}-1}{2^{GCUR}-1} \tag{5.8}$$

式中，SHLG 为计算泥质含量选用的测井值；GMAX 为纯砂岩地层测井值；GMIN 为纯泥岩地层测井值；GCUR 为计算泥质含量选用的经验系数。

（2）三孔隙度地层孔隙度解释模型

$$POR = \sqrt{\frac{PORA^2+PORN^2+PORD^2}{3}} \tag{5.9}$$

$$PORA = \frac{TC-TM}{TF-TM} - V_{sh} \times \frac{TSH-TM}{TF-TM} \tag{5.10}$$

$$PORN = \frac{CNL-PRM}{PNF-PRM} - V_{sh} \times \frac{NSH-PRM}{PNF-PRM} \tag{5.11}$$

$$POR D=\frac{DM-DEN}{DM-DF}-V_{sh}\times\frac{DM-DSH}{DM-DF} \tag{5.12}$$

式中，POR 为孔隙度；PORA 为声波孔隙度；PORN 为中子孔隙度；PORD 为密度孔隙度；TC 为声波时差的测井值；TM 为孔隙度的骨架值，理论砂泥岩选 180μs/m（选区域特征值）；TF 为孔隙度的流体值，理论为 620μs/m（选区域特征值）；CNL 为补偿中子的测井值；PRM 为补偿中子的骨架值，砂泥岩选 -4%；PNF 为补偿中子的流体值，砂泥岩选 100%；DEN 为密度的测井值；DM 为密度的骨架值，理论砂泥岩为 2.65g/cm³（选区域特征值）；DF 为密度的流体值，理论砂泥岩为 1g/cm³；V_{sh} 为泥质含量；TSH、NSH、DSH 分别为泥岩的孔隙度、补偿中子、密度值。

（3）单声波地层孔隙度解释模型

$$POR=\frac{TC-TM}{TF-TM}-SH\times\frac{TSH-TM}{TF-TM} \tag{5.13}$$

式中，TC 为压实校正后的声波时差；TM 为声波时差的骨架值，砂泥岩选 180μs/m（区域特征值）；TF 为声波时差的流体值，砂泥岩选 620μs/m；SH 为泥质含量；TSH 为泥岩的声波时差。

误差分析：利用岩心分析的孔隙度和测井计算建立交会图，两者相关性达到 0.95 以上（图 5.16），孔隙度的相对误差为 0.18，绝对误差为 0.95%，可以满足生产需求。

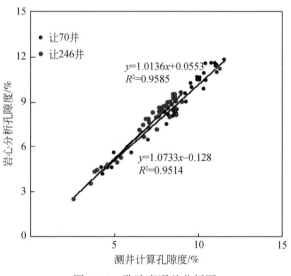

图 5.16　孔隙度误差分析图

3. 渗透率计算方法

由于致密油孔渗相关性差，很难达到类似于线性的关系，因此计算渗透率较为困难，为此，我们依据致密油储层复杂的物性特征，采用不同孔隙度区间，不同的岩石颗粒粒度的大小不同，分段计算出渗透率的方法，大大提高了渗透率的准确率。

用地区的经验公式（应用粒度与孔隙度，增加了约束条件，较为准确）：

（1）假设 PORT≥0.10

当 XMD≥0.06 时，

$$lgPERM = [8.025 + 5.0391lg(PORT) + 3.1194lg(XMD)] \times 10^{-3} \tag{5.14}$$

当 XMD<0.06 时，

$$lgPERM = [7.5268 + 6.29631lg(PORT) + 1.9225lg(XMD)] \times 10^{-3} \tag{5.15}$$

（2）假设 PORT<0.10

当 XMD≥0.29 时，

$$lgPERM = [7.3259 + 4.6361lg(PORT) + 3.0273lg(XMD)] \times 10^{-3} \tag{5.16}$$

当 0.13≤XMD<0.29 时，

$$lgPERM = [7.1543 + 5.3045lg(PORT) + 1.9710lg(XMD)] \times 10^{-3} \tag{5.17}$$

当 0.06≤XMD<0.13 时，

$$lgPERM = [9.9266 + 5.45641lg(PORT) + 4.65631lg(XMD)] \times 10^{-3} \tag{5.18}$$

当 XMD<0.06 时，

$$lgPERM = [8.6528 + 8.6784lg[(PORT + XMD)/2] \times 10^{-4} \tag{5.19}$$

式中，PORT 为孔隙度；PERM 为渗透率；XMD 为计算的粒度中值。

用 GR 计算 XMD：

$$XMD = \frac{1}{10^{(BMD_0 + BMD_1 \times DS)}} \tag{5.20}$$

式中，

$$DS = \frac{GR - GMN_1}{GMX_1 - GMN_1} \tag{5.21}$$

$$BMD_0 = -lg(AMD_0) \tag{5.22}$$

$$BMD_1 = 1.75 - BMD_0 \tag{5.23}$$

其中，GMN_1 为砂岩自然伽马测井值；GMX_1 为泥岩自然伽马测井值；AMD_0 为地区经验系数，一般取地区分析实验粒度中值，本区的粒度中值为 0.05~0.14。

4. 核磁物性分析

1）核磁孔隙度

核磁共振测井通过对地层氢核核信号的观测，识别地层中的流体类型与含量。它通过测量横向弛豫时间（T_2），可以得到地层的孔隙度，并且经过处理，还可以得到地层有效孔隙度、可动流体孔隙度、毛管束缚孔隙度及泥质束缚孔隙度，从而对储层的孔隙特征进行进一步的分析，进而评价储层的渗透性（图5.17）。

2）核磁孔隙结构

核磁共振测井技术具有信息丰富、测量精度高、反应灵敏等特点，是可以直接反映孔隙结构的测井方法，克服了实验室对物性研究中主要着重于微观研究、受样品尺寸的限制、不能全面地反映储层的物性、难以建立与储层宏观参数建立关系的缺点，为测井解释研究储层孔隙结构提供了新途径（赵建斌等，2018）。

$$MRZI = \frac{a_i \sum_{j=1}^{n} p(bin_j)}{POR} \tag{5.24}$$

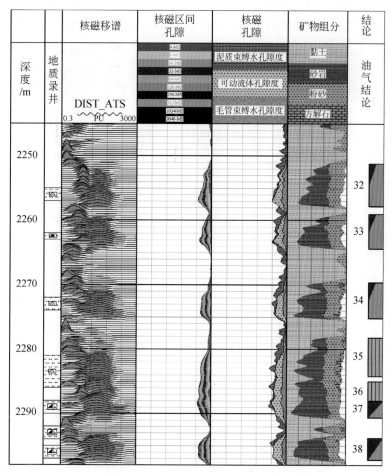

图 5.17　让 80 井核磁孔隙度成果图

式中，MRZI 为核磁孔隙结构指数；bin_j 为不同孔径所占的大小。

让 80 井第 28、29、31 号层，T_2 谱形为双峰显示，谱峰幅度较低，谱形分布较窄，有明显拖曳现象，可动峰向左偏。储层总孔隙度为 7.9%、11%、9.41%，有效孔隙度为 7.05%、10%、8.8%，毛管束缚水孔隙度为 2.7%、2.6%、2.9%，储层渗透率为 $0.66×10^{-3}\mu m^2$、$5.32×10^{-3}\mu m^2$、$2.56×10^{-3}\mu m^2$，从区间孔隙度分析，$4\sim1026ms$ T_2 谱均有分布，主要集中在 $8\sim512ms$，储层孔径分布以中孔径为主，为中低孔特低渗储层（图 5.18）。

通过对核磁共振区间孔隙组分研究发现，大于 16ms 区间孔隙组分能代表中-大孔孔喉特征，将大于 3bin 比例（MRc）与压汞试验大于 $2.5\mu m$ 孔喉频率（Rc）百分比进行交会图分析，相关性接近于 1（图 5.19），充分说明利用其区间孔隙组分可以很好反映孔隙结构的变化，且与毛管压力曲线反映的孔喉半径有很好的一致性。应用核磁区间孔隙组分与产液量建立关系，相关度达到 0.98，因此，在没有压汞试验的井，应用核磁共振孔隙组分评价储层产能是可行的（图 5.20）。

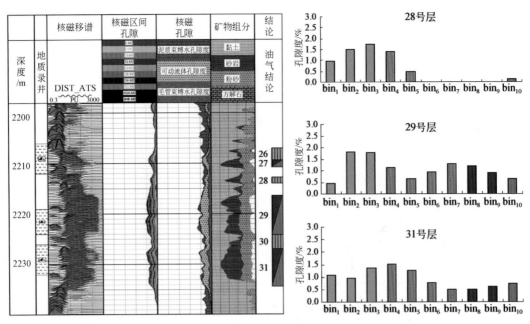

图 5.18　让 80 井核磁孔隙结构成果图

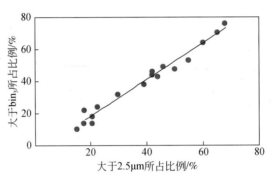

图 5.19　核磁区间孔隙组分与压汞大孔比例对比图

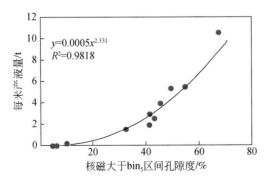

图 5.20　核磁区间孔隙组分与产液量关系图

5. 斯通莱波衰减

根据斯通莱波传播理论，斯通莱波是一种管波，它沿井壁传播。其衰减受储层孔隙连通性好坏及裂缝有效性影响，但也受泥质影响和井眼的影响，如果消除了井眼和泥质的影响，那么斯通莱波的衰减只与裂缝的有效性和孔隙的连通性有关，从而可以指示储层渗透性高低。

$$RSTB\_1 = \frac{RST_{max} - RST}{(RST_{max} - RST_{min}) \times SH \times CALS} \tag{5.25}$$

式中，RST 为斯通莱波幅度平均值；RST_{max} 为斯通莱波幅度平均最大值；RST_{min} 为斯通莱波幅度平均最小值；SH 为泥质含量；CALS 为井径值与钻头尺寸之比。

6. 实例分析

由于储层的横向变化差异大，因此，分区域对储层的孔隙度进行了建模（图 5.21，图 5.22），使得解释精度大大提高。

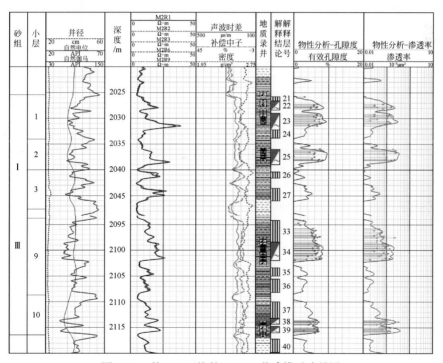

图 5.21 乾 246 区块乾 246-26 井建模后成果图

7. 区域物性分布特征

乾安油田在泉四段共分为四个砂组，其中 I 砂组分为 4 个小层，其余砂组每砂组为 3 个小层，共 13 个小层，通过对乾安地区 200 余口井重新处理，以小层层层剖析，建立了 13 个小层孔隙度展布图，有效孔隙度在 6% 以上，储层渗透率在 $0.06 \times 10^{-3} \mu m^2$ 以上为有开发价值的储层。

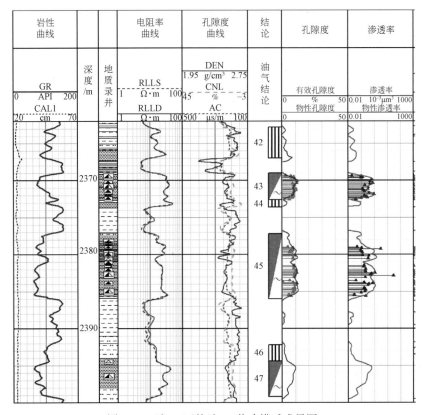

图 5.22　让 70 区块让 70 井建模后成果图

1）1 小层孔隙度分布特征

从 1 小层孔隙度指示分布图分析，总体评价孔隙度北部较好南部较差，孔隙度分布范围为 2%～12%，其中大于 6% 的孔隙度基本分布在北部。具体到主要区块，乾 246 区块往北孔隙度较好，南部孔隙度总体较差，局部在乾深 2、乾 188-5、乾 105-6 井区孔隙度较好（图 5.23）。

2）2 小层孔隙度分布特征

从 2 小层孔隙度指示分布图分析，总体评价西北部孔隙较东南部好，孔隙度分布范围为 2%～16%，其中大于 6% 的基本分布在西北部。具体到主要区块，其中乾 262 井－让 70 井－乾 188 井－让 58 井条带北部孔隙发育好于东南部，东南部总体较差，局部在乾 27 井区稍好（图 5.24）。

3）1 小层渗透率分布特征

从 1 小层渗透率指示分布图分析，总体评价渗透率北部较好南部较差，渗透率分布范围为 $0.2 \times 10^{-3} \sim 1.4 \times 10^{-3}\ \mu m^2$，其中大于 $0.8 \times 10^{-3}\ \mu m^2$ 的基本分布在北部。具体到主要区块，乾 246 区块往北渗透率较好，南部渗透率总体较差，局部在黑 87-7、乾 188-5、让 53-2 井区渗透率较好。

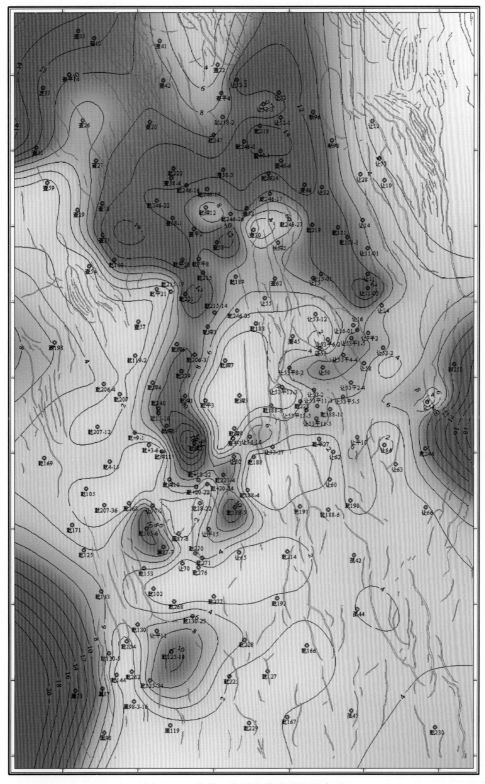

图 5.23　乾安 1 小层孔隙度平面展布图

4）2小层渗透率分布特征

从2小层渗透率指示分布图分析，总体评价渗透性西北部较好东南部较差，渗透率分布范围为 $0.4\times10^{-3} \sim 1.4\times10^{-3}\,\mu m^2$，其中大于 $0.4\times10^{-3}\,\mu m^2$ 的主要分布在西北部。具体到主要区块，让70—乾188—让58井区北部渗透率较好，南部整体较差，局部乾27、让平1井区较好。

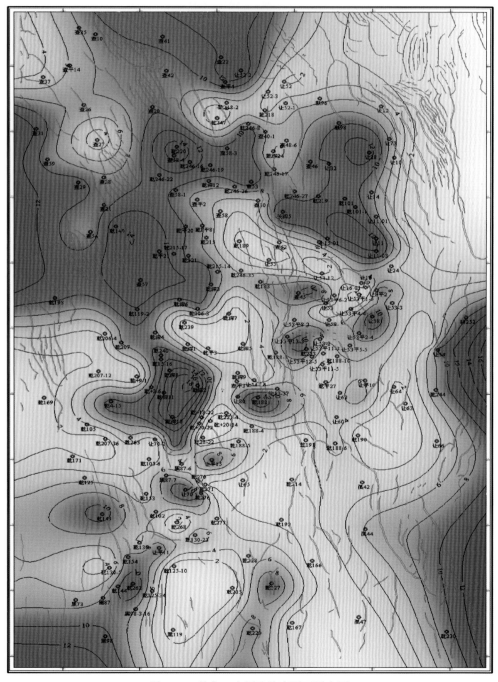

图5.24　乾安2小层孔隙度平面展布图

5.2.5　含油性评价

通过乾安地区岩心含油性分析图可以看出，乾安地区整体的含油性较好，以油浸、油斑、荧光为主，取心井段没有出现饱含油和富含油级别的岩心。主要含油岩性为细砂岩、粉砂岩。从乾安地区泉四段的物性与含油性分析图可以看出，物性控制储层的含油性，物性较好的储层的含油级别相对较高（图 5.25）。从岩心实验分析，岩心分析的含油、含水饱和度相差较大，有些井含油、含水饱和度之和接近 100%，而有些井含油、含水饱和度之和不足 40%，标准的不统一，造成含油饱和度验证困难，通过岩电参数实验，建立测井参数模型，计算含油饱和度，是衡量储层含油饱和度的有效方法。

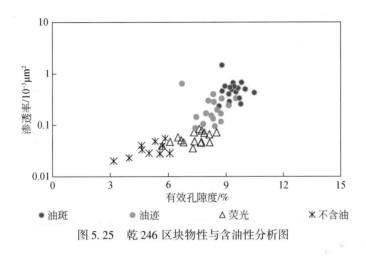

图 5.25　乾 246 区块物性与含油性分析图

1. 饱和度参数模型

含水饱和度是测井评价时判断油气层的重要依据，也是储量计算的重要参数，含水饱和度的确定是测井解释评价的基础任务之一。

不同储层的岩心，其孔隙度、含水饱和度、矿化度等不同，表现在测量的电阻率也不同，通过在实验室对规则岩心不同饱和度时电阻率的测量和分析，寻找电阻率与岩心饱和度、孔隙度等参数的关系，即岩石电阻率与岩性、储集物性、含油性有密切的关系，通过测量和研究岩石电阻率的差异可用来区分岩性、划分油水层。

在生产实践中，阿尔奇经验公式不仅是依据测井资料评价地层含油性的重要关系式之一，也是测井资料综合解释的基础，而公式本身就是从岩电实验得到的。在实验室，要对岩心进行各种不同饱和方式的电性实验，其中阿尔奇公式参数的确定及适应性的确定是岩心测量分析的最主要内容之一。其公式具体表述为

$$F = R_o / R_w = a / \phi m \qquad (5.26)$$

$$I = R_t / R_o = b / S_w n \qquad (5.27)$$

本区块选取不同样品，岩电实验结果相差很大，反映研究区油水关系复杂，通过岩电实验，确定了储层阿尔奇公式参数（图 5.26 ～ 图 5.29）。

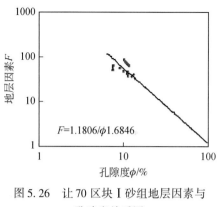

图 5.26　让 70 区块 I 砂组地层因素与
孔隙度关系图

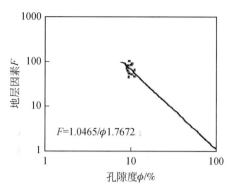

图 5.27　让 70 区块 III 砂组地层因素与
孔隙度关系图

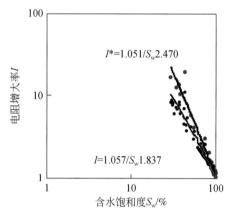

图 5.28　让 70 区块 I 砂组电阻增大率与
含水饱和度关系图

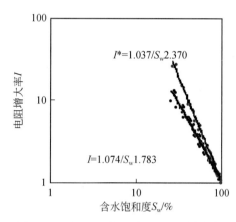

图 5.29　让 70 区块 III 砂组电阻增大率与
含水饱和度关系图

从乾安地区饱和度实验分析，即便是同一口井，岩电参数相差很大，胶结指数 a 值大多数在 1 左右，让 59 井 a 值到了 1.829，b 值在 1 左右，特别是 m、n 值，变化范围更大，弯曲指数 m 值为 1.66 ~ 1.98，饱和度指数 n 值变化范围为 1.445 ~ 4.5，这么大的变化范围，对求取饱和度影响很大。乾安地区岩电实验资料较少，更增加了饱和度求取的不确定性（表 5.3）。

表 5.3　乾安地区岩电参数表

井号	a	b	m	n
让 59 井	1.829	1.1	1.66	4.5
让 53	1.074	0.9548	1.7537	1.445
乾 246	0.9602	1.011	1.98	2.01
让 70 I 砂组	1.1806	1.057	1.6846	2.470
让 70 III 砂组	1.0465	1.074	1.7672	2.37

在密闭取心井利用岩电参数计算的含水孔隙度与分析化验资料相关性较好（图 5.30）。

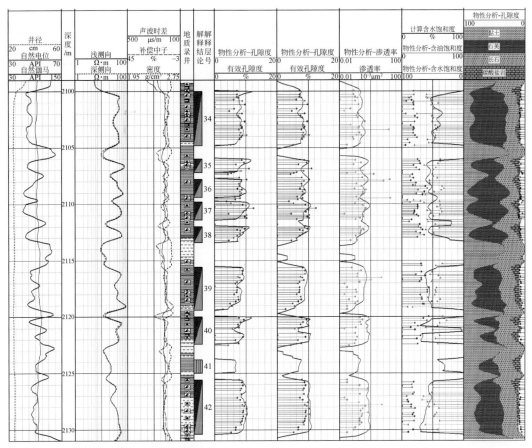

图 5.30　乾安地区让 53 区块（让 59 井）岩心含油性分析图

在没有密闭取心的区块，通过岩心分析含油饱和度、含水饱和度，两者相加饱和度在 30%~50%，岩心分析含油饱和度、含水饱和度标准不好确定，从实际情况分析，造成这种情况可能存在几个方面的原因：①在储层条件下，轻质油气可能会以游离气状态存在，取岩心的时候，对岩心采取的措施可能存在不够完善的方面，造成一部分油气挥发，因此做分析化验时，分析的含油饱和度偏低；②实验本身也可能存在一些问题，致密油物性差，在完成实验时，洗油不彻底，或实验项目对致密油不合适，造成实验分析的含油、含水饱和度不准确；③实验用的一些计算含油饱和度的模型与方法可能需要改进或其他的一些不确定原因。在这里利用各个区块的岩电分析资料求取饱和度，存在岩性分析资料相关性较差的问题（图 5.31）。

2. 低饱和度油气层核磁解释方法研究

核磁共振测井通过对地层氢核核信号的观测，识别地层中的流体类型与含量。它通过测量横向弛豫时间（T_2），可以得到地层的孔隙度，并且经过处理，还可以得到地层有效孔隙度、可动流体孔隙度、毛管束缚孔隙度及泥质束缚孔隙度，从而对储层的孔隙特征进行进一步的分析，在此基础上，评价储层的渗透性。另外，利用核磁不同模式进行测量，再利用差谱、移谱来对地层的孔隙中的流体性质进行评价，核磁共振的测量基本不受岩石

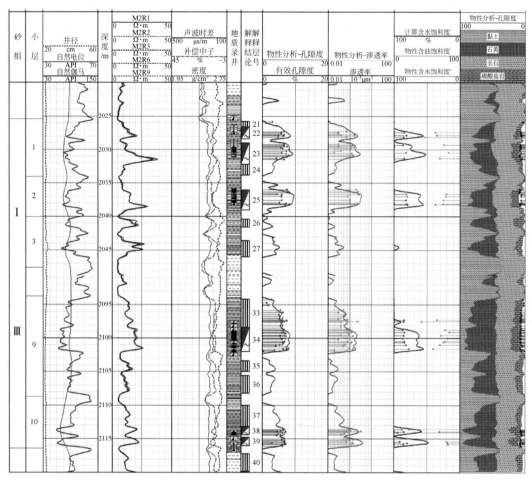

图 5.31　乾安地区乾 246 区块乾 246-26 井岩心含油性分析图

　　骨架和地层水矿化度的影响，具有其他测井方法无法比拟的优势。但是，在对实测资料进行分析的过程中，核磁共振测井资料对储层特性的反应受储层孔隙结构、流体性质及观测模式、探测深度等的影响，因此在依据核磁资料进行储层评价时，要充分考虑这些因素对测量信号的影响，做综合分析。

　　流体性质不同，T_2 谱特征也不同，核磁共振测量的是地层流体中氢核的纵向弛豫特征 T_1 和横向弛豫特征 T_2，它们是由流体本身的性质及与固相相互作用来决定的，因此，不同的流体性质，所具有的 T_2 谱特征有所不同。一般地，束缚流体由于赋存于小孔隙中，因此它的 T_1 和 T_2 很小，扩散较慢；可动水的 T_1、T_2、扩散（D）一般为中等；天然气的 T_1 值很大，而 T_2 值很小；油的核磁共振特性变化很大，而且与油的黏度有关，轻质油扩散快，T_1 和 T_2 值大，当油的黏度增加且成分复杂时，扩散减小，T_1 和 T_2 值减小。

　　乾安地区岩性细，存在低饱和度气层，以不同流体性质的不同核磁共振特性为基础，对乾安地区油、气、水的 T_2 谱特征进行了分析研究，通过分析，总结了这个地区油、气、水的典型 T_2 谱及移谱特征（表 5.4），为定性识别建立了依据。

表 5.4　不同流体核磁 T_2 谱特征表

类别	标准 T_2 谱特征	标准 T_2 谱峰值	移谱特征	移谱峰值
气层	T_2 谱幅度较低，峰值偏左，有拖曳	可动峰值分布宽，为 $32 \sim 64\mathrm{ms}$	谱形向左移动明显，短 T_2 组分增加，谱形分布宽，谱形有拖曳	16s
油层	T_2 谱幅度比气层高，峰值偏右，有拖曳	可动峰值较宽，为 $64 \sim 128\mathrm{ms}$	T_2 谱向左移动不明显，峰值偏右，谱形分布宽，谱形有明显拖曳	64ms
水层	T_2 谱幅度高，峰值整齐一致，基本没有拖曳	可动峰值一致，在 100ms 左右	T_2 谱向左移动迅速，峰幅度高，峰值尖锐，谱形分布窄，没有拖曳	32ms

　　气层标准 T_2 谱幅度低，峰值偏左，峰值为 $32 \sim 64\mathrm{ms}$，谱形有明显拖曳；移谱，谱形向左移动迅速，短 T_2 组分明显增加，峰值移动到 $16 \sim 32\mathrm{ms}$；油层和气层相比，T_2 谱幅度高，峰值偏右，峰值为 $64 \sim 128\mathrm{ms}$，有明显的拖曳；移谱分析，与气层相比，移动较小，峰值移动到 64ms，水层的 T_2 谱幅度高，峰值集中一致，在 100ms 左右，没有拖曳；水层在移谱上表现为谱形迅速向左移动，峰形尖锐整齐，峰值一致性好，在 32ms 左右（图 5.32）。在掌握了该地区不同流体性质的特征 T_2 谱以移谱特征之后，通过对比分析，利用核磁资料就能较好地进行该地区流体性质的定性识别。

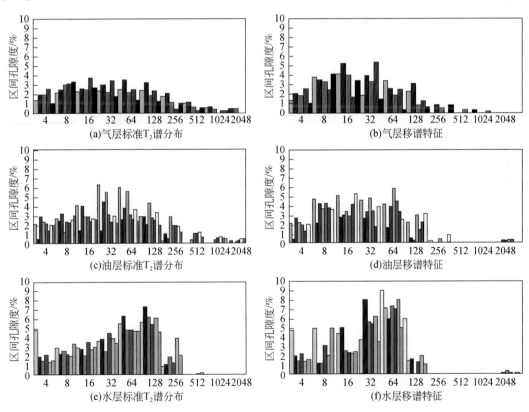

图 5.32　乾安地区不同流体性质 T_2 谱响应图

　　水平井核磁传输已经在工艺上达到要求，选择合适的测量模式，可以得到不同等待时间、不同回波间隔的核磁 T_2 谱信息，从而建立差谱、移谱的储层特征，建立定性的储层流体性质识别方法，弥补水平井流体性质识别不足，通过建立储层水谱方程，达到定量计算储层含油饱和度、束缚水饱和度、可动流体饱和度及其他流体性质信息。

3. 区域饱和度分布特征

建立了 13 个小层含油饱和度展布图，对区域的含油饱和度进行分析，从小层含油饱和度分析，储层含油饱和度在 34% 以上为有开发价值的储层。

1）1 小层饱和度分布特征

从 1 小层含油饱和度指示分布图分析，总体评价含油饱和度北部较好南部较差，含油饱和度分布在 30%~60%，其中大于 40% 的孔隙度基本分布在北部。具体到主要区块，乾 246 区块往北含油饱和度较好，南部含油饱和度总体较差，局部在乾 105-6、乾深 2、让 53-2 井区含油饱和度较好（图 5.33）。

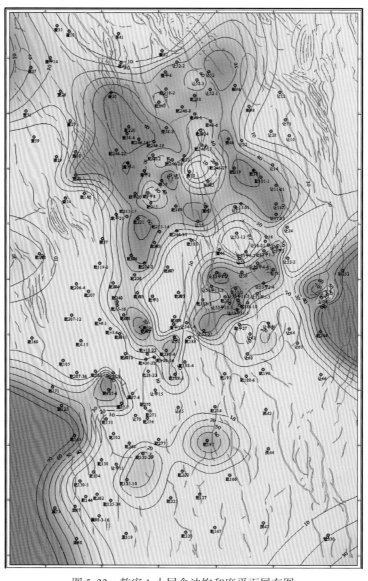

图 5.33　乾安 1 小层含油饱和度平面展布图

2）2 小层饱和度分布特征

从 2 小层含油饱和度指示分布图分析，总体评价西北部含油性优于东南部，含油饱和度分布范围为 30%~60%，其中大于 40% 的主要分布在西北部。沿让 70—乾 188—让 53 平 4-4 井区北部含油饱和度较高，东南部整体较差，局部乾 27 井区稍好（图 5.34）。

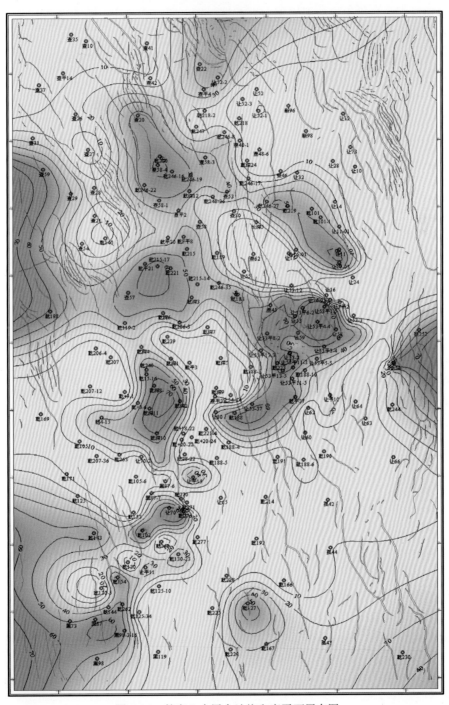

图 5.34 乾安 2 小层含油饱和度平面展布图

5.2.6　烃源岩特征评价

1. 有机碳分析化验分析

乾安地区青山口组为暗色泥岩集中发育带，青一段沉积稳定，分布范围广，为乾安地区，甚至是松辽盆地最主要的一套烃源岩。

青一段暗色泥岩主要发育在中央拗陷区，且北部较发育，一般暗色泥岩与地层比达到90%以上，局部为100%，厚度在50m以上。

烃源岩有机质丰度指标主要有4个，即有机碳含量、氯仿沥青"A"、总烃含量、生烃潜力 S_1+S_2，有机质丰度评价见表5.5。

表5.5　陆相烃源岩有机质丰度评价标准表

烃源岩级别	有机碳含量/%	氯仿沥青"A"	总烃/(μg/g)	(S_1+S_2)/(mg/g)
好烃源岩	>1.0	>0.1	>500	>6.0
中等烃源岩	0.6~1.0	0.05~0.1	200~500	2.0~6.0
差烃源岩	0.4~0.6	0.01~0.05	100~200	1.0~2.0
非烃源岩	<0.4	<0.01	<100	<1.0

从乾安地区的烃源岩分析，青一段泥岩有机质类型好，基本以Ⅰ类为主，为好烃源岩（表5.6）。

表5.6　乾安区域烃源岩评价标准

烃源岩	有机碳含量/%	氯仿沥青"A"	总烃/(μg/g)	(S_1+S_2)/(mg/g)
最小值	0.06	0.03	200	0.04
最大值	2.65	0.58	1200	79.4
平均值	1.36	0.15	670	7.06

2. TOC 计算方法

本专著在乾安地区烃源岩的地质地球化学深入研究的基础上，分析认为该地区采用声波与电阻率曲线回归计算 TOC 效果比较好，将研究区实测 TOC 数据与电阻率值（RT）和声波时差测井值（AC）进行拟合分析，有机碳计算方法为电阻率与孔隙度曲线重叠 $\Delta\lg R$ 法。

得到乾安地区 TOC 计算公式：

$$TOC = \lg(RT/4.7) + 0.017 \times (AC - 245) \tag{5.28}$$

从测井曲线分析，青一段储层岩性主要为较好的烃源岩，从测井曲线相应特征为高自然伽马、高声波时差、低密度、高中子和较高的电阻率曲线特征，电阻率和声波时差有包络面积，从查 58-3 井分析测井曲线分析井段（2027~2200m）厚度为173m，估算的有机碳含量在1.5%左右。

3. 区域烃源岩特征

从青一段烃源岩 TOC 分析，在长岭、伏龙泉、农安以北，大安、松原、长春岭以南，西到海坨子，东到德惠，都有烃源岩发育，并且 TOC 含量为 0.5% ~ 5.0%，烃源岩级别应为中等偏好。乾安地区有机碳平均厚度为 90m，TOC 含量为 1.0% ~ 3.0%，平均为 2.2%；有机质类型为 I - II$_1$ 型，镜质组反射率为 0.9% ~ 1.5%，此区块为好的烃源岩。

5.2.7　岩石力学参数评价

致密油储层都需要压裂才能获得产能，因此工程品质对储层产能如何将测井单井的油气微观发现放大，这就需要结合地质上的油气成藏规律宏观研究来最大限度地寻找潜力层位。

油气成藏规律研究的主要目的是研究储层连续性和油层平面分布特征，利用单井测井曲线对储层的精确反映，在横向上建立地质参数与测井参数之间的相关关系，来研究油气藏的分布规律。

1. 脆性评价

岩石的脆性是压裂所考虑的重要岩石力学特征参数之一，在压裂过程中只有不断产生各种形式的裂缝，形成裂缝网络，气井才能获得较高产气量。裂缝网络形成的必要条件除与地应力分布有关，岩石的脆性特征是内在的重要影响因素。脆性特征同时决定了压裂设计中液体体系与支撑剂用量选择（付永强等，2011）。

本区泥岩的脆性一般在 20%，好的储层脆性一般大于 40%，通过实际施工资料分析，脆性小于 30% 的储层，压裂效果不好，加砂、加液量小，脆性在 50% 左右的储层，压裂效果最好。

脆性特征通过杨氏模量、泊松比计算的脆性指数来表征。

$$BI_\mu = 100 \times \frac{\text{泊松比} - \text{泊松比}_{max}}{\text{泊松比}_{min} - \text{泊松比}_{max}} \tag{5.29}$$

$$BI_E = 100 \times \frac{\text{杨氏模量} - \text{杨氏模量}_{max}}{\text{杨氏模量}_{max} - \text{杨氏模量}_{min}} \tag{5.30}$$

$$\text{脆性指数} = \frac{BI_{\text{杨氏模量}} + BI_{\text{泊松比}}}{2} \tag{5.31}$$

不同的矿物反映储层脆性不同，如泥岩的塑性大，脆性小，而灰质、硅质矿物的脆性大，岩石物理试验、薄片试验，以及元素俘获测井资料分析表明，乾安致密砂岩主要矿物为石英、长石、黏土、方解石、白云质，局部有少量黄铁矿，而无论从 ECS 测井还是多矿物组分程序计算，都可以得到较准确的矿物含量，这样就为矿物含量计算储层脆性创造了条件。通过计算的结果对比，阵列声波和矿物组分这两种方法计算的脆性指数有较好的一致性。在没有阵列声波的井中，利用矿物体积含量也可以计算储层脆性。

$$\text{脆性指数} = \frac{V_{quar} + V_{calc}}{V_{quar} + V_{calc} + V_{dolo} + V_{clay}} \tag{5.32}$$

式中，V_{clay} 为黏土体积含量；V_{quar} 为石英体积含量；V_{dolo} 为白云岩体积含量；V_{calc} 为方解石体积含量。

2. 地应力

地应力是客观存在的一种应力，是深度、岩性、孔隙压力、结构和构造形式的函数（张广明，2010）。地应力分析能直观地反映地应力场在纵向（不同深度和层位）上、平面上的变化规律，为钻井工程和油气藏开发提供基础数据，是钻井液密度配置、生产井注水井设计方案、合理的套管程序、射孔、压裂规模及参数选取、产层出砂预测等的依据。

本区的地应力方向基本为东西向，最大主应力为 35～55MPa，最小主应力为 25～45MPa，最大最小主应力差为 11～15MPa。

地应力大小、方向的确定是计算地层坍塌压力和破裂压力及研究井壁稳定的基础。地应力主要由地壳构造运动的动地应力（古构造应力和现代构造应力）、上覆岩层压力和孔隙压力等组合而成，如图 5.35 所示。垂直应力由重力应力构成，水平应力主要由构造应力构成。对地应力大小和方向的定量表征，即为地应力的数值，包括最大水平主应力 σ_H、最小水平主应力 σ_h、垂直应力 σ_v 的大小和方向及最大剪切应力等。

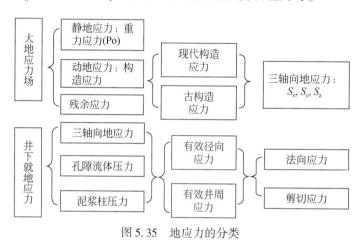

图 5.35　地应力的分类

岩心实验资料刻度的地应力剖面计算方法是利用大量全直径密闭取心岩心实验室应力分析资料，直接与相关测井资料建立起三向地应力预测模型，进而预测地应力的方法。三向地应力预测模型主要包括垂向主应力、水平最大和最小主应力与深度、上覆地层压力、泊松比、地层孔隙压力及 Boit 系数之间的三个关系模型。本次依据本区原有下古生界碳酸盐岩地层地应力模型回归，建立起的适用于上古生界及中生界地层的砂泥岩地层模型。其计算公式如下：

水平方向上最大主应力计算公式为

$$\sigma_H = -201.546 + 875.789\mu - 2.05S + 63.427\alpha + 2.956P_p + 0.037H \qquad (5.33)$$

水平方向上最小主应力计算公式为

$$\sigma_h = 10^{(0.98871 + 0.00823\sigma_H)} \qquad (5.34)$$

沿 Z 轴方向上的有效垂直应力计算公式为

$$\sigma_v = 1.4497(S - \alpha P_p) - 21.2594 \qquad (5.35)$$

式中，μ 为泊松比；α 为 Biot 系数；S 为上覆地层压力，MPa；P_p 为地层孔隙压力，MPa；H 为深度，m。

图 5.36 为查 58-3 井应用岩心实验资料刻度的地应力剖面计算方法处理的地应力成果图。

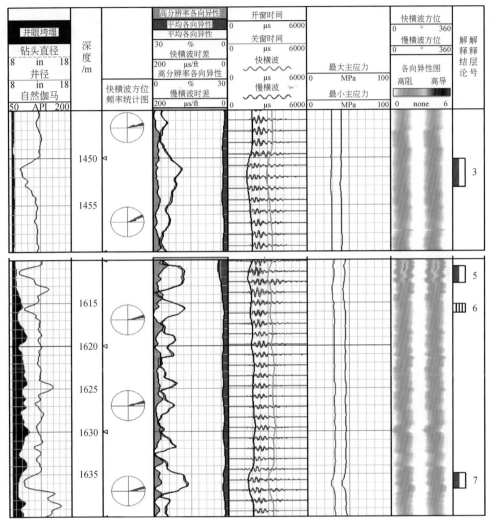

图 5.36　查 58-3 井地应力大小、方向计算成果图

1ft＝12in＝0.3045m

3. 各向异性

在构造应力或其他地质因素导致的裂缝型地层，其横波速度通常显示出方位各向异性。入射横波分裂成质点平行和垂直于裂缝走向振动，传播方向沿井轴向上并以不同速度传播的快速和慢速横波，即横波分裂现象（侯雨庭，2007）。各向异性就定义为快慢横波能量或速度之差与快慢横波能量或速度之和的比值，它是一种反映地层各向异性的指标，各向异性往往与裂缝密度有关。

各向异性是用快慢横波慢度之差来度量的，可以用下式来定义：

$$各向异性 = 2\Delta s/(s_1 + s_2) \tag{5.36}$$

式中，s_1 为快横波时差；s_2 为慢横波时差；$\Delta s = s_1 - s_2$。

各向异性产生的原因有开口垂直裂缝、水平方向地应力不平衡及与井眼呈一定角度的层界面。在各向异性地层，所测量的快横波方位角指示裂缝的走向或最大水平主应力方向。

由于压裂后所形成的裂缝多为垂直缝或高角度缝，而横波对裂缝尤其是高角度裂缝造成的储层纵向非均质性（各向异性）反应灵敏，因此可以通过对比压前压后储层的各向异性来评价压裂裂缝，各向异性的强弱反映裂缝的发育程度，这就是利用正交偶极子测井评价裂缝，进而评价压裂效果的理论基础。

图 5.37 为让 80 井泉四段 2205.0~2265.0m 地层各向异性成果图，该段地层井眼较好，储层扩径较小，整段地层表现强弱不同的各向异性，反映储层非均质性强弱不同，总体表现

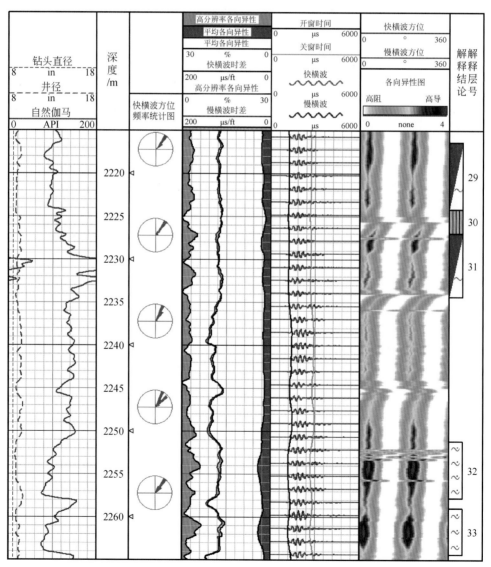

图 5.37　让 80 井各向异性成果图

储层各向异性较强，泥岩各向异性较弱，29、32、33 号层，储层各向异性较强，储层井眼稳定性好，自然伽马数值较低，岩性较纯，物性较好，解释为油水同层、含油水层，储层快慢横波时差差异较大，各向异性强分析有微裂缝发育；31 号层，自然伽马数值略高，反映储层岩性变细，储层非均质性弱，微裂缝不发育，储层各向异性较弱；2235.0～2248.0m，储层自然伽马数值较高，物性差，识别岩性为泥岩，反映各向异性弱，无裂缝发育。

4. 破裂压力

在油气田勘探开发过程中，水力压裂和酸化压裂是低孔、低渗储层获得工业油流、提高油井产能的重要措施。准确预测和控制裂缝的几何形态是压裂设计与施工过程中至关重要的环节，特别是底水油藏，如果工程施压控制不好，容易造成裂缝向上下延伸，很难把裂缝限制在油层内。因此，深入研究裂缝垂向延伸机理，准确判断压裂缝高度，对提高压裂施工作业有十分重要的指导意义。

地层破裂压力在致密油储层改造上起着关键作用。破裂压力的计算方法常用的有两种，即实验室试验法和测井资料法，但岩心获取困难、实验法具有局限性，而测井资料的获取相对容易，且表征地层的信息连续，因而得到了广泛应用。如何利用测井资料准确计算地层破裂压力对储层改造、压裂生产意义重大。

地层破裂压力的大小与地应力大小、岩石强度和裂缝的发育程度密切相关，并且地层破裂压力的大小对压裂结果起着决定性的作用（许赛男和黄小平，2006）。利用偶极横波成像测井资料求取地层破裂压力是行之有效的办法。人工压裂时地层破裂压力 P_f 和地层再压裂时破裂压力 P_s 计算方法如下：

（1）对于稳定的井壁或硬地层，井壁岩石无裂缝，岩石具有抗张能力，则

$$P_f = 3S_h - S_H - \alpha P_p + S_t \tag{5.37}$$

式中，S_t 为抗张强度，MPa；α 为 Biot 系数（孔隙压力贡献系数）。

对于硬地层计算 P_f 时，α 为 1，则

$$P_f = 3S_h - S_H - P_p + S_t \tag{5.38}$$

（2）井壁岩石有裂缝或再压裂时，抗拉强度 S_t 为零，则地层再破裂压力 P_s 为

$$P_s = 3S_h - S_H - \alpha P_p \tag{5.39}$$

也可以根据自然破裂压力获得人工压裂时的破裂压力，其计算公式如下：

$$P_f = S_h + S_t \tag{5.40}$$

图 5.38 为典型压裂施工曲线，从该特征图可直接获得压裂时记录的地层破裂压力，若此图记录的是井底压裂施工曲线，则图中的破裂压力为地层的真实破裂压力；若此图记录的是井口压力施工曲线，则需要在图中记录的破裂压力的基础上，加上压裂液液柱压力，并减去压裂时油管摩阻，可得到较真实地层破裂压力，其计算式为

$$P_f = P_{fl} + P_{mf} - P_{ff} \tag{5.41}$$

式中，P_{mf} 为压裂液等井内液柱压力，MPa；P_{ff} 为摩阻，MPa；P_{fl} 为压裂施工曲线上读取的破裂压力值，MPa。

其中，液柱压力 P_{mf} 计算式为

$$P_{mf} = g \cdot \int_0^h \sigma_b(z) \, dz \tag{5.42}$$

式中，$\sigma_b(z)$ 为人工压裂时压裂液密度，g/cm³；z 为此压裂液液柱高度，m；h 为人工压裂时井内压裂液高度，m。

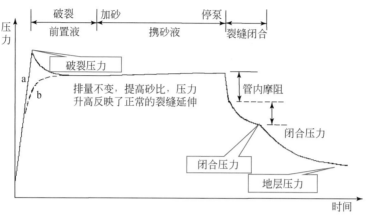

图 5.38　典型压裂施工曲线特征图

a 为致密岩石；b 为微缝高渗岩石

根据上述方法对研究区内的井进行测井资料计算破裂压力的解释评价，图 5.39 为查 58-3 井破裂压力解释评价的成果图，3055.2～3058.0m 储层段计算的破裂压力值为 39.9MPa，压裂过程中实测的破裂压力值为 41.4MPa，预测值与实测值结果具有较好的一致性，证实了应用测井资料计算破裂压力方法的有效性。

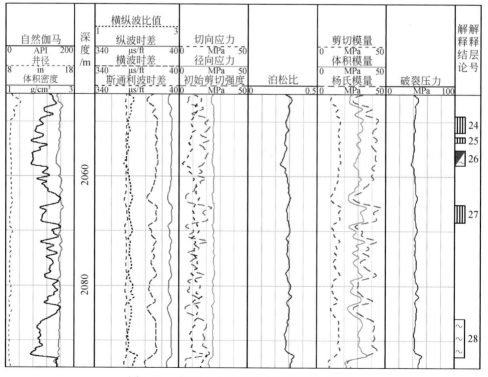

图 5.39　查 58-3 井破裂压力解释评价成果图

5. 井眼稳定性分析

岩石的破裂类型主要是张性破裂和剪切破裂，对张性破裂其破裂准则是

$$\sigma_{\min} = -S_t \tag{5.43}$$

式中，$\sigma_{\min}$ 为最小地层主应力；S_t 为地层的抗拉强度。

剪切破裂的条件是：对岩石剪切破裂，人们提出了许多破裂准则，其中比较著名的有莫尔-库仑（Mohr-Coulomb）破裂准则和格里菲斯（Griffith）准则。根据莫尔-库仑准则，岩石破坏时，剪切面上的剪应力 τ 必须克服岩石的固有剪切强度 τ_s 值与作用在剪切面上的摩擦阻力 $\sigma\tan\varphi$ 之和，即

$$\tau = \tau_s + \sigma\tan\varphi \tag{5.44}$$

该理论只考虑了最大主应力与最小主应力对岩石强度的影响，是一种等效的最大剪切应力模式，适用于判断地层垮塌压力。根据格里菲斯准则，任何脆性材料，都存在大量微小裂缝，脆性材料的断裂就是由这些微小的、无定向裂缝扩展的结果。岩石破坏时，当 $\sigma_1 < -3\sigma_3$，$\sigma_3 = -T_0$；当 $\sigma_1 > -3\sigma_3$，则

$$\tau_n^2 = 4T_0\ (T_0 + \sigma_n) \tag{5.45}$$

式中，T_0 为单轴拉张时的强度；τ_n 为剪裂面上的剪应力；σ_n 为剪裂面上的正应力。

该理论以张性破裂为前提，是一种等效的最大张应力理论，适用于对张性破裂进行判断，即适用于判断地层破裂压力。

当液压增加到临界破裂压力时，井壁围岩出现张裂缝，钻井时这些岩层有可能使泥浆漏失，通过格里菲斯准则，海姆森（Hamison）给出了自然破裂压力的计算公式：

$$P_f = 3\sigma_h - \sigma_H - P_p + S_t \tag{5.46}$$

井中泥浆柱压力越小，压性周向应力越大，径向应力由压性逐渐向张性过渡，由此两应力构成的莫尔圆与岩层切变破裂包络线相切时，岩层发生剪切破裂。在最小水平地应力方向最易发生坍塌，这时的井中泥浆柱压力为剪切破裂井柱压力极限值（即坍塌压力），由库仑破裂准则可得（郭同政等，2007）

$$P_C = \frac{3\sigma_h - \sigma_H - 2C_0K + P_p\ (K^2 - 1)}{K^2 + 1} \tag{5.47}$$

则安全泥浆密度窗：

$$\rho_{\min} = \frac{100P_C}{\text{DEP}}, \ \rho_{\max} = \frac{100P_f}{\text{DEP}} \tag{5.48}$$

通过坍塌压力梯度与破裂压力梯度计算可以得到保持井壁稳定的合理泥浆密度范围：

$$\rho_{\min} < \rho_m < \rho_{\max}$$

乾 275 井实际水泥浆密度为 1.26g/cm³，位于理想泥浆密度与最大泥浆密度之间，与理想泥浆接近井段，井眼稳定性较好，有轻微扩径（图 5.40）。

6. 区域脆性分布特征

总体评价，1 小层和 2 小层脆性都是北部较好，中西部、东南部脆性较差。具体到主要区块，乾 246 区块以北较好，脆性指数在 30%~70%，中部和南部大部分脆性指数在 30% 以下，局部脆性有 30%~50%，让 50 区块和让 70 区块较好。单纯从小层脆性分析，

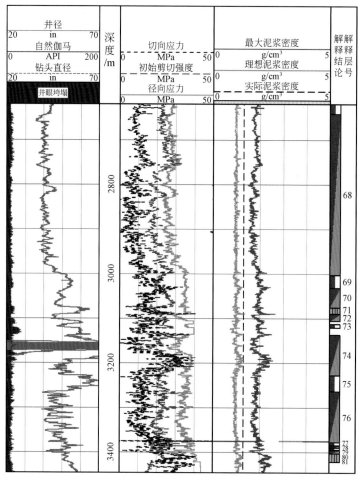

图 5.40　乾 275 井壁稳定性解释成果图

脆性指数在 40% 为好，25%~40% 较好，小于 25% 较差，一般压裂效果不会好。

1）1 小层脆性分布特征

从 1 小层脆性指示分析，总体评价脆性较好，中西部、东南部脆性较差。具体到主要区块，让 53 区块脆性较好，乾 246 区块东北部脆性局部较差，让 70 区块乾 102—乾 268、黑 87—7 井区脆性较差。

2）2 小层脆性分布特征

从 2 小层脆性指示分析，总体评价脆性较好，中西部、东南部脆性较差。具体到主要区块，让 53 区块脆性较好，乾 246 区块东北部脆性局部较差，让 70 区块乾 246、黑 119、黑 166 井区脆性较差。

5.3　储层分类研究

致密油储层分类标准的建立对勘探和开发具有十分重要的意义。不同品质的储层导致相同的孔隙度储层会具有不同的渗透率，这样会使得所有储层用相同的模型计算储层物性结果误差较大，因此，对储层进行分类研究建模意义重大。

目前在国内外已发表的文献中，有关的储层分类方法，概括起来主要有以下两个方面。

（1）微观储层分类方法：主要利用取心井段岩心的各种岩石物理实验资料（如孔隙度和渗透率）；各类压汞参数（如排驱压力、喉径均值、铸体薄片、扫描电镜）等多方面的资料来实现储层分类。

（2）宏观储层分类方法：利用地区层位试油投产数据，结合测井特征数值，然后通过线性回归、聚类分析或模糊数学综合评判等方法对储层进行有效分类。

对于微观储层分类方法，主要是针对取心井段岩心样品的岩石物理实验数据进行，因实验周期长、效率低，仅能够定性分类，无法实现快速地对全井段储集空间的有效性评价及储层分类；对于宏观储层分类方法，由于试油试采资料受影响工程影响因素较多，利用单因素试油产量刻度测井，不能从理论上说明储层的优劣，且区域性较强，普遍性较差，难以广泛应用（李海燕等，2012）。本小节结合地区特征从定性及半定量的角度分析，采用孔渗分类法、压汞系数–储层品质因子分类法、核磁分类法三种方法对储层品质进行评价。

5.3.1 物性下限

利用岩心分析资料，评定物性下限是较为准确的一种方法，在研究区选取取心井岩心收获率大于 80%、取样分析密度大于 8 块/m 的样品，统计储集层单层孔隙度、渗透率值，利用孔渗和含油性交会图分析。根据实验分析结果，岩心油浸显示的储层孔隙度大于 7%，渗透率大于 $0.12 \times 10^{-3} \mu m^2$，油斑显示孔隙度大于 5%，渗透率大于 $0.06 \times 10^{-3} \mu m^2$；荧光显示储层的孔隙度大于 5%，渗透率大于 $0.022 \times 10 \times 10^{-3} \mu m^2$，在孔隙度小于 5%，渗透率小于 $0.022 \times 10^{-3} \mu m^2$ 的储层，不见油气显示，因此，本地区物性下限应该定于孔隙度为 5%，渗透率为 $0.02 \times 10^{-3} \mu m^2$（图 5.41）。

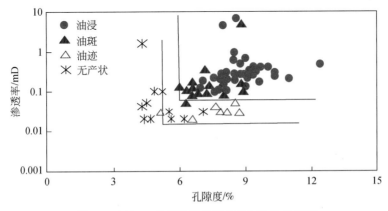

图 5.41 让 59 井Ⅲ砂组含油产状与物性关系图

5.3.2　储层分类

1. 压汞资料大孔喉储层分类

利用压汞资料（进、退汞饱和度 S_{Hg}，毛管压力 P_c，频数 f）对孔喉和渗透性进行分析。计算孔喉、频数等相关参数，建立孔喉和频数柱状图，分析孔喉主要分布范围，划分大、中、小孔喉分布区间。

计算孔喉：

$$P_r = 0.735/P_c \tag{5.49}$$

式中，P_r 为孔喉半径；P_c 为毛管压力。

计算频数：

$$f_{N+1} = S_{Hg_{n+1}} - S_{Hg_N}, \quad f_1 = S_{Hg_1} \tag{5.50}$$

通过有压汞实验井资料进行分析，建立孔喉半径与频数柱状图，如图 5.42 所示。

从图 5.42 分析，孔喉分布比较规律，从图中可以看出孔喉主要分为 4 个区间，分别为 $P_r \leq 0.030$、$0.030 < P_r \leq 0.107$、$0.107 < P_r \leq 0.540$、$P_r > 0.540$。其中 $P_r \leq 0.030$ 时，我们认为主要为泥质含量，对地层渗透不做贡献。

故从建立 $P_r > 0.030$ 的孔喉半径与岩心分析的渗透率、孔喉半径与孔隙度、渗透率与孔隙度之间的关系，分析其相关性。

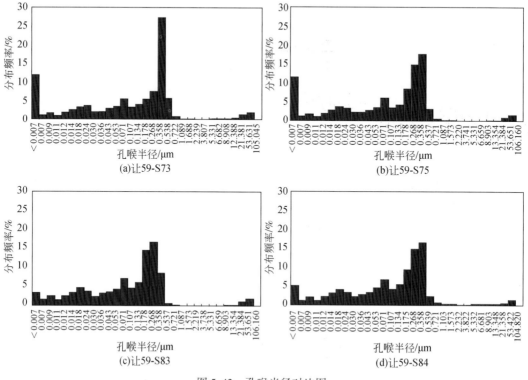

图 5.42　孔喉半径对比图

对 0. 030<P_r≤0. 107 （区间①）、0. 107<P_r≤0. 540 （区间②）、P_r>0. 540 （区间③）
三个区间孔喉分别加权重 1、3、5 计算（即 P_r=①+②×3+③×5），建立如图 5.43 和图
5.44 所示相关分析图。

从相关图可以看出，岩心分析渗透率、孔隙度与压汞计算所得孔喉之间的相关性较
高，相关系数分别为 0. 6107、0. 8946（图 5.43，图 5.44）。

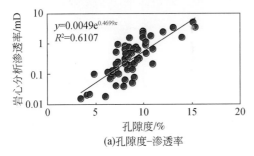 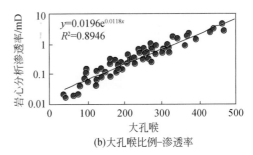

(a)孔隙度-渗透率　　　　　　　　　　(b)大孔喉比例-渗透率

图 5.43　让 70 区块建模后成果图

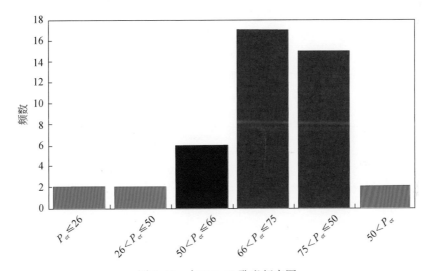

图 5.44　大于 0.03 孔喉频率图

从孔径所占比例区间范围划分柱状图可以看出，当 P_r>0. 030 时，大孔径比例主要集
中在 65<P_{er}<80。

不同比例区间的平均渗透率统计如图 5.45 所示，从图中可以看出，在 P_r>0. 030 时，
随着所占比例的增大，平均渗透率呈指数增长，当 P_{er}>80 时，由于频数较少，大比例只
有 2 个点，故平均渗透率为 1. 73，数据不具有有效性，因此，主要分析 P_{er}≤80 时平均渗
透率的分布情况，在 P_{er}≤80 时，孔喉所占比例增加，平均渗透率呈指数增长。

利用孔喉与渗透率的关系对储层进行分类，如图 5.46 所示。

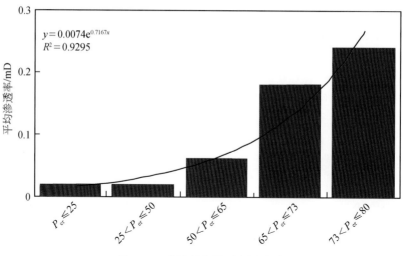

图 5.45　大孔喉与渗透率展示图

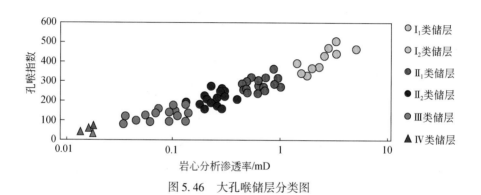

图 5.46　大孔喉储层分类图

从交会图分析，区间划分明显，依据建立大孔喉比例储层分类标准（表 5.7）。

表 5.7　大孔喉比例储层分类标准

储层分类		大孔喉比例指数	渗透率/mD
I 类储层	I_1	>400	>3
	I_2	300 ~ 400	1.5 ~ 3
II 类储层	II_1	200 ~ 300	0.5 ~ 1.5
	II_2	120 ~ 250	0.2 ~ 0.5
III 类储层		100 ~ 200	0.02 ~ 0.2
IV 类储层		<100	<0.02

2. 流动单元指数分类法

复杂孔隙结构砂岩，拥有不同的渗流系统，把性质相同的孔渗关系可以化为一个个不同的流动单元，流动单元对流动单元指数与实验分析的束缚水饱和度、矿物颗粒表面积及矿物颗粒比重之间的关系进行了研究。结果表明，对于包含自生黏土矿物的岩石或细粒、分选差的砂岩一般具有高的颗粒表面积和弯曲度，因此流动单元指数比较低；而相比之下，干净的、粗粒、分选好的砂岩一般具有低的颗粒表面积、低的弯曲度，因而流动单元指数比较高（焦翠华和徐朝晖，2006）。不同的沉积环境和成岩过程控制着岩石孔隙几何结构和流动单元指数。由此可见，流动单元指数充分体现了影响流体渗流的微观地质特征，是岩石孔隙几何相的集中体现，比单一的渗透率更体现岩石的渗流特征（图5.47，图5.48）。

$$\text{FZI} = (1-\phi)/\phi \times \sqrt{k/\phi} \tag{5.51}$$

式中，k 为渗透率；ϕ 为有效孔隙度。

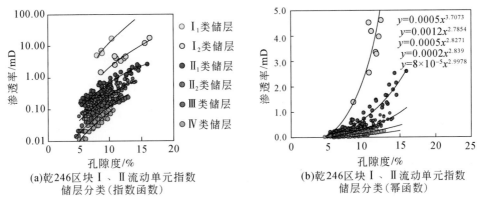

图 5.47　乾 246 区域流动单元孔隙度渗透率交会图

通过对 688 块岩心分析计算，发现乾安地区孔渗关系的变化满足流动单元特征，结合试油结果研究分析将储层分为四大类 6 小类（表5.8、表5.9）。

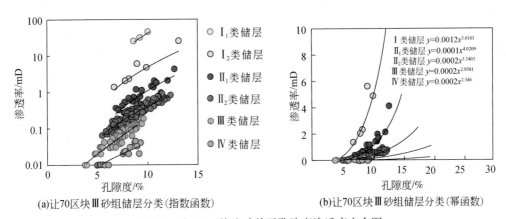

图 5.48　让 70 区块流动单元孔隙度渗透率交会图

表 5.8　乾 246 区块流动单元储层分类标准表

储层类别	FZI 指数	响应方程
I_1	FZI≥9	$y=0.0002POR^{4.9112}$
I_2	9>FZI≥5	$y=0.0005POR^{3.7073}$

储层类别	FZI 指数	响应方程
II$_1$	5>FZI≥2	$y = 0.0012POR^{2.7854}$
II$_2$	2>FZI≥1.5	$y = 0.0005POR^{2.8271}$
III	1.5>FZI≥1	$y = 0.0002POR^{2.839}$
IV	FZI<1	$y = 8×10^{-5}POR^{2.9978}$

表 5.9　让 70 区块流动单元储层分类标准表

储层类别	FZI 指数	响应方程
I$_1$	FZI≥9	$y = 0.0036POR^{4.0582}$
I$_2$	9>FZI≥3.5	$y = 0.0012POR^{3.6161}$
II$_1$	3.5>FZI≥2	$y = 0.0001POR^{4.0209}$
II$_2$	2>FZI≥1.5	$y = 0.0002POR^{3.3403}$
III	1.5>FZI≥1	$y = 0.0002POR^{2.9301}$
IV	FZI<1	$y = 0.0002POR^{2.346}$

3. 核磁分类法

孔隙结构是决定储层产能的主要因素，以往研究中主要着重于微观研究，往往受样品尺寸的限制，不能很好地反映储层的非均质性，很难与储层宏观参数建立关系，在没有岩心的情况下更是无法描述孔隙结构。核磁共振测井技术具有信息丰富、测量精度高和孔隙结构变化反应灵敏等特点。

核磁共振测井技术获取更准确的储层参数，为测井解释研究储层孔隙结构提供了新途径。目前研究的工作大多停留在核磁共振 T$_2$ 分布与毛细管压力曲线建立关系的基础上，这种方法不仅拐点难以确定，要实现快速评价油水层，指导生产也是一个问题。因此，我们经过大量的研究发现核磁的孔隙区间与压汞实验的孔喉频率有良好的相关性。通过 3 口井 15 块样品实验分析对比：核磁测井 16ms 以上孔径的分区孔隙度与大于 0.16μm 压汞实验孔径有良好的对应关系。

I 类储层，岩性为细砂岩，核磁 T$_2$ 谱形为单峰显示，谱峰幅度较高，谱形分布较宽，有明显拖曳现象，可动峰向右偏。储层有效孔隙度大于 10%，可动流体孔隙度大于 5%，储层渗透率大于 1.5×10^{-3}μm^2，从区间孔隙度分析，4~512ms T$_2$ 谱均有分布，主要集中在 16~256ms，储层孔径分布以中孔径为主，孔隙结构指数大于 40。

II 类储层，岩性为细砂岩、粉砂岩，核磁 T$_2$ 谱形为单峰到双峰显示，谱峰幅度较高，谱形分布较宽，有明显拖曳现象，可动峰向右偏。储层有效孔隙度为 8%~11%，可动流体孔隙度大于 3%，储层渗透率大于 0.2×10^{-3}μm^2，从区间孔隙度分析，4~256ms T$_2$ 谱均有分布，主要集中在 8~128ms，储层孔径分布以中孔径为主，孔隙结构指数大于 20。

III 类储层，岩性为泥质粉砂岩、粉砂质泥岩，核磁 T$_2$ 谱形为双峰显示，谱峰幅度较低，谱形分布较窄，可动峰向左偏。储层有效孔隙度为 5% ~ 8%，可动流体孔隙度大于 1%，储层渗透率大于 $0.02 \times 10^{-3} \mu m^2$，从区间孔隙度分析，2 ~ 128ms T_2 谱均有分布，主要集中在 8 ~ 64ms，储层孔径分布以小、中孔径为主，孔隙结构指数大于 10。

Ⅳ类储层，岩性为粉砂质泥岩、泥岩，核磁 T_2 谱形为单峰显示，谱峰幅度较低，谱形分布较窄，均为泥质束缚峰。储层有效孔隙度小于 5%，几乎没有可动流体孔隙度，储层渗透率小于 $0.02 \times 10^{-3} \mu m^2$，从区间孔隙度分析，2 ~ 16ms T_2 谱均有分布，主要集中在 2 ~ 8ms，储层孔径分布以小孔径为主，孔隙结构指数小于 10。

表 5.10　孔隙结构指数储层分类成果表

储层分类		中大孔喉发育	孔隙度/%	渗透率/mD	孔隙结构指数
Ⅰ类储层	Ⅰ₁	≥15	>12	≥3	≥50
	Ⅰ₂	10 ~ 15	10 ~ 12	1.75 ~ 3	40 ~ 50
Ⅱ类储层	Ⅱ₁	8 ~ 10	8 ~ 10	0.50 ~ 1.75	30 ~ 40
	Ⅱ₂	2 ~ 8	7 ~ 8	0.19 ~ 0.50	20 ~ 30
Ⅲ类储层		0.5 ~ 2	5 ~ 7	0.02 ~ 0.19	10 ~ 20
Ⅳ类储层		<0.5	<5	<0.02	<10

4. 乾安地区储层综合分类

乾安地区储层综合分类，利用岩心实验（或者常规计算）的孔隙度、渗透率，微观实验的孔喉半径、大孔喉比例、由测井测量的核磁孔隙结构和流动单元等，对储层进行多参数分类（表5.10、表5.11）。

表 5.11　乾安地区孔隙结构指数储层分类成果表

储层分类		孔隙度/%	渗透率/mD	孔喉半径/μm	大孔喉比例指数	流动单元 FZI	核磁孔隙结构指数
Ⅰ类储层	Ⅰ₁	>12	≥3	>5.32	>400	>9	≥50
	Ⅰ₂	10 ~ 12	1.75 ~ 3	2.2 ~ 5.32	300 ~ 400	>4	40 ~ 50
Ⅱ类储层	Ⅱ₁	8 ~ 11	0.50 ~ 1.75	0.540 ~ 2.2	200 ~ 300	>2	30 ~ 40
	Ⅱ₂	7 ~ 10	0.19 ~ 0.50	0.107 ~ 0.540	120 ~ 250	>1.5	20 ~ 30
Ⅲ类储层		5 ~ 8	0.02 ~ 0.18	0.03 ~ 0.107	100 ~ 200	>1	10 ~ 20
Ⅳ类储层		<5	<0.02	<0.03	<100	<1	<10

第6章 测井技术在乾安地区的应用

乾安油田位于吉林省乾安县内，区域构造位于中央拗陷区长岭凹陷中部。东北邻新立和两井油田，西北为海坨子油田，西南与大情字井油田相连。主要产油层位是高台子油层，其次是葡萄花油层，扶余油层。2005 年储量套改后，乾安油田探明含油面积 246.44km^2，探明石油地质储量 9806.80×10^{4}t，技术可采量 2013.08×10^{4}t。

钻井资料揭示，该区地层发育较全，钻遇的地层自下而上为上白垩统泉头组四段（未穿）、青山口组一段、青山口组二三段、姚家组一段、姚家组二三段、嫩江组一段、嫩江组二段、嫩江组三段、嫩江组四段、嫩江组五段、四方台组、明水组、新近系及第四系，其中泉头组四段—嫩江组为连续沉积（图6.1）。

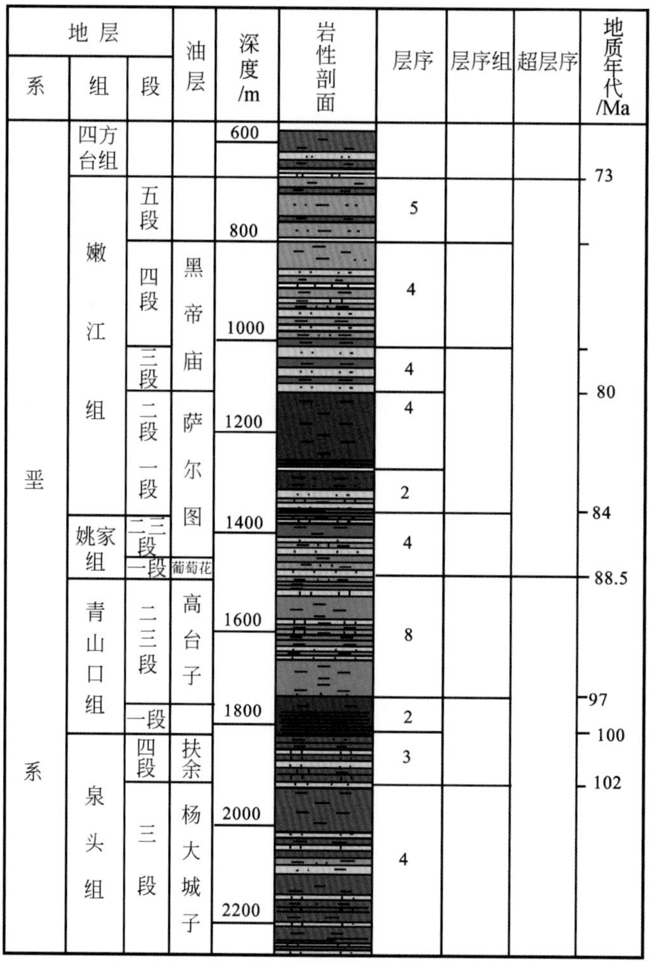

地层			油层	深度/m	岩性剖面	层序	层序组	超层序	地质年代/Ma
系	组	段							
垩系	四方台组			600					73
	嫩江组	五段	黑帝庙	800		5			
		四段		1000		4			
		三段	萨尔图			4			80
		二段		1200		4			
		一段				2			84
	姚家组	二三段		1400		4			88.5
		一段	葡萄花						
	青山口组	二三段	高台子	1600		8			97
		一段		1800		2			100
	泉头组	四段	扶余			3			102
		三段	杨大城子	2000		4			
				2200					

图 6.1 松辽盆地中浅层层序划分方案图

乾安油田扶余油层，是目前主要开发生产层系。油田位于中央拗陷长岭凹陷迁安构造西坡，西紧邻乾安省油凹陷中心，油气来自青山口组烃源岩，多期三角洲水下分支河道，河口坝和席状砂体是油气的主要储集体，多套砂体叠置形成多套储集层系，呈自生自储、上生下储和下生上储成藏组合，青一段和嫩一段泥岩是本区稳定隔盖层，保存条件好，在斜坡构造背景上形成岩性上倾尖灭油藏。

油田部位青三段顶面构造形态较为简单，为一西倾斜坡，地层倾角在 2°左右，斜坡断层不发育，北北西向断层规模小，延伸 2~6km，断距 20m 左右。局部构造不发育，在乾深 1 井区发育一背斜构造，构造闭合面积 45km²，闭合高度 39m，高点位于乾深 1 井附近。

乾安油藏油水关系复杂，全区无统一的油水界面，油层受砂体形态和发育程度控制，在砂体高部位含油相对饱满，反之变差，在砂体主带含油饱和度较高，而砂体边部含油饱和度较低，束缚水饱和度增高，压裂后破坏了储层的原始状态，束缚水变为可动水使这一部分储层油水同出。

该区存在四个明显的区域标志层。一为嫩二段底部油页岩，厚约 6m，电性特征表现为高电阻率、高自然伽马。二为嫩一段底部的暗色泥岩，厚度为 4~6m，电性特征表现为高自然伽马、声波时差呈一明显台阶。三为姚一段底界，该界面为局部不整合或假整合面，存在能谱异常（系不整合面有利于 U、Th 及其他放射性元素富集所致），一般发育三个高自然伽马层，以中间高自然伽马层为姚一段底界。另外，对应 T_1^r 反射层地震剖面上有较明显的波阻抗界面，反射能量较强，连续性好，可连续追踪。同时，姚一段顶部在中子、声波上存在明显的台阶，易识别，可作为辅助标志层。四为青一段底，为厚层灰黑色泥岩，中间夹 2~3 层 5~20m 厚油页岩，电阻率曲线呈现高阻尖峰；泉四段岩性上为灰色、灰白色粉砂岩、泥质粉砂岩与泥岩互层。因此声波时差曲线青一段底部（泉四段顶部）呈明显的台阶，可全区对比。

6.1　直井"七性"解释评价

6.1.1　直井处理解释流程

针对 2008~2012 年乾安地区钻探的井开展了老井复查，复查了 262 口。老井复查方法主要依据测井、录井、测试及气水层解释图版等资料（方锡贤等，2006），依据新建立的储层参数模型，按照致密油开发的思路和方法，对区域老井进行二次处理、解释、评价，建立老井复查流程和标准化处理解释方法，修改完成老井复查 198 口井，复查 6000余层，修改解释 958 层，完成典型图 221 张。

首先对研究区 56 口试油井，98 个试油层的测井曲线特征、油水层产量、气测录井信息进行详细的分析，并对以上资料进行了资料的质量分析、甄别，对部分不合格资料进行修改。

在此基础上进行测井资料标准化，标准化包括两个方面，一是对矿化度进行校正，二是选取青山口组稳定泥岩，制作直方图对曲线进行校正，然后是矿物体积的计算和储层孔隙度、渗透率、饱和度等参数的计算，这部分参数在一些井做了化验分析，所以进行了岩心归位，目的是对参数的模型进行刻度，分析不吻合原因，进一步确定相关模型参数的系数，使其规范化。

在"四性关系"的基础上，进行烃源岩评价、脆性评价和综合指数评价，这样建立致密油储层"七性关系"评价，依据储层"七性"评价的结果，对储层进行解释结论的修改、取值、做成果表，并对储层进行储层类别的划分，目前储层划分为四大类、六小类。下一步把成果表的点子放试油层交会图分析，如果和试油层吻合，进行下一步；不吻合，分析原因，有必要的返回曲线标准化重新处理。

在处理满意的基础上，提高二次解释成果表，二次解释成果图片，并提供试油建议，另外，分小层制作"七性"油藏描述空间展布图，明确泉四段各小层"七性"特征及纵横向分布范围，进而进行"甜点富集区"评价，为老井试油和新井部署提供有力的技术支撑（图6.2）。

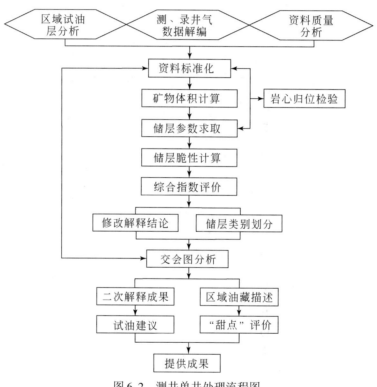

图 6.2　测井单井处理流程图

6.1.2　老井复查

研究区老井经过精细的储层"七性"处理，提供老井复查成果表，提供的成果表资料包括深浅电阻率、自然伽马、声波时差、体积密度等常规曲线，以及孔隙度、渗透率、含油饱和度、泥质含量、脆性、石英含量、长石含量、碳酸盐岩含量、储层评价指数等成果曲线，另外还有原解释结论、现解释结论、储层类别等结论性资料（表6.1）。

表 6.1　老井复查成果表

井号	小层	层号	现解释结论	原解释结论	储层类别	深度/m	深度/m	深侧向电阻率/(Ω·m)	浅侧向电阻率/(Ω·m)	自然伽马/API	声波时差/(μs/m)	体积密度/(g/cm³)	孔隙度/%	渗透率/mD	含油饱和度/%	脆性	泥质含量/%	石英含量/%	长石含量/%	碳酸盐岩含量/%	综合指数
乾230	1.0	16.0	干层	干层	IV	1634.2	1635.0	15.4	14.2	99.1	218.2	2.55	4.8	0.0	19.6	37.4	35.3	21.0	29.0	9.9	28.0
乾230	2.0	17.0	干层	干层	IV	1637.0	1640.2	12.6	11.7	107.3	227.0	2.54	4.3	0.1	29.2	29.2	44.5	21.7	29.4	0.1	14.6
乾230	2.0	18.0	差油层	干层	III	1641.0	1642.2	14.7	13.1	91.7	228.7	2.49	9.1	0.2	34.4	43.4	23.7	40.4	26.2	0.7	63.4
乾230	2.0	19.0	干层	干层	IV	1644.0	1645.0	18.3	17.5	93.3	203.9	2.58	4.3	0.0	13.8	43.2	29.1	30.4	27.4	8.8	36.3
乾230	2.0	20.0	差油层	干层	II	1646.0	1648.2	15.0	14.1	91.2	213.6	2.52	7.7	0.1	29.5	44.1	24.4	42.1	25.8	0.1	55.9
乾230	3.0	21.0	差油层	干层	III	1650.6	1653.6	13.7	13.5	99.9	224.0	2.48	9.5	0.3	41.7	33.0	35.4	27.4	27.7	0.0	43.2
乾230	5+6	22.0	差油层	干层	III	1667.0	1671.6	20.8	21.3	87.7	227.4	2.49	9.7	0.3	48.2	46.5	19.9	45.4	24.9	0.2	106.4
乾230	6.0	23.0	气水同层	气水同层	II	1673.4	1677.0	20.1	19.5	83.0	237.1	2.43	13.0	1.1	54.5	48.0	15.1	47.7	24.1	0.2	150.6
乾230	9.0	24.0	干层	干层	IV	1697.8	1699.8	13.7	14.6	89.6	213.6	2.57	5.0	0.0	1.6	48.4	21.9	47.4	25.3	0.3	37.0
乾230	9.0	25.0	干层	干层	IV	1700.4	1702.2	10.7	11.7	104.4	224.0	2.54	4.5	0.1	17.5	30.4	43.2	22.7	28.9	0.7	14.0
乾230	9+10	26.0	干层	干层	IV	1703.2	1706.2	20.1	20.5	102.8	213.7	2.55	4.6	0.0	32.5	35.3	38.0	21.1	28.5	7.8	31.5
乾230	10.0	27.0	油水同层	油水同层	III	1706.2	1707.8	15.2	15.3	75.2	233.9	2.40	14.3	2.0	46.9	54.0	7.6	56.3	21.3	0.5	156.2
乾230	10.0	28.0	油水同层	油水同层	II	1708.2	1711.8	20.5	18.2	69.0	220.5	2.48	10.5	0.4	35.4	60.6	4.2	65.8	19.3	0.3	187.8
乾230	11.0	29.0	水层	干层	III	1712.4	1714.0	13.3	13.4	79.8	235.2	2.40	14.1	1.8	45.9	49.4	12.5	49.8	23.2	0.4	116.8
乾230	11.0	30.0	水层	干层	III	1714.8	1722.6	12.2	12.2	84.7	235.9	2.41	13.7	1.5	44.8	45.5	17.3	43.4	24.9	0.8	89.3
乾230	11.0	31.0	水层	干层	III	1723.4	1725.4	17.3	16.5	97.1	221.6	2.46	10.4	0.4	53.1	36.9	30.1	32.6	26.8	0.1	68.2
乾230	11.0	32.0	干层	干层	IV	1726.6	1727.8	11.5	11.4	96.9	226.5	2.52	6.2	0.1	18.0	38.5	31.5	34.5	27.5	0.2	28.5
乾230	12.0	33.0	水层	干层	III	1729.0	1731.2	11.2	11.4	85.7	231.8	2.46	11.2	0.5	32.7	47.0	17.7	45.9	24.9	0.3	68.7
乾230	12.0	34.0	干层	干层	III	1737.6	1738.4	19.4	16.0	81.8	196.4	2.59	4.5	0.0	0.6	54.9	15.8	47.8	24.0	7.9	58.6
乾230	12+13	35.0	水层	干层	III	1739.4	1746.6	12.1	12.1	82.4	227.8	2.47	11.0	0.5	28.8	51.0	13.6	51.3	23.6	0.5	82.1
乾230	13.0	36.0	干层	干层	IV	1747.8	1748.6	20.3	19.6	91.6	212.9	2.51	6.5	0.1	31.2	39.9	31.0	26.6	27.3	8.5	57.5
乾230	13.0	37.0	水层	水层	III	1749.2	1755.6	15.5	15.2	77.0	222.1	2.44	12.3	0.9	40.7	53.7	9.9	51.7	22.4	3.8	133.2

乾 230 井Ⅰ、Ⅱ砂组 16～22 层，原来认为物性差，均解释为干层，16～22 号层电阻率为 11～16 Ω·m，应用新模型计算的孔隙度为 7.5%～10%，渗透率为 0.2～0.47mD，物性较好，26～30 层，进行了物性分析实验，测井计算的物性和孔渗分析相当吻合，反映计算的物性可信，16～22 层物性较好，综合评价指数为 55～106，综合评价为Ⅲ类储层，储层累计厚度较厚，22 层下部，电阻率为 24 Ω·m，孔隙度为 9.47%，渗透率为 0.53mD，脆性指数为 49.78%，综合评价指数为 135，综合评价为Ⅱ₂类储层，建议试油（图 6.3）。

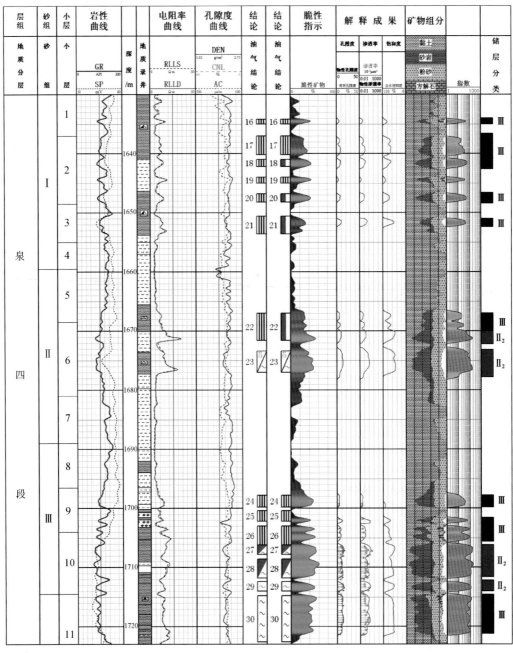

图 6.3　测井油气藏综合评价思路图

6.1.3　试油层建议

通过老井复查，发现了一批认识有所提高的井，这些井有的是电性高、物性好、岩性纯、含油饱和度高、脆性高、综合指数评价好，有望获得工业油流，有的是物性稍差，当时的工程施工条件开采获得工业油流很难，现在工艺提高了，通过压裂改造能获得较好产能，另外一些储层"七性"匹配条件稍差，但是储层厚度较大，依仗厚度的优势单井产能可以增高。

1. 乾 144 井

乾 144 井 Ⅱ 、Ⅲ 砂组 27、28 层，储层品质较好，自然伽马为 80API，电阻率为 25 ~ 30Ω·m，应用新模型计算的孔隙度为 10.7% 、9.8% ，渗透率为 0.75mD，脆性较好，在 50% 左右，综合评价指数大于 200，综合评价为 Ⅱ₁ 类储层，建议试油（图 6.4）。

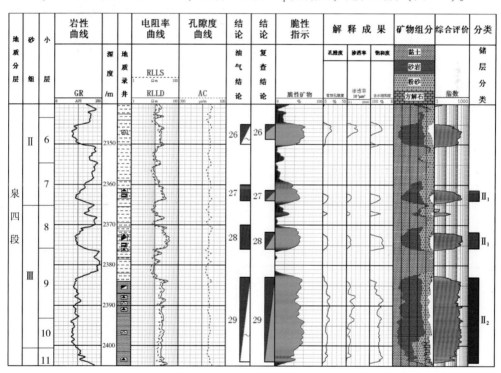

图 6.4　乾 144 井试油建议成果图

2. 乾 165 井

乾 165 井位于乾 246 区块 Ⅰ 、Ⅱ 砂组 3、5 层，储层品质较好，自然伽马为 80API，电阻率为 49 Ω·m、26 Ω·m ，应用新模型计算的孔隙度为 13% 、14% ，渗透率 3.4mD、2.4mD，脆性较好，为 50%~55% ，综合评价指数大于 200，综合评价为 Ⅱ₁ 类储层，建议试油（图 6.5）。

3. 乾 191 井

乾 191 井位于乾 246 区块，36 层 Ⅱ 砂组 5 小层，原结论为干层，修改解释结论为油水

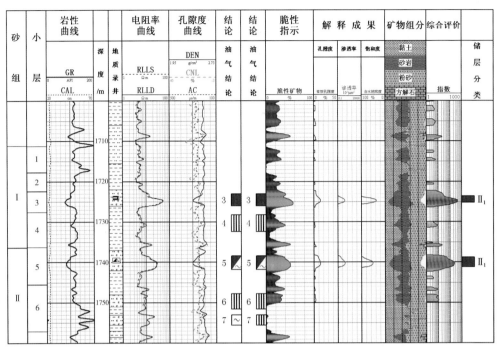

图 6.5　乾 165 井试油建议成果图

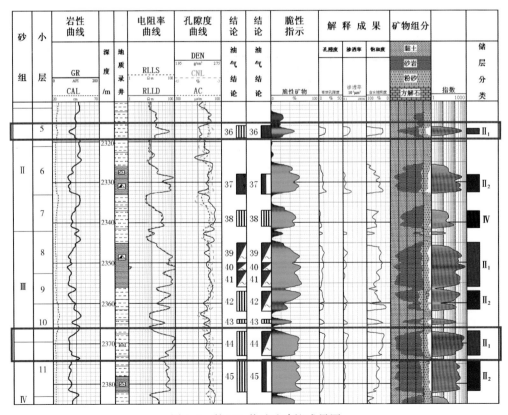

图 6.6　乾 191 井试油建议成果图

同层，储层品质较好，自然伽马为 80API，电阻率为 59 Ω·m，体积密度为 2.38g/cm³，应用新模型计算的孔隙度为 13.7%，渗透率为 3.75mD，脆性较好，在 46% 左右，综合评价指数大于 200，综合评价为Ⅱ₁类储层；44 层Ⅲ砂组 10 小层，原结论为干层，修改结论为油水同层，储层品质较好，自然伽马为 80API，电阻率为 59 Ω·m，体积密度为 2.48g/cm³，应用新模型计算的孔隙度为 9.2%，渗透率为 0.6mD，脆性较好，在 46% 左右，综合评价指数大于 100，综合评价为Ⅱ₂类储层，建议对 36、48 层试油（图 6.6）。

4. 乾 215-14 井

乾 215-14 井位于乾 246 区块、6、8 层Ⅰ砂组 1、2 小层，结论为油水同层，储层品质较好，自然伽马为 80 ~ 100API，电阻率为 24 ~ 36 Ω·m，体积密度为 2.45 ~ 2.47g/cm³，应用新模型计算的孔隙度为 10%~12%，渗透率为 0.8 ~ 1.6mD，脆性较好，在 46% 左右，综合评价指数大于 200，综合评价为Ⅱ₁、Ⅱ₂类储层，建议试油（图 6.7）。

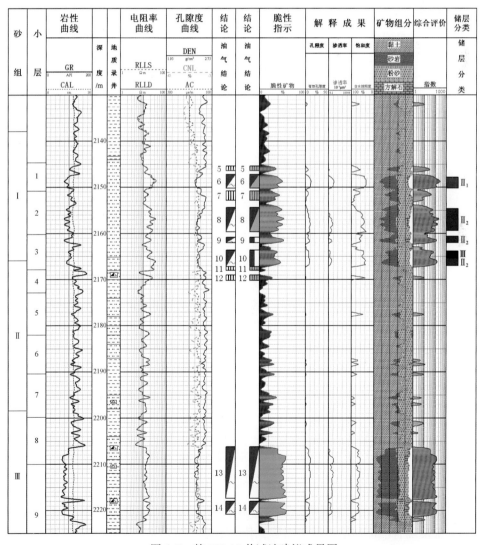

图 6.7　乾 215-14 井试油建议成果图

老井复查试油层建议见表6.2。

表6.2　乾安地区试油建议统计表

井号	小层	层号	始深/m	终深/m	现结论	原结论	孔隙度/%	渗透率/mD	脆性	饱和度/%	电阻率/Ω·m	自然伽马/API	声波时差/(μs/m)	补偿中子/%	体积密度/(g/cm³)
乾215-14	1	6	2147.2	2150.2	油水层	油水层	11.7	1.25	39.4	65.5	25.4	96.6	243.0	13.6	2.46
乾215-14	3	10	2163.6	2167.2	油水层	油水层	8.9	0.37	45.5	57.4	29.1	89.4	229.3	11.6	2.51
乾191	5	36	2316.0	2319.0	油层	干层	12.7	2.04	37.6	66.6	29.6	83.6	213.4	9.0	2.41
乾191	9	44	2367.0	2373.0	油水层	干层	10.3	0.69	55.4	66.8	78.1	69.3	212.7	6.3	2.47
乾230	3	21	1650.6	1653.6	差油层	干层	9.5	0.25	33.0	41.7	13.7	99.9	224.0	—	2.48
乾230	5+6	22	1667.0	1671.6	差油层	干层	9.7	0.26	46.5	48.2	20.8	87.7	227.4	—	2.49
乾230	6	23	1673.4	1677.0	气水层	气水层	13.0	1.13	48.0	54.5	20.1	83.0	237.1	—	2.43
乾144	7	27	2361.4	2364.0	油水层	油层	10.5	0.76	51.4	41.2	27.4	88.8	232.8	—	—
乾144	8	28	2371.8	2376.0	油水层	油层	10.0	0.65	50.1	52.3	37.3	90.2	244.5	—	—
乾165	3	3	1723.0	1726.0	油水层	油层	9.6	1.14	48.0	31.6	28.6	89.9	243.2	13.3	2.43
乾165	4	5	1738.4	1741.8	油水层	油水层	10.7	1.48	46.5	22.7	21.4	90.6	244.2	14.5	2.40

6.1.4　建立产能图版

统计乾安试油层数据资料，试油以油水同层为主，单纯的油层和水层非常少，统计乾安地区试油井45口井（图6.8），基本上都是油水同出，但是油水产量高低、比例大小不同，同样是油水各半的油水同层，有的日产量达到20t左右，有的还不足0.5t，而且目前试油方式都是以压裂改造为主，有些井水的产量包含压注入的裂液，因此，水的产量并不是太稳定，如果按照常规意思上的油层、油水层、水层分区，很难分区，也难以表征储层的品质，因此根据储层的特征和含油性特征，依据油的产能对储层进行区域的划分，在此基础上，以油产量为主要参照物，建立产能类别识别图版，对储层进行了产能类别划分，见到了很好的效果，建立了储层产能的识别标准。

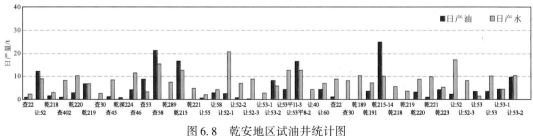

图6.8　乾安地区试油井统计图

利用已试油层的试油结论采用校正的电阻率–声波时差、校正电阻率–体积密度、校正电阻率–孔隙度加含油饱和度指示法图版，依据试油产量对储层进行分类，Ⅰ类储层自然产能大于 3t，Ⅱ类储层分两种情况，自然产能 1~3t 或压裂产能大于 3t 为Ⅱ类储层，自然产能为 0.5~1t，压裂产能为 1~3t 细化为Ⅱ₂类储层，Ⅲ类储层自然产能小于 0.5t，Ⅳ类储层是没有任何产能的干层。

乾 246 井区泉四段Ⅰ、Ⅱ砂组解释图版如图 6.9 所示。

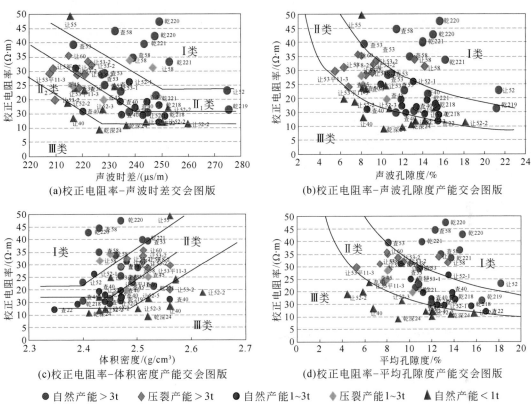

- ● 自然产能>3t　◆ 压裂产能>3t　● 自然产能1~3t　◆ 压裂产能1~3t　▲ 自然产能<1t

图 6.9　乾 246 井区Ⅰ、Ⅱ砂组解释图版

乾 246 井区泉四段Ⅰ、Ⅱ砂组解释图版建立测井解释标准见表 6.3。

表 6.3　乾 246 区块Ⅰ、Ⅱ砂组产能标准

参数	Ⅰ类产能层	Ⅱ₁类产能层		Ⅱ₂类产能层		Ⅲ类产能层
	自然产能>3t	自然产能 1~3t	压裂产能>3t	自然产能 0.5~1t	压裂产能 1~3t	自然产能<0.5t
校正电阻率/(Ω·m)	>30	20~30	25~30	15~25	20~30	>15
体积密度/(g/cm³)	<2.45	2.45~2.5	2.45~2.55	2.5~2.55	2.5~2.57	<2.55
声波时差/(μs/m)	>240	230~245	225~240	220~235	215~225	>215
孔隙度/%	>10	10~12	8~10	7~10	6~8	>5

乾 246 井区泉四段Ⅲ、Ⅳ砂组解释图版和标准分别如图 6.10 和表 6.4 所示。

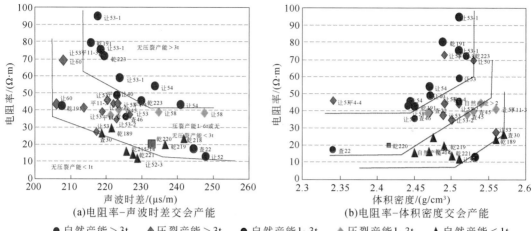

(a)电阻率–声波时差交会产能　　　　　　(b)电阻率–体积密度交会产能

● 自然产能＞3t　　◆ 压裂产能＞3t　　● 自然产能1~3t　　◆ 压裂产能1~3t　　▲ 自然产能＜1t

图 6.10　乾 246 井区泉四段Ⅲ、Ⅳ砂组解释图版

表 6.4　乾 246 井区泉四段Ⅲ、Ⅳ砂组产能标准

参数	Ⅰ类产能层	Ⅱ₁类产能层		Ⅱ₂类产能层		Ⅲ类产能层
	自然产能>3t	自然产能 1~3t	压裂产能>3t	自然产能 0.5~1t	压裂产能 1~3t	自然产能<0.5t
校正电阻率 /(Ω·m)	>40	30~40	35~50	20~30	25~35	>15
体积密度 /(g/cm³)	<2.45	2.45~2.5	2.45~2.55	2.5~2.55	2.5~2.57	<2.55
声波时差 /(μs/m)	>240	230~245	225~240	220~235	215~225	>215
孔隙度/%	>10	10~12	8~10	7~10	6~8	>5

让 70 井区泉四段Ⅰ、Ⅱ、Ⅲ、Ⅳ砂组解释图版如图 6.11 所示。

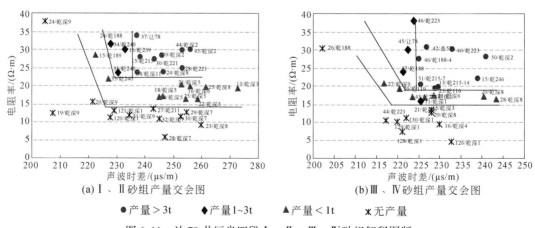

(a)Ⅰ、Ⅱ砂组产量交会图　　　　　　(b)Ⅲ、Ⅳ砂组产量交会图

● 产量＞3t　　◆ 产量1~3t　　▲ 产量＜1t　　✳ 无产量

图 6.11　让 70 井区泉四段Ⅰ、Ⅱ、Ⅲ、Ⅳ砂组解释图版

让 70 井区泉四段Ⅰ、Ⅱ、Ⅲ、Ⅳ砂组解释标准见表 6.5。

表 6.5　让 70 井区泉四段Ⅰ、Ⅱ、Ⅲ、Ⅳ砂组产能标准

砂组	参数	Ⅱ$_1$类	Ⅱ$_2$类	Ⅲ类	Ⅳ类
Ⅰ、Ⅱ砂组	校正电阻率/(Ω·m)	≥23	≥23	15~23	<15
	声波时差/(μs/m)	≥235	225~230	≥220	—
Ⅲ、Ⅳ砂组	校正电阻率/(Ω·m)	≥19	≥19	15~19	<15
	声波时差/(μs/m)	≥225	220~225	≥215	—

乾安地区含气层区域主要集中在让 70 区块北部，乾 246 区块南部，从测井曲线响应特征分析，岩性和含油层相当，录井无显示或荧光显示，电阻率曲线数值比含油层高，老井由于声波仪器为单发单收，声波曲线受含气影响严重，一般有周波跳跃的现象，声波时差数值很多，甚至多井达到 500~600μs/m，成为含气层典型特征。

乾深 2 井：第 44 号层，地层电阻率为 32Ω·m，声波时差受气的影响，产生"周波跳跃"数值达到 461μs/m，试油结果，日产油 2.9t，日产气 4.48×10^{3}m^3，日产水 1.52m^3，试油结论为气、油、水同层（图 6.12）。

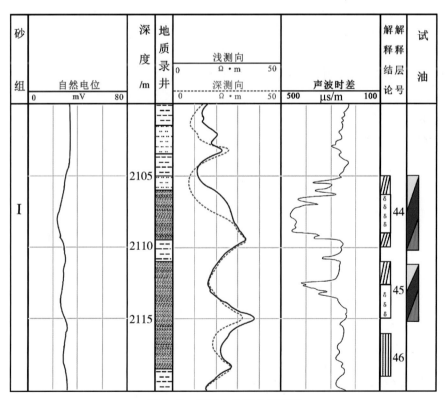

图 6.12　乾深 2 井测井曲线图

　　受声波仪器更新换代影响，目前这样的曲线特征已经不明显。但是新井一般都测量了三孔隙度曲线，补偿中子受"挖掘效应"影响，数值会偏小，这样补偿中子和体积密度在测井解释成果图上就会要一定的包络面积，显示油气水同层和油水同层。虽然电阻率、孔隙度也许相差不大，但是补偿中子的数值有一定差别。

　　乾深 11 井：第 39 号层，地层电阻率为 $23.6\Omega \cdot m$，声波时差为 $229.5 \sim 237.5\mu s/m$，体积密度为 $2.4g/cm^3$，补偿中子为 5.6%，补偿中子–体积密度有较大的包络面积，试油结果，日产油 3.51t，日产气 $32.58 \times 10^3 m^3$，日产水 $4.08m^3$，试油结论为气、油、水同层（图 6.13）。

　　乾 240 井：第 34 号层，地层电阻率为 $30.0\Omega \cdot m$，声波时差为 $224.1 \sim 232.0\mu s/m$，体积密度为 $2.4g/cm^3$，补偿中子为 10%，补偿中子–体积密度基本重合，试油结果，日产油 0.8t，日产水 $7.24m^3$，试油结论为油水同层（图 6.14）。

　　这两口井岩性、物性、电性相当，补偿中子数值相差将近一倍，因此，找到包含补偿中子和体积密度的敏感参数是识别气层的关键。

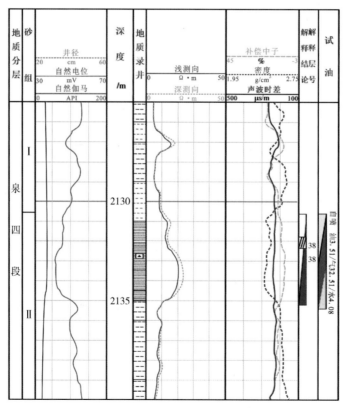

图 6.13　乾深 11 井测井曲线图

　　在老井中，声波时差对储层含气性敏感，通过建立声波–电阻率交会图版（图 6.15），对储层含气性有很好的识别作用。

　　乾 246 井区泉四段气层解释标准见表 6.6。

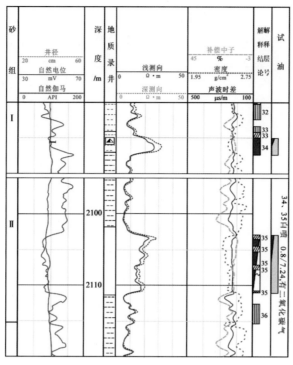

图 6.14　乾 240 井测井曲线图

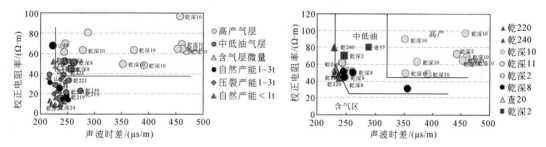

图 6.15　校正电阻率-声波时差交会图

表 6.6　乾 246 井区泉四段气层解释标准

参数	高产气层	中低油气层	含气水层
电阻率/(Ω·m)	>40	>30	>25
声波时差/(μs/m)	>300	>250	>230

在新井中，声波时差已经对储层含气性没有指示作用，从建立的电阻率-孔隙度交会图版分析，好的含油性高的油层，电阻率高，可以区分，干层孔隙度小也可以区分，油气水层、油水同层（含气），油水同层和个别高阻水层，电性、物性相当，图版分区能力弱（图 6.16）。

通过对建立的电阻率–补偿中子识别图版分析，油层电性高，中子孔隙度大，分区明显，油气水同层，补偿中子数值小分区也比较明显，其他区域分区不明显，显然单一的参数，对多种流体性质识别不是太敏感（图6.17）。

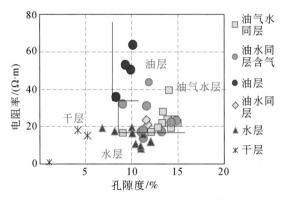

图6.16　电阻率–孔隙度交会图

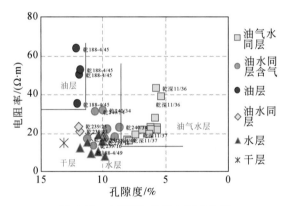

图6.17　电阻率–补偿中子交会图

如何扩大参数的敏感程度，是识别气层的关键，建立密度孔隙度和中子孔隙度差值，油气水同层、油层、油水同层含气、水层、干层都有很好的分区（图6.18）。建立电阻率

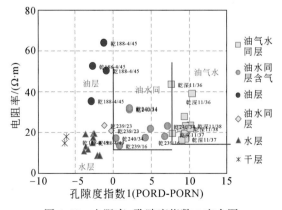

图6.18　电阻率–孔隙度指数1交会图

和体积密度孔隙度平方与补偿中子孔隙度平方的比值图版，分析交会图，分区效果很好，不仅能区分油气水同层、油层、油水同层含气、水层、干层，还能识别油气水同层，高产层和低产层也能有较好的区分（图 6.19）。

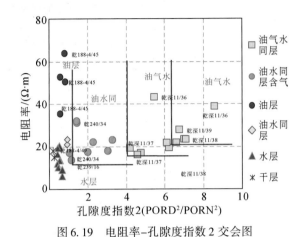

图 6.19　电阻率-孔隙度指数 2 交会图

根据图版的区分效果，建立了乾安油田油气层解释标准，见表 6.7。

表 6.7　乾安油田油气层解释标准

参数	油层	油气水层（中高产）	油气水层（中低）	油水同层（含气）	水层
电阻率/(Ω·m)	35	20 ~ 40	15 ~ 40	12 ~ 40	8 ~ 20
孔隙度/%	8 ~ 11	10 ~ 15	10 ~ 15	10 ~ 15	5 ~ 10
孔隙度差值	-3 ~ 0	7 ~ 11	7 ~ 11	0 ~ 7	-5 ~ 0
孔隙度比值	0.5 ~ 1	6 ~ 10	4 ~ 6	1 ~ 4	0 ~ 0.5

6.1.5　直井新井"七性"解释评价

致密油评价按照致密油流程对储层"七性"进行评价。

让 53-4 井：首先是岩心评价，通过储层参数计算，得知石英在 40% 左右，长石为 30%，方解石为 10%，黏土为 15%~20%，岩性为粉砂岩、细砂岩；电阻率曲线测量了侧向测井和阵列感应测井，在干层，二者数值重合，在含水层，阵列感应数值低于侧向测井，这是两种仪器原理不同造成的，含水越明显，阵列感应数值越低，从曲线特征分析，14 层、16 ~ 18 层，阵列感应与侧向数值基本重合，形态一致，数值为 50Ω·m，形态饱满，分析为油多水少的油水同层，20 ~ 22 层，阵列感应数值降低，形态有凹槽状，分析储层含水迹象明显，含水量增加；物性评价利用常规建模技术绘制孔隙度、渗透率曲线，本井 14 层顶部 20、21 层孔渗条件好，孔隙度为 10%~11%，渗透率为 0.4×10^{-3} ~$2.16 \times 10^{-3} \mu m^2$，16、22 层孔隙度在 8% 左右，渗透率为 $0.2 \times 10^{-3} \mu m^2$，储层物性稍差，而 15 层，孔隙度为 2%，渗透率小于 $0.02 \times 10^{-3} \mu m^2$，解释为干层，利用核磁提供了孔隙度、渗透率、孔隙结构指数曲线，可以更精准地反映储层物性，18、20、21 层，核磁区间孔隙组分反映储层大孔隙发育，T_2 谱在 $4 \sim 1056ms$ 均有分布，主峰出现在 $128 \sim 512ms$，中大孔发育，是本区致密油孔隙结构很好的储层，孔隙结构指数在 40 左右；16、22 层，核磁区间孔隙组分反映储层中等孔隙发育，T_2 谱在 $4 \sim 256ms$ 均有分布，主峰出现在 $16 \sim 128ms$，中等孔发育，是本区致密油孔隙结构稍差的储层，孔隙结构指数在 20 左右；通过常规和核磁对储层物性共同评价，不仅能了解储层孔渗关系，还可以对储层孔隙结构进行评价；含油饱和度利用区域建模评价，$17 \sim 21$ 层计算的含油饱和度为 40%，16、22 层计算的含油饱和度在 30% 左右；阵列声波提供了脆性、破裂压力，保障下一步工程压裂需求，本井脆性较好，其中 21 层脆性稍低，也达到了40%，其他层最小达到 50% 左右，都适宜压裂改造，17、18、19 层破裂压力很低，20 $\sim$ 22 层破裂压力稍高，最大主应力为 51MPa，最小主应力为 35MPa，主应力差比区域稍大，主应力方位近东西向稍微偏南，与区域基本相同，本井井眼稳定性良好，各向异性较弱，储层非均质性较弱，地应力方位对井眼稳定性、压裂缝走向、井位的部署提供技术支撑。

最后评价储层类别，$1954.0 \sim 1960.6m$、$1961.8 \sim 1966.8m$ 综合指数大于 250，综合评价为 I_2 类储层，$1949.0 \sim 1953.4m$、$1968.2 \sim 1971.0m$ 综合指数达到 200，综合评价为 II_1 类储层，$1966.8 \sim 1968.2m$、$1971.0 \sim 1973.0m$ 综合指数小于 100 大于 50，综合评价为 III 类储层，$1953.0 \sim 1953.6m$、$1960.6 \sim 1960.8m$ 综合指数小于 50，综合评价为 IV 类储层。

6.1.6　区域"甜点"有效分析

总体评价，1 小层和 2 小层综合指数较好，呈交互状态，让 53 区块、让 54 井区、黑73 井区、黑 87-7 井区、乾平 20 井区、乾深 2 井区综合指数较好，数值基本大于 150；东南部和东北部地区综合指数较差，数值基本都是小于 100。

1.1 小层综合指数分布特征

从 1 小层综合指数指示分布图分析，从西北部到中东部条带状综合指数较好，中部、南部综合指数较差，局部稍好，具体到主要区块，有让 53 区块、黑 87-7 井区、乾 221-4 区块、乾深 2 井区（图 6.20）。

2.2 小层综合指数分布特征

从 2 小层综合指数指示分布图分析，总体评价综合指数呈交互状态，中部、东部综合指数稍好，具体到主要区块，让 53 区块、让 70 区块综合指数稍好（图 6.21）。

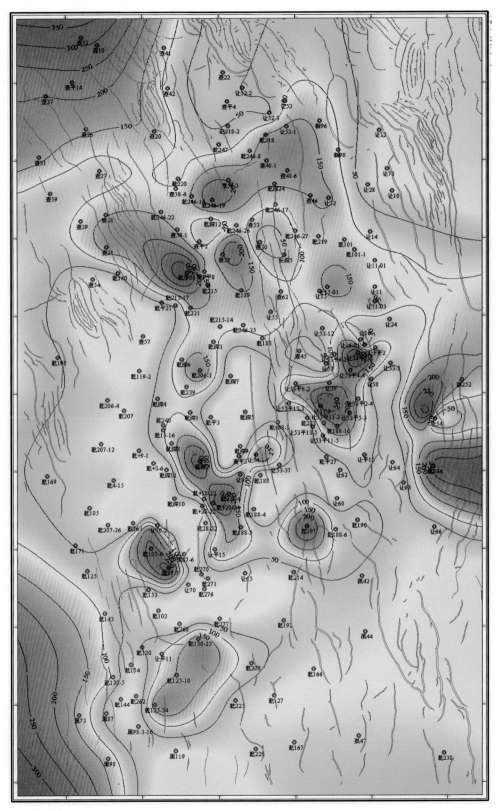

图 6.20　乾安 1 小层综合指数平面展布图

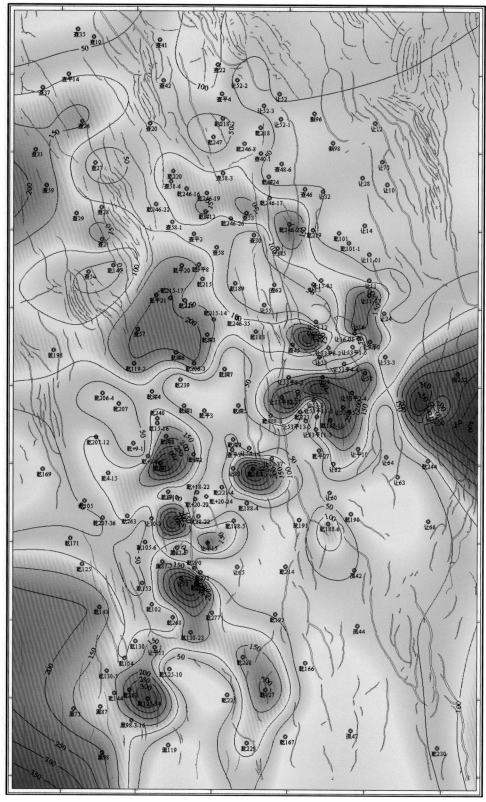

图 6.21　乾安 2 小层综合指数平面展布图

6.2　水平井解释评价

致密油储层产量低、打水平井是获得高产的重要方法，因此对水平井的处理解释评价是保障生产的关键，为此我们制定了翔实的解释流程，严格按照解释流程处理、解释、评价，保障了解释质量，保证了任务的完成。

首先通过对研究区 28 口试油井的测井曲线特征，对储层压裂、日产曲线进行了分析，对水平井特征、产能有了充分了解。

6.2.1　水平井处理解释流程

水平井解释评价，首先做的应该是水平井井眼轨迹分析，通过小区域的邻井层位对比，精细小层对比，了解砂体分布状况，制作导眼井、与目的层井砂体连线，结合本井井斜、方位曲线，可以模拟井眼轨迹在砂体中的穿行状态，在此基础上投影测井曲线的响应关系，建立井眼轨迹和测井曲线的相关性（崔秀芝等，2005）。

在此基础上进行测井资料标准化，标准化包括两个方面，一是对矿化度进行校正，二是对资料进行归一化校正。因为在水平井，测井系列比较多，有电缆测井曲线，也有随钻测井曲线，而随钻测井曲线测井系列很多，仪器型号有 LWD、NWD、CGDS172NB 等，厂家有胜利伟业、安东等，因此水平井测井曲线的标准化是处理解释的基础。

在"四性关系"的基础上，进行烃源岩评价、脆性评价和综合指数的评价，这样建立致密油储层"七性关系"评价，再依据储层"七性"评价的结果，对储层进行解释结论的修改、取值、做成果表，并对储层进行储层类别的划分，目前储层划分为四大类、六小类。下一步把成果表的点子放试油层交会图分析，如果与试油层吻合，进行下一步；不吻合，分析原因，有必要的返回曲线标准化重新处理。如果仅有随钻曲线（缺少孔隙度曲线）要参考区域物性资料，结合本井岩电关系对储层物性进行评价（赵显令等，2015）。

在处理满意的基础上，划分储层类别，进行射孔簇、射孔段的优化过程，为水平井压裂施工提供强有力的技术支撑，然后依据分类结果，对储层产能指数进行评价，预测水平井产能，为水平井提供综合建设性意见（图 6.22）。

6.2.2　建立解释图版、标准

依据水平井"七性"处理评价结果，结合试油、试采资料，优化敏感参数，分区块、分砂组建立了水平井测井解释图版和测井解释标准。

从建立的电阻率-孔隙度解释图版能划分出四类储层，但有部分重叠，运用自然伽马与含油饱和度参数（RT×POR）建立的解释图版，可以更好地区分 II 类储层，II$_1$、II$_2$ 类有较好的区分，使用综合评价指数与电阻率的图版可以很好地把储层分为四大类、六小类，图版识别性强，各区间差异明显。

（1）I、II 砂组解释图版如图 6.23～图 6.25 所示。

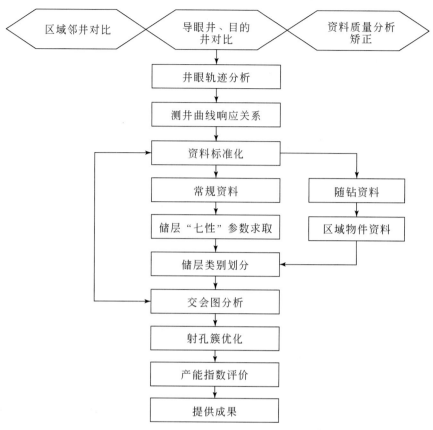

图 6.22　测井油气藏综合评价思路图

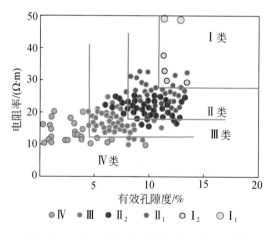

图 6.23　Ⅰ、Ⅱ砂组电阻率-孔隙度交会图

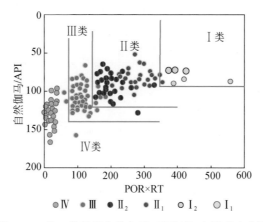

图 6.24　Ⅰ、Ⅱ砂组自然伽马-孔隙度×电阻率交会图

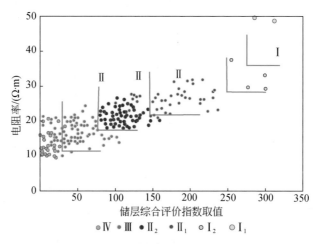

图 6.25　Ⅰ、Ⅱ砂组综合评价指数-电阻率交会图

（2）Ⅰ、Ⅱ砂组解释标准，见表 6.8。

表 6.8　Ⅰ、Ⅱ砂组水平井解释标准

类别	RT/(Ω·m)	φ/%	GR/API	CX	RB	岩性	录井显示
Ⅰ₁	>40	>12	<70	>60	>300	细砂、粉砂	油浸、油斑
Ⅰ₂	>30	>11	70 ~ 80	50 ~ 60	200 ~ 300	细砂、粉砂	油浸、油斑
Ⅱ₁	25 ~ 30	9 ~ 11	80 ~ 90	40 ~ 55	150 ~ 200	粉砂	油斑、油迹
Ⅱ₂	20 ~ 25	7 ~ 9	80 ~ 100	30 ~ 45	100 ~ 150	粉砂岩、泥质粉砂	油迹
Ⅲ	15 ~ 20	5 ~ 7	100 ~ 120	25 ~ 30	50 ~ 100	泥质粉砂、泥岩	荧光、无显示
Ⅳ	<15	<5	>120	<25	<50	粉砂质泥岩、泥岩	无显示

（3）Ⅲ砂组解释图版如图 6.26 ~ 图 6.28 所示。

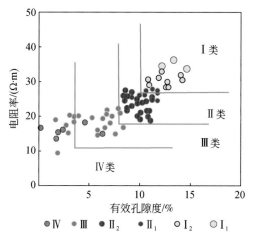

图 6.26　Ⅲ砂组电阻率–孔隙度交会图

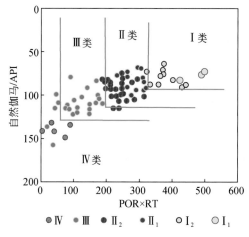

图 6.27　Ⅲ砂组自然伽马–孔隙度×电阻率交会图

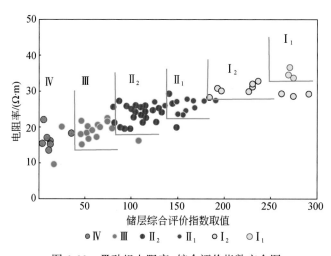

图 6.28　Ⅲ砂组电阻率–综合评价指数交会图

（4）Ⅲ砂组解释图版标准见表6.9。

表6.9　Ⅲ砂组解释图版标准

类别	RT/(Ω·m)	φ/%	GR/API	CX	RB	岩性	录井显示
Ⅰ₁	>35	>12	<70	>60	>250	细砂、粉砂	油浸、油斑
Ⅰ₂	>30	>11	70~80	50~60	180~250	细砂、粉砂	油浸、油斑
Ⅱ₁	25~30	9~11	80~90	40~55	150~180	粉砂	油斑、油迹
Ⅱ₂	20~25	7~9	80~100	30~45	80~150	粉砂岩、泥质粉砂	油迹、油斑
Ⅲ	15~20	5~7	100~120	25~30	35~80	泥质粉砂	荧光、无显示
Ⅳ	<15	<5	>120	<25	<35	粉砂质泥岩、泥岩	无显示

6.2.3　脆性与常规"四性关系"

脆性是工程施工中重要的参数，通过建立交会图分析，发现脆性与常规四性及储层类别关系密切，脆性小于20%，电阻率小于15Ω·m，孔隙度小于5.8%，含油饱和度小于15%，录井显示不含油到少量荧光，为Ⅳ类储层或非储层，目前没有开发价值。Ⅲ类储层脆性为20%~40%，电阻率小于20Ω·m，孔隙度为3%~8%，含油饱和度为15%~30%，录井显示油迹。Ⅱ类储层脆性为35%~55%，电阻率为18~25Ω·m，孔隙度为8%~11%，含油饱和度为30%~40%，含油显示基本油斑、油迹。Ⅰ类储层脆性为40%~60%，电阻率为25~50Ω·m，孔隙度大于9%，含油饱和度小于40%~60%，含油显示基本油斑（刁海燕，2013；周辉等，2014）（图6.29）。

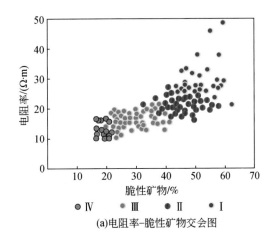

(a)电阻率-脆性矿物交会图

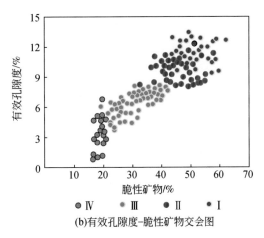

(b)有效孔隙度-脆性矿物交会图

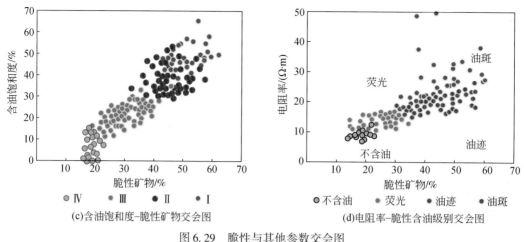

(c)含油饱和度-脆性矿物交会图　　　　　(d)电阻率-脆性含油级别交会图

图 6.29　脆性与其他参数交会图

6.2.4　水平井处理解释评价方法

地层对比分两个方面，一是小范围的多井对比，二是针对水平井目的层的砂体对比，多井地层对比是为了了解构造高低、砂体厚度和本井在区域的位置，而针对目的层的对比是为了了解井眼轨迹在导眼井和目的层的走向，以及砂体钻遇率等情况（张金才和尹尚无，2014）。

查 58-3 井泉四段从南到北纵向砂体沉积比较稳定，导眼井目的层比乾 189 井高 152m 左右，比查 58 井高 128m 左右，比查 30 井高 37m 左右，比查 53 井高 15m 左右，比查 40 井低 92m 左右。含油性较好，目的层有效厚度向北逐渐变厚。

设计目的层位于泉四段 I 砂组，导眼井与邻井对应关系较好，选取邻井进行精细地层对比，从而分析水平井轨迹与地层的位置关系，将导眼井划分出三个层段，1 层为标志层段，2、3 层为目的层段，通过对比可以看出查 40 井位于高部位，查 53 井位于低部位，与构造图所示一致。

水平井和导眼井分析，查 58-3 水平井第 20～33 层对应查 58-3 导眼井的第 14～18 层，对应关系较好，导眼井划分的三个层段，1 号标志层段对应水平井的 20～21 层，水平井 2 号目的层段 22～24、29～33 层对应导眼井 14～17 层，水平井 3 号目的层段 25～28 层对应导眼井 18 层。

根据精细地层对比结果，在顶部首先钻入 1 号标志层段，在 2055.8m 处进入 2 号目的层段（水平井第 22 层），钻到 2154.3m 左右接近 24 层底界面处钻出 2 号层段，在 2211.5m 附近钻入 3 号目的层段（水平井第 25 层），在 2545.3m 处钻出 3 号目的层段，之后在 2769.4m 处再次钻入 2 号目的层段（水平井第 29 层），目的层段砂体变化较大，设计打 3 号目的层段，但钻进过程中发现物性较差，电性较低，故上返钻入物性稍好的 2 号层。

第一段（2032.0～2091.4m），本段由标志层进入 2 层过渡段，自然伽马数值由高向低，中部夹有泥条或储层变薄，顶部泥质重、电性低、物性差，解释为差油层、中下部砂条岩性较纯，电性、脆性较高，解释为油水同层，综合评价为 II$_2$ 类储层。

第二段（2091.4～2210.4m）共 119.0m，本段 2 层到 3 层的过渡段，大约为 1.6m 的

泥质夹层，自然伽马数值较高，电性低、物性差，脆性指数较低，为 30%~40%，上部岩性稍纯，解释为差油层，综合评价为Ⅲ类储层。

第三段（2210.4~2348.2m）共 137.8m，本段沿 3 层上部通过，中上部距离边缘较远，由于 3 层本身电性较低，物性较差，脆性指数在 50% 左右，气测全烃 37.5%，与查 40 的点子基本重合，解释为油水同层，综合评价为Ⅱ₂类储层。

第四段（2348.2~2437.0m）共 88.8m，本段沿 3 层上部通过，靠近泥质夹层，电性较低，物性较差，脆性指数较低，在 40% 左右，气测无显示，解释为干层，综合评价为Ⅲ类储层。

第五段（2470.0~2546.2m）共 76.2m，本段上部沿 3 层底部，下部穿越 3 层顶部，电性较低，物性较差，脆性指数较低，为 40%~50%，气测全烃 13.04%，解释为油水同层和差油层，综合评价为Ⅱ₂类储层。

第六段（2768.2~2919.0m）共 150.8m，本段井眼轨迹平直，沿 2 层穿过，由于储层倾斜，上部稍微靠近 2 层底界面，电性较低，脆性占 40% 左右，下部穿越 2 层中部，电性较高，物性较好，脆性指数较低在 0 左右，气测全烃 13.7%，解释为油水同层，综合评价为Ⅱ₁类储层。

第七段（2919.0~2998.4m）共 79.2m，本段靠近 2 层上部界面，泥质含量重，电性较低，脆性为 20%~30%，解释为差油层，综合评价为Ⅲ类储层。

优化射孔段 11 段，射孔簇 21 簇，优化原则为：①首先是储层集中发育段，优选方案是Ⅰ类储层、Ⅱ类储层为设计射孔段的主要储层，Ⅲ类储层需谨慎，注意回避Ⅳ类储层的原则。②依据储层发育特征量身定制，封隔层尽量选取在电性低泥质含量重，脆性指数弱的泥岩层。

射孔簇选取原则：①选取电性高、物性好、脆性强、岩性纯、储层综合评价指数高，破裂压力相对低的位置。②同一射孔段内选择的射孔簇"七性"特征基本一致，特别是储层脆性大小相近，避免射孔簇压不开。③采取不等距离的方式，在储层好的井段射孔簇应该密集，不好的井段射孔簇要稀疏的方法。

3270.0~3330.0m，地层电阻率为 15~20Ω·m，孔隙度为 8%~11%，渗透率为 0.45~0.75mD，脆性在 40% 左右，综合评价指数大于 98 左右，储层分类为Ⅱ₂类储层，共设置射孔段 1 段，射孔簇 2 簇。

3000.0~3270.0m，地层电阻率在 25Ω·m 左右，孔隙度为 9%~11%，渗透率为 0.5~1.65mD，脆性为 40%~50%，综合评价指数大于 150~200，储层分类为Ⅱ₁类储层，依据储层特征设置射孔段 3 段，射孔簇 6 簇。

2770~2920m，地层电阻率为 15~20Ω·m，孔隙度为 8%~10%，渗透率为 0.35~1.02mD，脆性为 40%~50%，综合评价指数大于 100，储层分类为Ⅱ₂类储层，依据储层特征设置射孔段 1 段，射孔簇 3 簇。

2320.0~2550.0m，地层电阻率在 15Ω·m 左右，孔隙度为 4%~6%，渗透率为 0.01~0.05mD，脆性为 20%~30%，综合评价指数小于 50，储层分类以Ⅳ类储层为主，储层品质较差，没有设置射孔段、射孔簇。

2200.0~2310.0m，地层电阻率在 20Ω·m 左右，孔隙度为 8%~11%，渗透率为 0.25~0.98mD，脆性在 50% 左右，综合评价指数小于 120，储层分类以Ⅱ₁类储层为主，设置射孔段 1 段，射孔簇 3 簇（图6.30）。

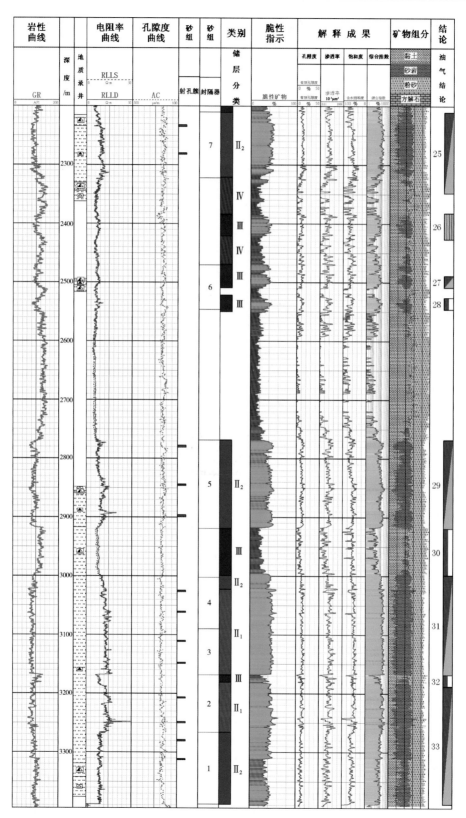

图 6.30　查 58-3 水平井射孔簇优选成果图

6.3　水平井优化选层

6.3.1　存在的问题

水平井压裂要分段压裂，因此射孔段的选取是施工压裂的基础，而射孔簇的选取尤为重要，直接影响压裂效果，早些时候，一般都是采取等距离压裂方式，后来人们意识到应用这种方式造成一些射孔簇产液差，甚至压不开的现象，即便是能完成压裂施工作业，各个射孔簇的产液量差别也是很大的，在国内外的井中都有很多这样的例子，图 6.31 中的 4口井由于测量了每个射孔簇的产量，从中发现，在井 1 中，共设置了 36 个射孔簇，其中第 24 簇，仅仅 1 个射孔簇，产量到了全井产量的 46%，13 ~ 17 簇，每簇产量约为 10%，第 27 ~ 33 簇基本没有产量。井 4 射孔簇产量稍微均等之外，其他井各个射孔簇产量也相当不均衡，因此，优化射孔簇是相当重要的，是保障产能的重要环节（马旭等，2014；张金才和尹尚先，2014）。

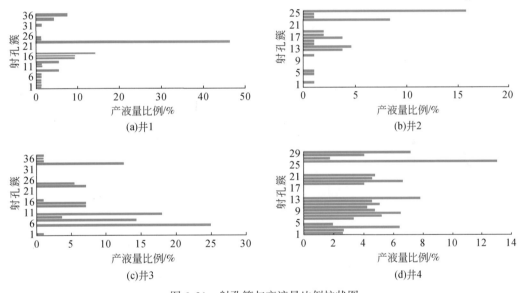

图 6.31　射孔簇与产液量比例柱状图

6.3.2　原因分析

乾安地区也存在一些压裂效果不好的层，主要表现为破裂压力高，加砂、加液量小，压裂效果差，产量低，从收集到的压裂效果不好的层分析，与地质特征关系密切，从地质特征响应特征分析，主要为以下几种类型，第一类为储层品质较差、电性低、泥质含量重，储层分类各项指标解释为Ⅲ类储层；第二类为选择的射孔段品质还不错，但是选取的射孔簇位置不当，射孔簇需要优化；第三类为实验穿层，效果不好。

1. 乾271井（Ⅲ类储层）

射孔井段 3007.0～2977.0、2538.0～2513.0m，施工排量 0.6～6.2m³/min、4.4～10m³/min，液量 493.2m³、935m³，加砂量 0、19.1m³，施工参数详见表 6.10。从下而上测井参数分别为自然伽马值 115.0API、100.0API 左右，泥质含量较重，电阻率值均为 15.0Ω·m，声波时差为 220.0μs/m、210.0μs/m，脆性分别为 18.0%、25.0%，储层综合评价指数为 36.4%、56.3%。电阻率值稍低，射孔位置在Ⅲ类储层位置。

表 6.10　乾271井压裂施工参数表

井号	射孔井段/m	施工参数						
		实际层数	排量/(m³/min)	砂量/m³	液量/m³	破裂压力/MPa	施工压力/MPa	停泵压力/MPa
乾271	3007～2977	16	5.2～0.6	0	493.2	0	56.5～64	25.6
	2538～2513		4.4～10.0	19.1	935	62.7	41.6～63.1	26.6

2. 乾250井（射孔簇位置需要优化）

乾250井的射孔井段选取均在Ⅱ类储层内，但是射孔簇位置不佳，射孔深度为 3092.0～3060.0m、2385.0～2357.0m，射孔簇位置的测井参数自下而上分别为自然伽马值 94.8API、90.0API、89.8API、100.6API，电阻率值 20.1Ω·m、29.0Ω·m、28.2Ω·m、28.7Ω·m，声波时差 206.4μs/m、208.07μs/m、209.7μs/m、210.3μs/m，脆性分别为 53.8%、56.2%、9.1%、51.2%，储层综合评价指数为 142.85%、268.78%、208.66%、142.73%。选取的射孔簇位置在储层物性不太好的位置，需要优化。施工参数见表 6.11。

表 6.11　乾250井压裂施工参数数据表

井号	射孔井段/m	施工参数						
		实际层数	排量/(m³/min)	砂量/m³	液量/m³	破裂压力/MPa	施工压力/MPa	停泵压力/MPa
乾250	3092～3060	12	7.8～6.0	4.3	1040	56.5	51～56.5	37.3
	2385～2357		6.0～4.6	0.4	454	62	59～62	20

3. 乾246-25井（射孔簇位置需要优化）

乾246-25井的射孔井段选取在Ⅱ₁类储层内，但是射孔簇位置不佳。射孔深度为 3349.0～3323.0m，射孔簇位置的测井参数自下而上分别为自然伽马值 79.01API、88.86API，电阻率值 23.0Ω·m、22.2Ω·m，声波时差 211.8μs/m、214.6μs/m，脆性 62.4%、49.7%，储层综合评价指数为 42.46%、120.04%。选取的射孔簇位置在储层物性不太好的位置，需要优化。施工参数详见表 6.12。

表 6.12　乾246-25井压裂施工参数表

井号	射孔井段/m	施工参数						
		实际层数	排量/(m³/min)	砂量/m³	液量/m³	破裂压力/MPa	施工压力/MPa	停泵压力/MPa
乾246-25	3349～3323	13	10.0～6.2	10	1140	54.5	32～54.5	17

4. 乾 246-18 井（穿层实验）

该井射孔深度为 3147.0~3112.0m，从测井曲线上看处于泥岩位置，自然伽马最低值为 140.0API，电阻率值为 10.0Ω·m，声波时差为 235.0μs/m，脆性为 18.0%，这个射孔段并未在储层内进行施工。施工参数详见表 6.13。

表 6.13　乾 246-18 井压裂施工参数表

井号	射孔井段/m	施工参数						
		实际层数	排量 /(m³/min)	砂量/m³	液量/m³	破裂压力 /MPa	施工压力 /MPa	停泵压力 /MPa
乾 246-18	3147~3112	15	8.8~6.0	20	850	52	28~52	23

5. 乾 246-14 井（无孔隙度曲线不能判断物性）

该井射孔深度为 3158.0~3113.0m，从测井曲线上看选取的施工位置在Ⅱ类储层。该射孔段上部自然伽马值为 75.0API，电阻率值为 22.0Ω·m，岩性较纯，电性较高，匹配关系较好，但是由于老井未测孔隙度曲线所以不能判断储层的物性特征。施工参数详见表 6.14。

表 6.14　乾 246-14 井压裂施工参数表

井号	射孔井段/m	施工参数						
		实际层数	排量 /(m³/min)	砂量/m³	液量/m³	破裂压力 /MPa	施工压力 /MPa	停泵压力 /MPa
乾 246-14	3158~3113	13	8.0~5.8	23	914	52	27.3~52	14.9

6.3.3　工程参数与测井参数分析

依据储层特征，乾安扶余油藏储层的有效性和储层电阻率、孔隙度、脆性指数、岩性有密切关系，在此基础上，构建测井综合参数 RA，建立射孔簇有效性评价标准。

$$RA = f(RT, POR, CXKW, GR) \tag{6.1}$$

式中，RT 为电阻率；POR 为孔隙度；CXKW 为脆性指数；GR 为自然伽马曲线。

利用施工参数和监测参数对压裂效果分析，依据分析结果，液体注入总量、加砂量、破裂压力等参数反映施工效果好，监测资料目前主要为微地震压裂缝监测和示踪流量监测，从中选取排量基本相当的井段，通常意义上，好的储层，在相同排量的基础上，构建压裂效果参数 RB 作为压裂有效性工程指示参数。

$$RB = f(FAC, VS, VY, VSZ, PAM, SZ) \tag{6.2}$$

式中，FAC 为检测压裂缝长度；VS 为加砂量；VY 为注入液体量；PAM 为破裂压力；SZ 为示踪液流量。

利用测井综合参数和监测参数（微地震、示踪）建立交会图版分析，从测井综合参数与裂缝长度相关分析，呈正相关；从测井综合参数与示踪流量相关分析，呈正相关（图 6.32、图 6.33）。

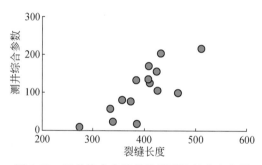

图 6.32　测井综合参数微地震裂缝长度交会图

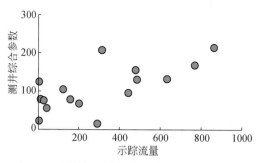

图 6.33　测井综合参数与示踪流量相关性分析

工程指示参数和监测参数（微地震、示踪）建立交会图版分析，工程参数与微地震长度、示踪流量呈正相关（图 6.34，图 6.35）。

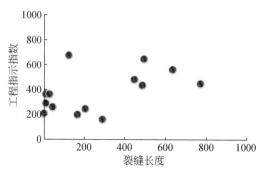

图 6.34　工程指示参数微地震裂缝长度交会图

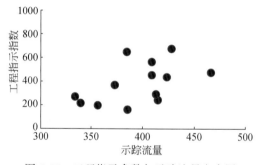

图 6.35　工程指示参数与示踪流量交会图

测井综合参数与工程指示参数建立的交会图版分析，测井综合参数和工程指示参数相关性很好，相关系数大于 0.7，因此，优选测井参数好的井段或者簇进行施工压裂改造，能避免无效储层的压裂，减少施工费用，达到最佳效果（图 6.36）。

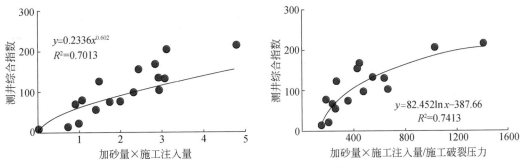

$y = 0.2336x^{0.602}$
$R^2 = 0.7013$

$y = 82.452\ln x - 387.66$
$R^2 = 0.7413$

图 6.36　测井综合参数与工程指示参数交会图

6.3.4　优化原则

致密油通常都需要进行大型压裂改造才能获得产能，国内外的资料显示，选取的射孔簇产液量并非均质的，大部分射孔簇产液量很低甚至为无效射孔簇，没有达到压裂效果，如何优化射孔簇，成为生产急需解决的难题。

射孔段选取原则：

①首先是储层集中发育段，优选方案是Ⅰ类储层、Ⅱ类储层为设计射孔段的主要储层，Ⅲ类储层需谨慎，注意回避Ⅳ类储层的原则。②依据储层发育特征量身定制，封隔层尽量选取在电性低、泥质含量重、脆性指数弱的泥岩层。

射孔簇选取原则：

①选取电性高、物性好、脆性强、岩性纯、储层综合评价指数高，破裂压力相对低的位置。②同一射孔段内选择的射孔簇"七性"特征基本一致，特别是储层脆性大小相近，避免射孔簇压不开。③采取不等距离的方式，在储层好的井段射孔簇应该密集，不好的井段射孔簇要稀疏的方法。

6.3.5　实例分析

目前，在乾安地区水平井射孔簇的选取，还是有一些需要改进的地方，如乾 F 平 8 井（图 6.37）射孔段第一段选取的储层上部泥质含量重，而下部储层物性差，可以舍弃。2~4 段储层分层较多，可以适量少选取射孔簇。5~9 段、11~13 段储层品质良好，脆性高，很适于压裂，可以把射孔簇加密，从而取得更好的压裂效果。而 10~11 段，泥质较重，射孔簇可以稀疏些，减少工程的投入，从而降低成本。

乾 271 井原射孔点为 16 段，射孔簇为 37 簇，优化为射孔段 11 段，射孔簇 25 簇 3180.0~3500.0m、2590.0~2670.0m，储层品质好，储层类别为Ⅱ₁类储层，射孔簇可以密集些，而中部 2900.0~3170.0m，泥质重，电性低，储层脆性低，品质差，不设立射孔簇（图 6.38）。

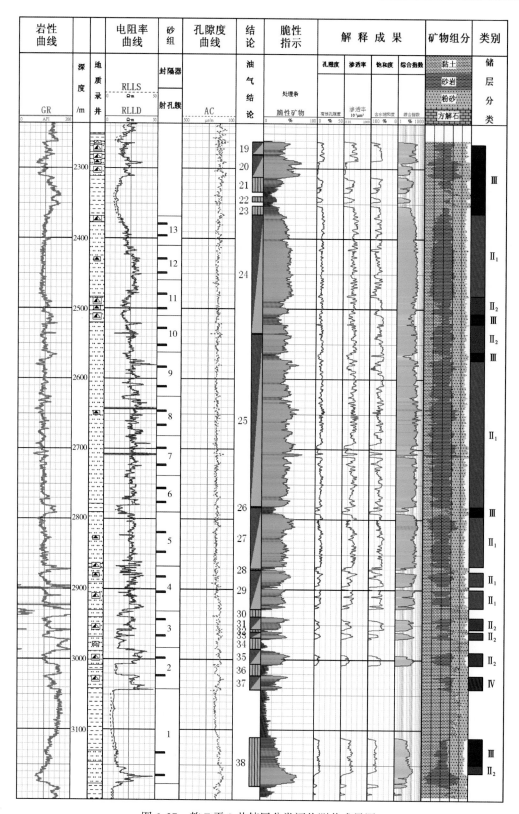

图 6.37　乾 F 平 8 井储层分类评价测井成果图

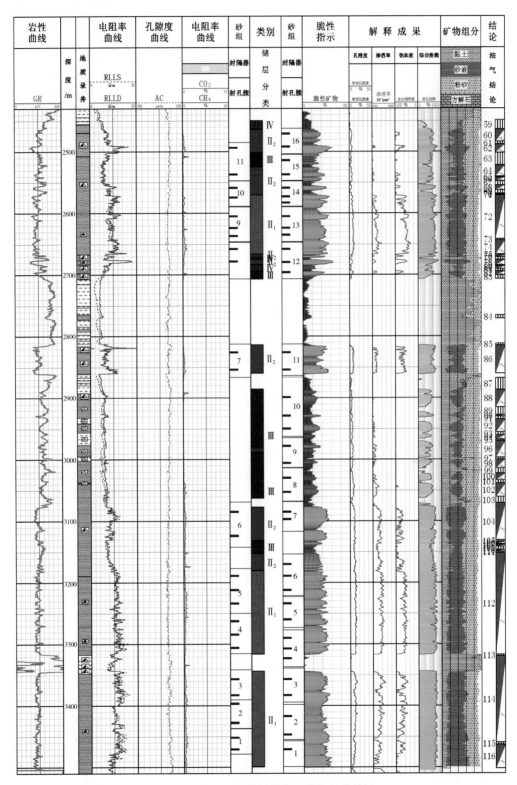

图 6.38　乾 271 井储层分类评价解释成果图

6.4　水平井产能预测技术

水平井产能高低，在测井曲线上还是有迹可循的，通过分析，发现高产能井在测井曲线的特征与计算的储层参数有很好的对应关系，与评价的储层分类有很好的响应特征。

6.4.1　不同产能层特征分析

1. 查平 3 井

查平 3 井是研究区产能较高的井，统计了 2014 年 8 月到 2016 年 2 月 18 个月的生产记录，从日产曲线分析，最初 3 个月，日产油量在 30~40t，2014 年 11 月到 2015 年 11 月，基本稳定在 10t 左右，是初期产量较高，稳产时间较长的井（图 6.39）。

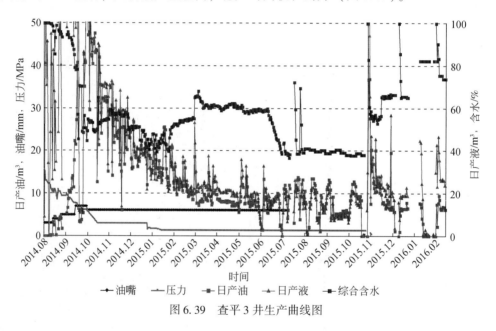

图 6.39　查平 3 井生产曲线图

从测井曲线响应特征分析，2150.0~2400.0m，自然伽马数值在 100API 左右，岩性较细，中部岩性较纯，地层电阻率较高，数值为 25~30Ω·m，但是计算的孔隙度较差，孔隙度在 8% 左右，渗透率为 0.05~0.55mD，脆性为 40%~50%，综合评价指数大于 100，储层分类上下为 III 类，中部较好为 II$_2$ 类。

2400.0~2800m，厚度为 400.0m，自然伽马数值小于 80API，岩性较纯，地层电阻率较高，数值为 30~40Ω·m，但是计算的孔隙度好，孔隙度为 10%~12%，渗透率为 0.64~12.42mD，脆性为 50%~55%，综合评价指数大于 250，这一段是储层品质很好的储层，综合评价为 I$_2$ 类储层，是本井高产的原因。

2800.0~3020.0m，厚度为 220.0m，这一段岩性纯、电性高，自然伽马数值小于 80API，地层电阻率较高，数值为 40~60Ω·m，但是物性比上段差，孔隙度为 7%~8%，渗透率为 0.04 ~ 0.34mD，脆性为 40% ~ 50%，综合评价指数在 150 左右，综合评价为 II$_1$ 类储层，是仅次于上段建产的储层。

3020.0 ~ 3320.0m，厚度为 300.0m，储层泥质含量重，地层电阻率低，数值为 10 ~ 15Ω·m，物性差，孔隙度小于 5%，渗透率为 0.01 ~ 0.02mD，脆性在 20% 左右，综合评价指数小于 50，综合评价为 IV 类储层，没有压裂。

纵观查平 3 井，有效的产能段为 2400.0 ~ 2800m、2800 ~ 3020m，共 620m，储层有效厚度并不是太厚，但是储层品质好，综合评价达到 I$_2$ 类储层标准，因此获得较高产量。

2. 乾 246-13 井

乾 246-13 井是研究区产能较低的井，统计了 2015 年 8 月到 2016 年 2 月 6 个月的生产记录，从日产曲线分析，日产油量为 2 ~ 5t（图 6.40）。

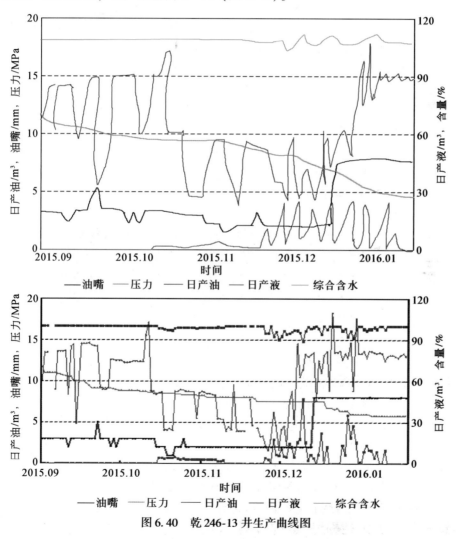

图 6.40 乾 246-13 井生产曲线图

从测井曲线响应特征分析，储层发育非均质强，上部为 2090 ~ 2570m，电阻率数值较低，岩性较纯，数值为 15Ω·m，孔隙度在 10% 左右，渗透率在 0.65mD 左右，脆性为

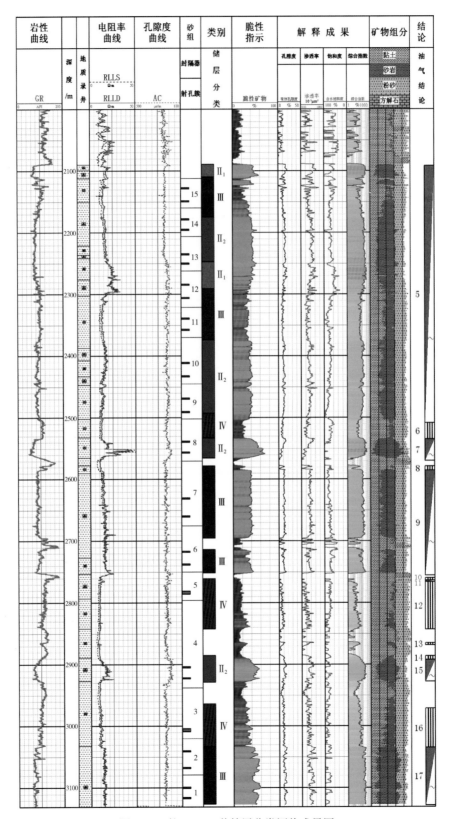

图 6.41　乾 246-13 井储层分类评价成果图

30%~50%，综合评价指数大于100，储层以 II_2 类为主，厚度在200m左右，II_1 类储层厚度在60m左右，III类储层厚度为160m，2570~3030m 储层以 III、IV 储层为主，局部在2885~2930m有55m II_2 类储层，整体评价储层电性低、泥质重、物性差，储层不发育。由于地质特征差，导致产能低（图6.41）。

6.4.2　有效厚度指数评价法

以上分析可以得出，储层产能和储层类别、有效厚度两方面都有密切关系，储层 I、II 类厚度大，压裂效果好，储层产量高，储层如果以 I 类储层为主，厚度达到一定规模，集中压裂，也可以获得很高的产能，从储层类别划分入手，计算储层有效厚度，建立产能指数的方法，是预测产能的有效手段。

$$RBH = a_{1-i} \sum_{j=1}^{n} H_{(\text{class}_j)} \tag{6.3}$$

式中，RBH 为有效厚度产能指数；H 为厚度；a 为储层类别。

6.4.3　建立产能解释图版

通过建立有效厚度指数与单井稳定的产能图版，两种相关性良好，相关系数达到了0.7469，尝试用上面的方法对新测量的井进行产能预测，符合率达到80%（图6.42）。

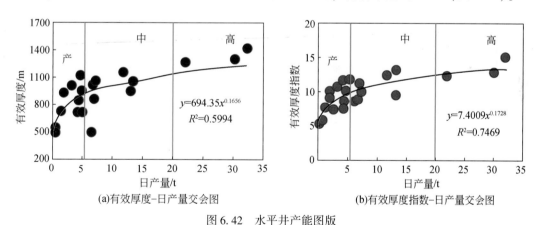

(a)有效厚度-日产量交会图　　　　(b)有效厚度指数-日产量交会图

图 6.42　水平井产能图版

6.4.4　新井产能预测

1. 乾 188-43 井

储层集中发育，2500.0~3180.0m，解释储层基本以 II_1 类储层为主，II_1 类储层厚度达到576.4m，II_2 类储层69.0m，III类储层达到62.2m，优化射孔段11段、射孔簇23簇，储层有效长度为912.2m，有效长度指数为12.37，产能预测大于25t，为高产层。

2. 让 54-14 井

储层集中发育，上部、中部储层均质性好，下部储层均质性较差，2350.0~3110.0m，储层发育，如表 6.15 所示，储层 I_2 类储层厚度为 382.0m，II_1 类储层厚度为 351.4m，II_2 类储层厚度为 212.6m，III 类储层厚度为 114.8m，IV 类储层厚度为 52.6m，压裂井段 2350.0~3450.0m 施工井段 1100.0m，有效长度为 1561.1m，有效长度指数为 14.19，优化射孔段优化射孔段 14 段、射产能预测大于 25t，为高产层。

3. 乾 246-17 井

储层上部均质性较差，下部储层均质性较好，2070.0~2600.0m，储层不发育，解释以 III 类储层为主，只在 2360.0~2440.0m，长度 80m 解释为 I 类储层，下部 2600.0~3120.0m，储层发育，解释以 I、II 类储层为主，压裂井段 2080.0~3120.0m 施工井段 1040m，有效长度为 1261.1m，有效长度指数为 12.02，优化射孔段 12 段，射孔簇 24 簇，产能预测大于 20t，为高产层（图 6.43）。

4. 乾 246-25 井

储层均质性好，2260.0~3370.0m，整体解释以 II 类储层为主，在 3100.0~3250.0m 电性低，泥质含量重，解释为 III 类储层，压裂井段 2260.0~3360.0m 施工井段 1100.0m，有效长度为 1210m，有效长度指数为 11.98，优化射孔段 16 段、射产能预测大于 20t，为中高产层（图 6.44）。

通过对以下 8 口井进行产能预测（图 6.45），其中乾 188-43 井、让 54-14 井、让 80 井预测产能为高产井，查 G 平 11 井、乾 206-5 井、乾 28-19 井为中低产井，乾平 16 井、乾 218-2 井预测产量低（表 6.16）。

表 6.15　产能预测数据表

井名	储层厚度/m					施工井段		射孔段厚度/m	有效厚度/m	有效厚度指数	产能预测/t
	I_2	II_1	II_2	III	IV						
查 G 平 11	67.6	192.8	435	119	226.2	2360	3340	980	918.9	9.38	5
乾平 16			691	394		2300	3400	1100	888	8.07	<5
乾 206-5			747.8	110.2		2300	3140	840	802.9	9.56	5
乾 188-43		576.4	69	62.2	197.6	2400	3180	780	964.7	12.37	>25
让 54-14	382	351.4	212.6	114.8	52.6	2350	3450	1100	1561.1	14.19	>25
让 80		469.2	523.6	30.6		2373	3395	1022	1242.7	12.16	>25
乾 218-2		90.8	399	287.4	135.4	2013	2922	909	678.9	7.47	<5
乾 28-19			913.4	136.4	28.6	2280	3350	1070	981.6	9.17	5

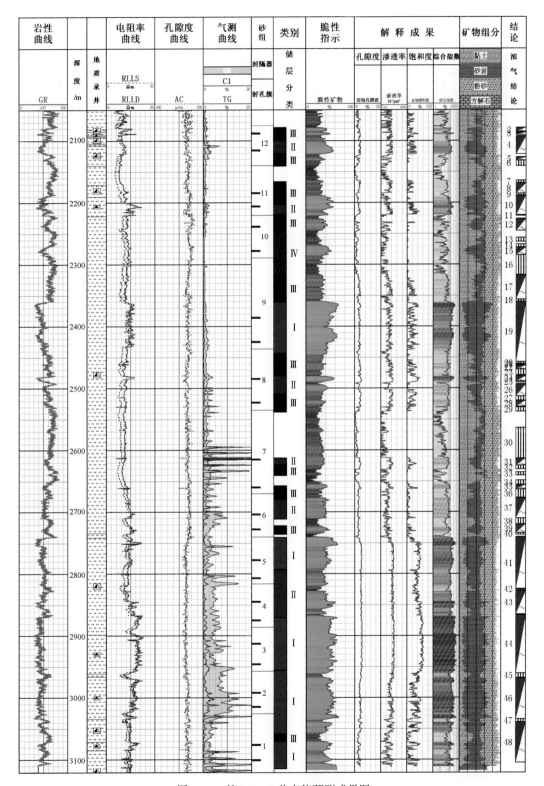

图 6.43 乾 246-17 井产能预测成果图

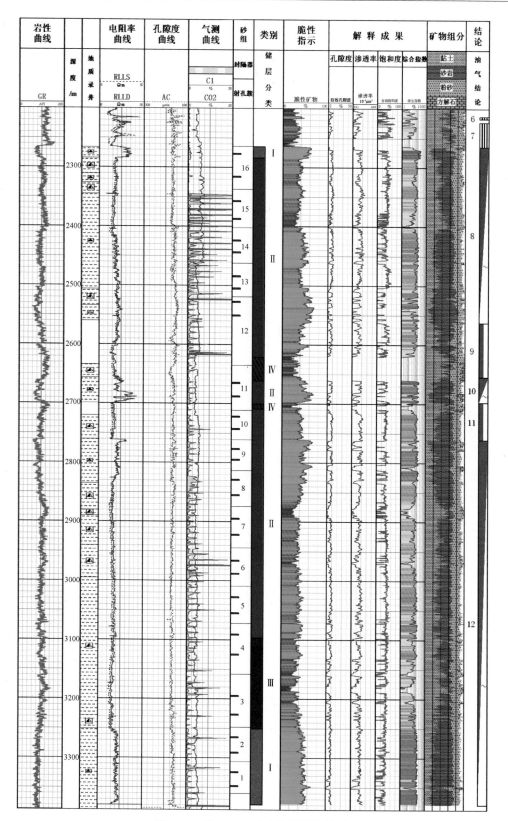

图 6.44　乾 246-25 井产能预测成果图

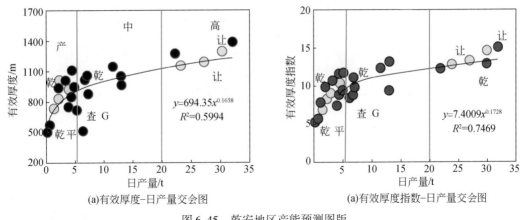

图 6.45　乾安地区产能预测图版

6.5　建　　议

（1）通过对乾安地区储层岩性、物性特征研究发现：乾安地区为上生下储类油气藏，岩性主要为砂岩、细砂岩，储层横向变化较快，孔隙结构差异较大。下部地层压实作用较强，为致密储层。岩性、成岩作用控制储层物性分布。分层位分地区建模能够很好地提高解释精度。

（2）气层对水平井识别尤为重要，通过建立测井常规资料、试油资料、阵列声波、核磁资料等，建立交会图版、纵横波比值法、泊松比-体积密度法、核磁孔隙度-密度孔隙度等方法对气层进行识别。

（3）核磁测井不仅能了解储层孔隙结构特征，通过差谱、移谱、构建水谱，总结气层、油层、水层核磁 T_2 谱和移谱测井响应特征，对储层含油气性特征也有良好的指示作用，目前，测井工程施工手段有明显的提高，水平井传输核磁已经顺利完成，在重点井可以加测核磁项目，是了解储层品质特征的有效手段。

（4）通过区域老井标准化和储层"七性"评价，分小层建立电阻率、孔隙度、渗透率、含油饱和度、自然伽马、脆性、渗透砂岩厚度、储层综合指数、"甜点"分布指数等空间展布图，综合在一起就形成精准的油藏剖面图，对井网部署提供了强有力的技术支持。

（5）不同的射孔簇压裂效果相差很大，乾安地区的射孔段、射孔簇的设置还有可以改进的地方，依据各井的实际情况，按照射孔段、射孔簇选取原则和方法，量身定制压裂射孔簇、射孔段，是保障产能的关键环节。

（6）通过建立储层分类的方法，目前对水平井储层分为四大类、六小类，利用创建的水平井有效厚度指数的方法，对水平井产能预测，是目前比较好的预测方法，可以规模应用。

（7）地应力大小、方向对裂缝的走向和延伸有重要的作用，通过实验分析得知，水平井最有利井眼轨迹方位应该为垂直最大水平主应力，并与之呈 15°～30°，为压裂造缝的最佳角度，了解钻探井地应力大小及方位，是保障裂缝压裂效果的关键因素。

第7章 致密油"甜点"地震处理与解释技术

扶余油层的储层特征为三角洲平原—三角洲前缘相沉积，砂体横向连通差，纵向叠置，平面上形成大面积连片的砂体。其致密油储层以砂泥岩薄互层为主，砂体纵横向交错叠置、横向连通性差、泥岩隔层薄、砂泥岩的波阻抗差异小，导致砂、泥岩地震反射特征对应关系差、纵横向分辨砂泥岩困难。因此，在地震上采用地震预测的精细处理技术和地震综合解释技术。地震预测的精细处理技术包括保幅拓频处理技术、精细构造成像技术、AVO 技术、井震联合处理技术、叠前时间偏移技术和相位处理技术等。地震综合解释技术包括基于水平井的精细构造解释技术、精细储层预测技术和地震叠前反演裂缝及应力预测技术。

7.1 扶余油层致密油地震预测研究

7.1.1 扶余油层致密油地震地质特点

本专著对象是以松辽盆地南部扶余油层致密油藏为主，研究的范围主要针对近五年准备提交三级储量区（让 53—让 54 区块、乾 246—让 70 区块），总面积为 560km²，三维地震全覆盖，包括本次提交探明储量的乾 246 区块，扶余油层埋深 1800~2300m。

扶余油层具有"满盆含砂"的特征。其中泉四段 Ⅰ、Ⅱ 砂组为三角洲前缘相带，砂地比一般为 20%~50%，表现"泥包砂"特点；泉四段 Ⅳ、Ⅲ 砂组为三角洲平原相带，砂体发育，砂体面积近 1.5 万 km²，砂地比一般为 45%~60%；中央拗陷区砂体累计厚度一般为 20~60m，砂地比一般为 35%~60%。大面积连片分布的砂体是形成规模致密油藏的关键因素。属于"砂包泥"情况，河道砂叠置复杂、泥岩隔层薄（3~5m），由于受 T_2 强反射"屏蔽"影响，扶余油层对应地震特征表现为同相轴连续性差、低频、低能，空间叠置关系复杂，砂泥岩的纵波阻抗差小，导致储层预测难，制约了扶余油层致密油勘探开发及有效动用。

7.1.2 致密油地震综合预测难点

（1）松南扶余油层致密油储层以砂泥岩薄互层为主，砂体纵横向交错叠置，横向连通性差，泥岩隔层薄，砂泥岩的波阻抗差异小，地震分辨率有限，导致砂、泥岩地震反射特征对应关系差，纵横向分辨砂泥岩困难；储层致密且非均质性强，储层的识别难度大（图 7.1）。

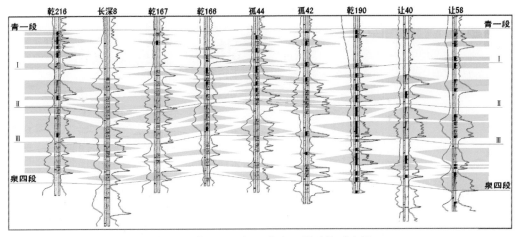

图 7.1 乾 216—让 58 井泉四段砂体对比图

（2）研究区内扶余油层地震主频为 40～50Hz，平均主频为 45Hz，地震资料分辨率从理论上讲，可以预测厚度为 1/8～1/4 波长，那么实际钻井揭示砂岩速度为 4545m/s，层间的泥岩速度为 3800m/s，扶余油层平均层速度为 4200m/s，由此推算出地震资料分辨率为 23.3～11.7m，而实际的扶余油层单砂层厚度为 2～10m，目前地震的分辨率远满足不了扶余油层储层厚度预测的要求。

（3）致密油区跨越多个地震工区，不同工区间地震资料采集年度、施工参数（覆盖次数等）、地表条件及处理方法等不同，造成不同地震工区间的频率、振幅及信噪比都存在较大差异，工区边界受覆盖次数及边界效应影响，信噪比低，构造不落实、储层预测效果差，直接影响构造及储层预测成果的精度（图 7.2）。

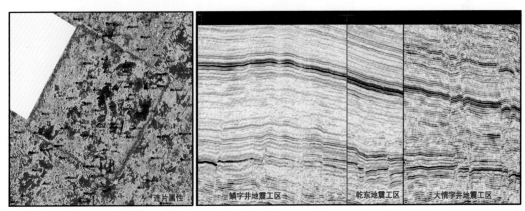

图 7.2 地震工区之间存在闭合差、频率、振幅等差异

（4）Ⅰ、Ⅱ砂组单砂层薄，厚度为 2～8m，由于储层紧邻 T_2 时代界面，受 T_2 低频强反射屏蔽的影响，使扶余油层对应的地震剖面呈现空白或弱反射特征，储层信息被 T_2 低频强反射能量掩盖，导致Ⅰ、Ⅱ砂组储层识别难度大（图 7.3）。

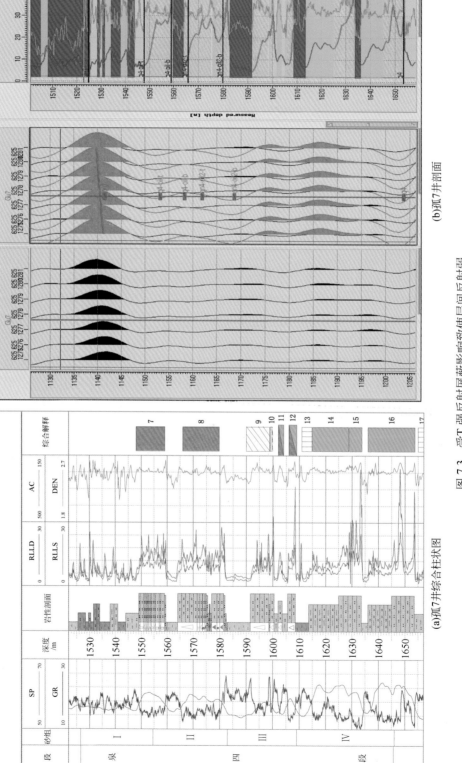

(a)孤7井综合柱状图

(b)孤7井剖面

图7.3　受T₂强反射屏蔽影响致使层间反射弱

（5）Ⅲ、Ⅳ砂组砂岩发育，砂岩厚度4~10m，砂体间纵横向交错叠置、横向变化快，泥岩隔层薄，泥岩厚度多数在2~6m，造成地震波垂向干涉现象严重，井震对应关系差，地震反射轴交叉叠置，无统一的砂组界面可追踪，开时窗提取属性穿层严重，地震平面属性很难揭示河道展布规律。

（6）该区扶余油层砂泥岩的纵波阻抗差小，导致常规递推纵波阻抗反演分辨率较低。横向分辨率受地震振幅的强弱变化控制，同相轴叠置复杂无法揭示储层分布，导致基于地震振幅变化的纵波阻抗反演在识别岩性和储层中存在着很大的局限性，纵向上地震无法识别单砂层。

（7）以往的构造和储层刻画精度很难满足水平井部署和钻探需求，水平井是针对某一单砂层进行钻探，精准预测井轨迹储层的横向变化及砂层的横向构造趋势变化是保障水平井钻遇率的关键。以往针对直井部署，构造精度误差行业标准达到3‰以上即可，储层预测定性刻画砂体或储层的有无即可。而水平井部署和钻探，需要准确落实砂体的有无、准确预测砂体顶底界面的构造深度和沿井轨迹方向砂体的横向变化；必须准确预测井轨迹方向有无小断层、小幅度构造；水平井轨迹方向目标砂层倾角的变化；最关键的是刻画单砂层的变化。因此，为确保水平井部署和钻探的成功，必须提高构造和储层预测成果的精度，即寻求纵横分辨率高和储层识别能力强的反演技术和方法（图7.4）。

（8）还需要开展岩石脆性、裂缝及应力预测，为水平井部署方向、水平井网井距和后期水平井压裂提供工程参数。

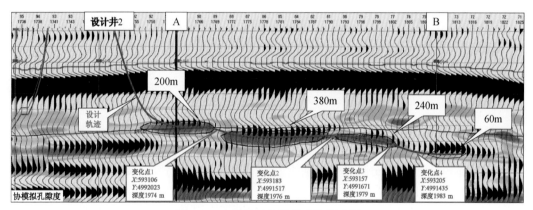

图7.4 水平井轨迹追踪砂体示意图

7.1.3 致密油地震预测研究思路及研究内容

通过以上针对致密油储层特点及难点的分析，首先制定处理解释一体化攻关思路（图7.5），重点突出处理解释一体化、地震地质一体化、突出技术的针对性、适用性和有效性，突出成熟技术与新技术结合，突出研究工作的精细。为此，2012~2017年针对扶余油层复杂的油藏实际情况，先后开展了"让字井斜坡带有利河道砂体地震预测方法攻关""松南中浅层地震资料精细目标处理技术攻关""扶余油层致密油储层'甜点'预测技术研究与应用""扶余油层致密油地震精细目标处理技术攻关"等专项课题的研究。

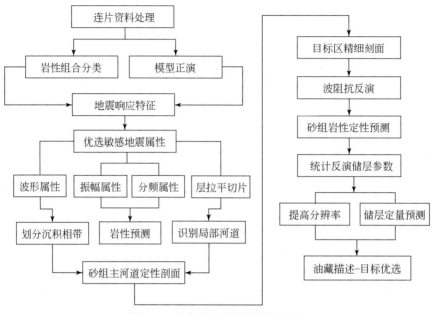

图 7.5　致密油地震预测研究思路

主要研究内容：

（1）地震拓频保幅处理、去 T_2 低频强屏蔽处理、井控处理、叠前道集优化处理、合理的连片处理技术研究，提高工区边界的信噪比，减小工区间的差异，提高地震纵横向分辨率，突出储层地震特征。

（2）精细构造解释和速度建模技术研究，落实层间小断层和微幅度构造，提高构造成图精度。

（3）模型正演技术研究，通过模型正演建立各类储层不同岩性组合的地震响应特征，为优选敏感地震属性定性刻画储层的平面展布奠定基础。

（4）提高储层纵横向分辨率和识别能力的反演技术方法研究，提高扶余油层薄互层储层的识别精度，满足水平井部署和钻探需求。

（5）叠前各向异性预测技术研究，为水平井部署方向和后期压裂提供岩性脆性、裂缝和应力参数。

（6）深入研究水平井轨迹设计技术及现场综合地震导向技术，为水平井具有较高的储层钻遇率和油层钻遇率奠定基础。

7.2　致密油地震预测的精细处理技术

7.2.1　存在的问题

（1）扶余油层 Ⅰ 砂组呈地震弱反射特征，结构不清楚。受 T_2 强反射屏蔽的影响，产生波场干涉现象,即所谓 T_2 对弱反射的 "屏蔽" 作用,薄互层在地震数据上面的地震响应,表现为强振幅横向振幅和相位一致性的变化,或者表现为频率降低或者主轴旁边有 "复波" 特征。所以扶余油层 I 砂组的处理重点是消除 T_2 强反射对其干涉、屏蔽的影响,突出储层或河道砂体的真实地震响应特征。

(2) 原处理成果保幅性差,目的层信噪比低,横向空间振幅特征难以揭示储层变化,攻关处理中,进行保真保幅处理,提高目的层的信噪比,恢复储层空间振幅特征。

(3) 常规处理成果分辨率低,扶余油层的 I 砂组 "复波" 不明显,原处理成果主频为 40 ~ 50Hz,只能识别 10 ~ 15m 的砂层组,还无法识别 2 ~ 8m 的单砂体,挖掘地震资料的最大分辨潜力并保持振幅特征不失真,也就是如何在保幅前提下最大限度地提高分辨率是处理的攻关内容之一。

7.2.2　针对储层预测的保幅拓频处理技术

吉林探区扶余油层是典型的低孔低渗致密储层,地震资料上很难分辨几米厚的薄互层砂体,另外为了使得 I 砂组准确成像,地震资料处理需要研究的内容包括储层地震响应特征研究与认识、分析评价地震储层预测分辨潜力、保幅拓频处理技术研究及应用、如何消除波场干涉影响等。

地震分辨率只有 1/4 波长,实际研究区扶余油层地震主频一般在 40 ~ 50Hz,平均为 45Hz,层速度一般在 4200m/s 左右,理论上能分辨厚度约为 23m 的储层,如果拓展一下,按照 1/8 波长作为极限分辨率的话,也只有 11.5m,这也是进行地震资料处理中要求提高纵向分辨率的原因之一。扶余油层是典型的低孔低渗致密储层,根据井震标定,确定扶余油层 I 砂组储层发育的地震响应特征是 "复波" 特征。所以针对扶余油层的薄互层处理的思路就是采用有效的保幅拓频技术来提高地震数据分辨能力和突出 "复波" 特征,以提供有利于刻画薄层砂体和进行有效储层预测的处理成果。

常规处理采用地表一致性反褶积串联其他反褶积后可以隐约看到地震剖面上的 "复波" 特征,进行追踪解释困难,属性分析储层预测的效果也不够理想,叠后进一步提高分辨率后频带有所展宽,主频有所提高,但是与井的吻合度略差,保幅性不够。共反射点道集 (简称 CRP 道集) 还保留偏移距或者方位角等更多信息,而且绕射波、断面波已经收敛和归位,在 CRP 道集上处理方案更多,效果也好于叠后处理,如采用高密度速度拾取与高阶动校正、动校拉伸补偿等技术改善同相叠加效果。在 CRP 道集上进行保幅拓频处理见到了较理想的效果,针对扶余油层薄互层拓频试验表明:CRP 道集反 Q 滤波能够提高主频,但压制了低频;CRP 道集谱白化或者脉冲反褶积处理,可以提高主频,有效展宽频带,但对振幅相对关系保持较差;CRP 道集调和反褶积提高了主频,但有效频带展宽较小;CRP 道集多道预测反褶积提高主频,展宽有效频带,振幅相对关系保持较好,而且 "复波" 特征最清楚,如图 7.6 所示,振幅属性横向变化与井揭示的砂岩薄厚变化趋势吻合度较高,属性横向变化细节很丰富。

T_2 是强反射, I 砂组砂薄,砂地比低,受 T_2 强反射 "屏蔽" 影响,储层地震响应特征不明显,地震目的层段的主频约 45Hz,扶余油层地震反射特征不明显, T_2 以下呈弱

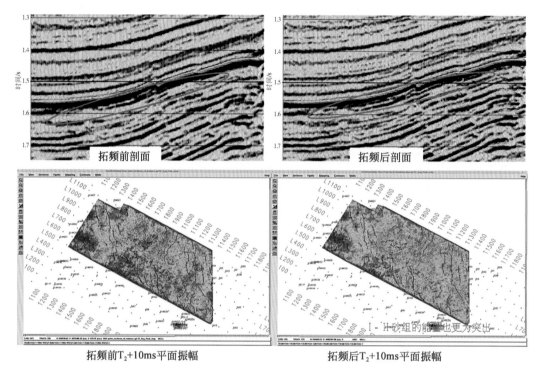

图 7.6　拓频处理前后地震剖面、平面属性对比图

反射或空白反射。除了应用叠前串联反褶积突出"复波"特征，还应用了高精度速度建模、各向异性偏移等方法，对薄互层的弱反射成像也有一定帮助。此外，还可以采用常规速度分析、剩余速度分析、四维百分比偏移速度扫描等方法综合进行速度建模，并采用高精度各向异性偏移方法，在成像细节上，层间的连续性和能量有所改善，这样细微的变化对薄互层的储层反演也大有裨益。

　　总体来看，通过研究分析认为原来地震成果扶余油层存在两个制约储层预测的关键问题：一是 T_2 低频强反射屏蔽影响，导致扶余油层反射能量弱，频带窄，分辨率低；二是地震反射同相轴叠置关系复杂，从而制约储层预测的准确性。经过大量深入研究，明确以消除 T_2 强反射屏蔽影响突出层间能量、保幅拓频为处理核心目标，在此基础上经过大量分析研究、处理试验确立针对性技术对策：采取叠前分频噪声衰减技术压制了噪声，提高资料的信噪比、保幅、保低频；应用地表一致性两步法反褶积拓宽有效频带宽度；叠后采用调谐反褶积进一步提高有效波的分辨率；利用高密度剩余速度拾取方法提高速度分析精度，以确保叠前时间偏移成像的横向分辨率提高；采用叠前规则化和道集优化处理技术，改善叠前偏移输入道集偏移距、方位角的均一性，保持叠前时间偏移道集的 AVO 特性。尤其是应用波形分解方法消除 T_2 强反射屏蔽影响，利用井控处理提高分辨率和保幅；最终的成果与老地震成果对比，主频提高了 8Hz，频带展宽了 10~15Hz，处理成果具有较高保真度，CRP 道集质量能满足叠前反演需要，地震属性与储层变化吻合较好，为地质解释提供资料基础（图 7.7）。对两井地区三维地震扶余油层开展精细拓频保幅处理，致使扶余油层 I 砂组复波特征清楚，应用处理后的数据成果开展属性分析，向北拓展了乾215-查平1井一线的Ⅰ砂组河道砂体向北延伸的范围,向北拓展有利河道面积为150km²(图7.7),应用该成果指导部署、钻探的查平4井水平井获得高产工业油流。进而证实了精细保幅拓频处理是破解储层分布的关键和基础。

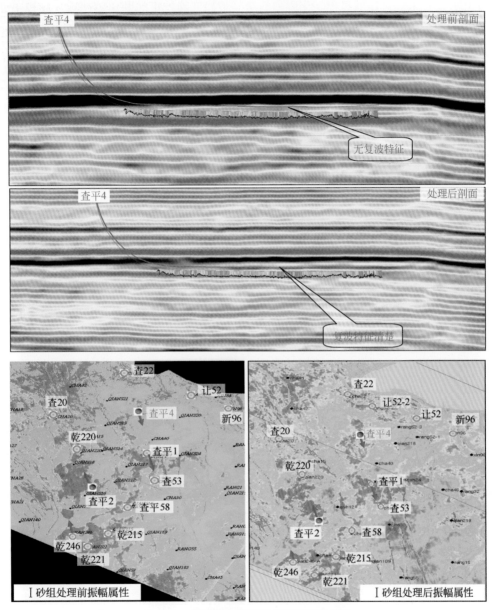

图 7.7 拓频保幅处理前后振幅属性对比

7.2.3 基于水平井的精细构造成像技术

构造精度低会影响水平井的储层钻遇率和油层钻遇率,进而会影响产能效果。别字井地区位于乾安构造东翼，为一向斜构造，两翼倾角较陡，且位于乾东地震工区和鳞字井地震工区交界部位，存在边界成像效应，成像存在上翘或下拉现象，导致构造深度不准，本次攻关是以精细构造成像为核心，重点研究高精度静校正处理技术、叠前深度偏移处理技术、连片处理技术等。局部高程变化剧烈，会导致局部静校正问题比较严重，静校正处理不好会引起同相轴错断或者扭曲，造成假构造。

做好静校正处理工作是确保获得高质量地震资料处理成果的至关重要的环节，所以静校正处理问题是地震资料处理要解决的最重要问题之一。由于工区内低降速层速度和厚度横向变化较大，同时有多个水泡子和高岗子的存在，该处静校正问题比较突出。为了做好静校正处理，选取层析静校正与野外静校正相结合的方法。也就是把根据拾取的初至波计算的层析静校正量分解成高频、低频两个分量。首先应用野外静校正的低频分量，在此基础上应用层析静校正的中高频分量。采用速度分析与剩余静校正多次迭代处理进一步提高静校正处理精度。从共偏移距剖面来看，未加野外静校正时，同相轴发生错断，初至也不光滑；加静校正以后，初至连续性较好，而且很光滑，整体变化规律与地表起伏状态相一致。

应用野外静校正和层析静校正相结合的方法后，叠加剖面信噪比明显提高，反射同相轴清晰可见，连续性较好（图7.8）。虚假构造得到消除，构造形态合理，信噪比显著提高，能够揭示真实的地下构造形态，同时很好地解决了中长波长静校正问题，叠加剖面效果明显好于单一的野外静校正方法。因此，该区静校正处理采取野外静校正和层析静校正相结合的方法来解决静校正问题。

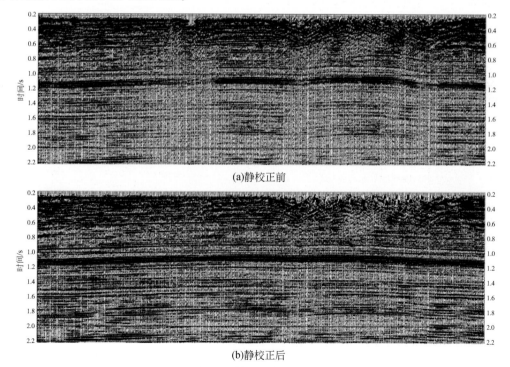

(a)静校正前

(b)静校正后

图7.8　静校正前后对比

采用高精度静校正处理后，剖面构造精度高，利用新成果重新进行精细构造解释及成图，成果指导了水平井部署及钻探，储层、油层钻遇率均有提高。高精度静校正方法是采用野外静校正、层析静校正和剩余静校正等方法综合应用。静校正结果可以进行测井信息参考和标定，经过多信息约束静校正处理之后，构造精度提高，尤其是一些微幅构造更加准确，与井的吻合度提高，对于提高薄互层或者水平井钻遇率起到至关重要的作用。另外常规速度分析、四维速度分析、高密度速度拾取、剩余速度分析、测井速度约束等多种方法结合建模，速度模型精度提高，在水平井导向处理、深度成像、高精度时深转换等工作中取得一些较好效果（图 7.9）。在高精度静校正处理的基础上，开展叠前时间偏移、叠前深度偏移等精细构造成像方法研究，叠前深度偏移效果较叠前时间偏移好，叠前深偏的成像更加清晰，断层面更清楚，属性变化更丰富（图 7.10）。

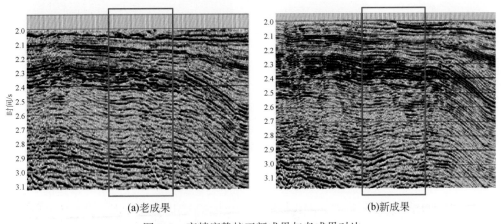

(a)老成果   (b)新成果

图 7.9 高精度静校正新成果与老成果对比

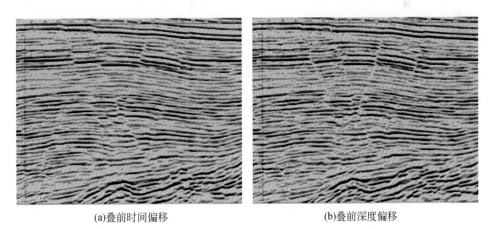

(a)叠前时间偏移   (b)叠前深度偏移

图 7.10 叠前时间偏移、叠前深度偏移成果对比示意图

7.2.4 面向储层预测的 AVO 特征保持处理技术

CRP 道集上包含更多的叠前信息，通过叠前反演可以更好地应用叠前信息进行储层预

测、裂缝预测等。CRP 道集优化可以间接提高成果数据的信噪比、分辨率和保真度等，同时高质量的 CRP 道集是叠前反演的基础，CRP 道集质量包括能量、拉平程度、信噪比和分辨率等几个方面。针对性的优化方法包括叠前数据规则化、保幅去噪、高密度速度拾取等（图 7.11）。

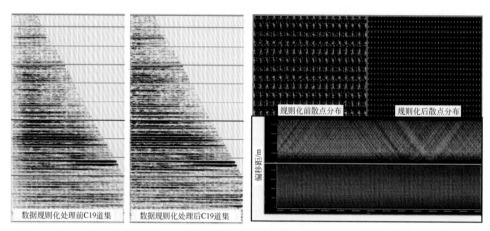

图 7.11　叠前数据规则化前后对比

传统的直接"搬家"式的规则化方法会改变或丢失方位角信息，借道均化方法也存在误差，也可能丢失方位角等有用信息，影响叠前偏移的效果。为此，这里探讨沿 Inline 和 Crossline 两个方向进行地震道插值实现 CMP 面元中心化的方法，以傅里叶重建的方法沿着两个方向进行规则化处理，可以处理任何类型数据的面元中心化和网格均一化，可以提高振幅的保真度，改善偏移成像的信噪比，提高成像精度。数据映射法思路来实现数据的规则化，理论上可更好地保持波的特征。

CRP 道集上面可能会有的干扰包括线性干扰、多次波、随机干扰等，通过相关噪声衰减、高精度拉东变换、投影滤波去随机干扰等方法针对性分别去除。保证去噪效果的同时需重视方法的保幅性。综合去噪的高信噪比有利于叠前反演工作的开展，也提高了叠加成像的质量（图 7.12）。

高密度速度拾取与高阶动校正处理方法，能够减少或者消除 NMO 道集数据上的剩余速度误差，在 CRP 道集上应用可以实现逐点逐道的速度优化，使道集更平，提高叠加成像质量，使叠加成像更可靠，也为资料后期的属性研究打下基础。用井资料验证，正演道集 AVO 响应与实际处理后 CRP 道集对比，经过道集优化处理后的 CRP 道集上显示砂组内部的 AVO 特征与正演道集的 AVO 特征基本接近。

OVT 偏移后得到的 OVG（offset vector gather）道集上同向轴存在抖动的现象，说明具有方位各向异性。经过各向异性校正后道集上同相轴连续性增强，相应叠加结果上信噪比和连续性也得到改善。图 7.13 中 OVT 道集数据信息更加丰富，不同偏移距的能量分布更加合理，没有整体近道、远道能量弱的问题，保真度更高，AVO 特征更加真实可靠，同时保留了方位角的信息，后续可得到方位角道集，并进行裂缝预测，提取速度和各向异性属性等参数。OVT 处理思路也看出较明显的优势，处理结果进行方位各向异性校正后，同

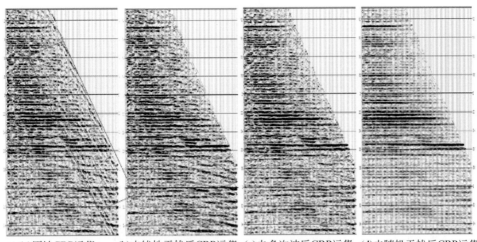

(a)原始CRP运集　　(b)去线性干扰后CRP运集　(c)去多次波后CRP运集　(d)去随机干扰后CRP运集

图 7.12　保幅去噪方法效果对比

相叠加效果更好，更好消除方位各向异性的影响，减少采集脚印及信噪比等因素对储层预测结果的影响，进而提高钻井符合率。

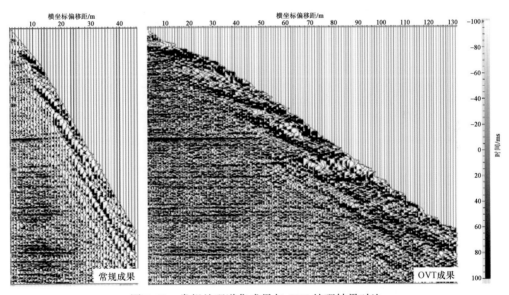

图 7.13　常规处理道集成果与 OVT 处理结果对比

7.2.5　VSP 井震联合处理技术

1. VSP 常规处理技术

VSP 常规处理流程如图 7.14 所示。利用零偏处理结果即走廊叠加剖面进行三维地震处理成果及中间处理结果标定，另外可以发挥时深关系——对应的特点，再结合各类测井、速度曲线，可更加精确地进行层位标定工作。

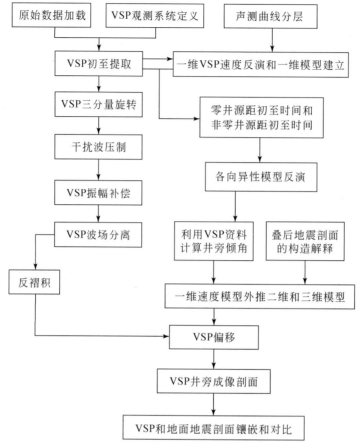

图 7.14　VSP 常规处理流程

2. VSP 与地震资料联合处理技术

通过对比分析四种速度，可以间接为地面地震的速度拾取、深度域速度建模等工作提供参考，也可以直接应用到地面地震处理工作中，如振幅补偿等，通过利用 VSP 初至得到的速度模型进行振幅补偿，补偿后振幅均衡。

VSP 整形滤波因子应用于地震数据处理，以达到提高分辨率、井旁道和 VSP 走廊叠加道之间具有最大相似性。

VSP 整形滤波的原则：①VSP 走廊叠加道被时移校正到地面地震剖面井旁道且相似度很高。②适用于构造变化小地震资料处理。③严格质控（整形滤波后的互相关系数、应用后剖面目标性及切片等）。

本次处理采用如下思路：用不同反褶积步长与 VSP 走廊叠加互相关结果约束选取反褶积参数，即不同步长的反褶积+叠后偏移与 VSP 走廊叠加互相关峰值对比，最大程度解决反射特征差、与合成记录吻合较差的问题。

7.2.6　近地表 Q 补偿处理及黏弹性叠前时间偏移

近地表沉积疏松，对地震信号能量有强烈的吸收作用，尤其是对高频成分的能量吸收更为明显。同时，地震波在表层传播时，还会引起频散问题，造成信号的相位改变，这样表层就相当于一个低通滤波器，这种滤波现象被称为 Q 滤波，会降低地震记录的分辨率。同时，表层介质物性的空间变化还会造成空间上不同道信号能量和相位的不一致，会给后续的处理、解释反演工作带来麻烦。

相对 Q 值旨在获得全工区近地表 Q 值的相对关系，通过与表层模型之间的相互验证可确定表层 Q 值的空间变化。借助 Omega 处理软件的地表一致性振幅补偿模块和静校正系统得到求相对 Q 值的基础数据，通过对基础数据做一定的处理，利用谱比法 $A(f) = A_0(f) \mathrm{e}^{\frac{\pi ft}{Q}}$ 即可求得相对 Q 值（图 7.15）。

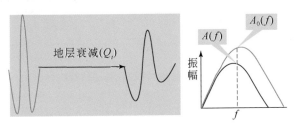

图 7.15　谱比法示意图

地表一致性振幅补偿模块通过高斯–赛德尔分解算法将地震道能量的差异分解为炮点、检波点、构造项和偏移距等的差异，主要用来解决地表因素造成的道与道之间的能量不一致。

王仰华（2002，2006）提出了一种高效稳健的 Q 补偿算法，对地层吸收造成的地震波能量损失和频散问题可以同时解决。补偿量是随频率和时间的增大逐渐增多，通常的补偿算法都会对高频端过分补偿，造成噪声过量、信号失真，而王仰华稳健的 Q 补偿算法对完全吸收的频率成分不再进行补偿，这样可以避免对高频噪声的过量补偿。该算法的另一优点是同时补偿振幅，调整相位，如式（7.1），而多数算法都是对二者分开处理，像 Omega 处理系统的 Q 补偿模块，基于 Futterman 模型，振幅补偿和相位调整分开进行。本专著是针对近地表的空变 Q 补偿，Q 值是不时变的，公式如下：

$$U(\omega) = \bar{U}(\omega) \exp\left[\left(\frac{\omega}{\omega_k}\right)^{-r} \frac{\omega t}{2Q}\right] \exp\left[i\left(\frac{\omega}{\omega_k}\right)^{-r} - 1\right)\omega t\right] \tag{7.1}$$

式中，$\bar{U}(\omega)$ 为未经补偿的频率域数据，即对地震道数据做傅里叶变换的结果；$U(\omega)$ 为经过振幅和相位补偿后的频率域数据。

$\Lambda(\omega)$ 为稳定的振幅补偿量，$\Lambda(\omega) = \dfrac{\beta(\omega) + \sigma^2}{\beta^2(\omega) + \sigma^2}$（$\sigma^2$ 是稳定因子），其中 $\beta(\omega) = \exp\left[-\left(\dfrac{\omega}{\omega_k}\right)^{-r} \dfrac{\omega t}{2Q}t\right]$，$\sigma^2 = \exp\left[-(0.23G_{\mathrm{lim}} + 1.63)\right]$（经验公式）。$G_{\mathrm{lim}}$ 为增益限制，单位分

贝，一个可调节参数；ω_k 为中心频率（角频率），是一个调整参数，跟地震波频带的最高频率有关系的一个量；γ：$\gamma = \frac{2}{\pi} \tan^{-1}\left(\frac{1}{2Q}\right)$；$t$ 为表层旅行时。

应用上述推导的计算公式在鳞字井地区进行 Q 值求取和旅行时计算如图 7.16 所示。

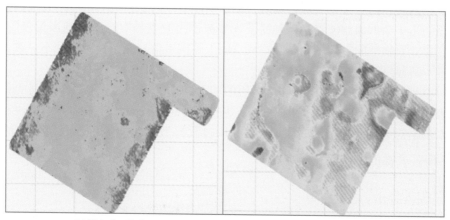

(a)鳞字井 Q 值阶段成果　　　　　　　(b)鳞字井旅行时

图 7.16　求取 Q 值和计算的旅行时

从 Q 补偿前后的单炮和剖面模拟可以看出，该补偿方法对低频有效能量进行了有效的保护，同时拓宽了频带，提高了主频，资料整体分辨率得到有效提高。

通过实施处理解释一体化工作理念，针对地质问题、地震储层预测、构造精度低等实际问题，分析原始资料、成果资料缺陷，深入开展针对问题的精细处理技术攻关，取得了较好效果，确实保证了处理成果进行地质解释的需求。

7.2.7　相位处理技术

在动静校正后的同一道集内振幅和相位相同的假设条件下，地震叠加技术能明显提高资料的信噪比。实际资料中相位差问题是影响有效反射信号实现同相叠加的重要因素之一。另外，由于相位差异，井震关系会出现匹配差的现象，相位处理的是消除子波的相位谱差异，使子波接近或达到零相位，从而达到提高叠加剖面质量的目的。随着勘探形势的发展，地震资料中的相位问题将越来越受到人们的关注和重视，对相位的研究也将成为今后的攻关课题和研究热点。

子波相位一致性处理，提高子波一致性，包括相位和振幅的一致性，另外可以进行地震数据的最小相位化或者零相位化处理，达到提高分辨率或者其他目的（图 7.17）。资料的相位控制处理技术包括确定性零相位化、相位旋转、子波整形、Q 补偿等。

在连片处理中，消除了不同工区之间存在的时差、振幅差等因素以后，还会存在相位差，影响资料的保真度和后续处理，经过子波整形等相位处理后，资料相位一致，同相叠加，保真度提高。虽然经过严格质控和保幅处理，但是处理结果有时与井资料的匹配度较低，很有可能就是相位不一致引起的，经过相位扫描和相位旋转处理之后，提高吻合度，

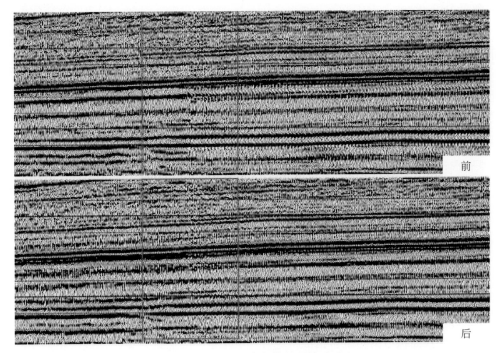

前

后

图 7.17　连片处理中相位处理前后对比

更有利于寻找油层（储层）地震响应特征。一般经过零相位化处理后的地震资料，在经过相位扫频，做 90°相位旋转后一般与井资料的吻合度较高，但是还是以相位扫描及与测井标定的结果为准。

7.2.8　处理效果分析

通过对研究区资料特点的详细分析，并采用合理的有针对性的处理流程，包括针对储层预测的保幅拓频处理技术、VSP 井震联合处理、高精度静校正处理、近地表 Q 及黏弹性叠前偏移等技术，优化处理参数，经过严格的质量控制，处理取得较好的效果。对最终处理成果的效果分析主要从以下几个方面进行：频率分析、偏移效果分析、波组特征分析、保真度分析。

1. 频率分析

从全频剖面看，波组特征清晰，层间信息丰富，断点干脆、断面清晰，小断块清晰可见，内幕清楚。而且有效提高分辨率，有效频宽 5～92Hz，高频端较老资料提高约 8Hz。

2. 偏移效果分析

攻关处理成果绕射波收敛，反射波归位，断点清晰，断裂带清楚，小断块清晰可见，深层内幕清楚，地层接触关系清晰，基底形态突出，有利于精细目标解释。

从目的层 1560ms 相干体切片上看，重新处理后的相干切片比处理前揭示的断层更加清楚。

3. 波组特征分析

最终成果剖面反射层波组特征清楚，层间信息丰富，比较真实地反映地下地质特征，能可靠地对比追踪。

主要目的层段断点干脆，断面清晰，能可靠解释。从160inline线新老处理成果看，重新处理的剖面层间信息丰富，反射同相轴横向强弱变化可靠，局部放大显示，本区主要目的层段信噪比较高，为岩性解释提供良好的基础资料。

4. 保真度分析

从合成记录的标定结果来看，处理成果和井资料吻合得较好，地震信息所反映的特征与地下地质特征基本吻合，这说明此次处理采用的流程合理，保真度较高，处理成果真实可靠，能满足岩性解释和反演的需要。

7.3　扶余油层致密油地震综合解释技术

7.3.1　基于水平井的精细构造解释技术

针对油层顶面构造落实是否精准将直接影响水平井油层钻遇率，而油层钻遇率高低直接影响产能高低，所以能否精准落实油层顶界构造是水平井部署、轨迹设计及钻探导向至关重要的工作。为了精准落实油层顶界构造，首先要从合成地震记录层位标定入手，T_2标志层反射层的标定是基础，从井声波曲线可以看出，当青一段砂岩不发育时，扶余油层顶面声波曲线具有明显的一个正台阶，对应地震T_2强反射轴，地震地质二者可以达到很好的一致性。青一段不再是只发育大套暗色泥岩，尤其青一段的Ⅲ、Ⅳ砂组砂岩发育时，或者泉四段扶余油层Ⅰ砂组储层发育时，扶余油层顶面声波曲线不再是一个单一的正台阶，有时候发育两个台阶，如Q221井在T_2界面发育两个台阶，2090m处为第一台阶，标定后对应T_2反射轴，2098m处为第二台阶，为地质分层，为保证地震地质关系准确对应，进行大量井的横向特征对比，确定上下可识别的层的曲线特征和横向关系后，把地质分层调整到2090m处合适，在单井标定完后，进行地震连井标定，上下调整各分层和地震的关系，使得每个可以对比的层在地震剖面上均标定在相似的地震反射特征上，达到地震和地质的分层完全统一。

钻前进行构造成图过程中，发现在地层倾角大的地区，构造误差大，而且局部有构造反转现象，通过查找原因发现，在青一段砂岩发育的地方，测井曲线在泉四段顶界面上出现二台阶现象，地质上的分层出现不一致，为此，通过精细标定，并与研究相结合，通过井震联合分析，把地质分层进行了统计，按同样的测井响应特征进行了泉四段顶的划分。其次，根据水平井部署需求，开展小区块（10～20km²）构造解释成图，在准确储层标定的基础上，从已知井点（包括导眼井）出发进行外推解释，层位拾取方式采取手动与自动相结合，解释密度达到1×1CDP，在此过程中，尤其注重识别微小断层、岩性变化点、微幅度构造。第一，精准落实构造的要求。第二，钻进中精准导向的需要，需要提前做出轨迹导向预判和预警。第三，精细速度分析环节，如果有处理均方根速度数据，那么就采取地震速度与井速度相结合的办法，建立三维速度场，然后应用沿 T_0 层提取沿层平均速度进行成图；如果缺少处理均方根速度数据，则可以应用临近的井速度，以 T_0 层作为趋势控制，建立沿层的平均速度场。第四，成图，即采用相同网格，沿层平均速度与 T_0 相乘形成构造深度，最终应用断层多边形做控制，进行轻微滤波、网格化形成等值线，即完成构造成图编制。在网格算法上，我们也通过试验多种速度网格算法，通过分析发现 T_0 趋势约束速度网格算法做出的构造精度高；同时，在钻进过程中，采用多标志层动态校正方法，逐步减少入靶点的深度误差。首先，对目的层上部的标志层（T_1、T_2 等）进行构造解释成图，在水平井钻进直井段过程中，每钻遇一个标志层，可以提前进行标志层构造图误差统计，应用该误差对其下的标志层及目的层构造图进行系统校正，同样方法依次对更下部的标志层及目的层进行动态校正，保障准确入靶（图 7.18）。

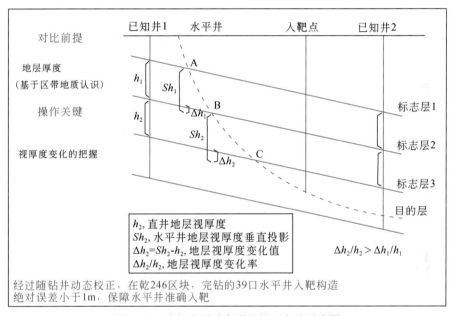

图 7.18　多标志层动态误差校正方法示意图

7.3.2　基于水平井的精细储层预测技术

1. 扶余油层Ⅰ砂组河道刻画研究

松辽盆地南部扶余油层致密油特点：埋深大于 1750m，孔隙度小于 10%，压覆渗透率小于 0.1mD，直井稳定产量小于 1t，常规技术开采效益差。2012～2015 年，应用水平井体积压裂技术在致密油勘探上获得了突破，因此吉林油田针对扶余油层致密油开展有效储层地震预测配套技术攻关，通过攻关研究，形成针对性配套技术。

以 Qb 地区为例，它位于松辽盆地南部让字井斜坡带，具有代表性，研究区面积为 268km²，有预探井 25 口，目的层为扶余油层，Ⅰ砂组为三角洲前缘相沉积，属于"泥包砂"，总体砂比小于 30%，单砂层厚度为 2～6m，由 2～3 层组成，平面上呈条带状展布。

1）合成地震记录标定技术

合成地震记录、VSP 是建立地震地质准确对应关系的最佳桥梁，通过极性、相位、子波、时深关系等优选，制作与实际地震资料匹配的合成地震记录 22 口井，经过大量储层地震标定发现，Qb 地区扶余油层 I 砂组储层发育的井，对应地震剖面上 T_2 反射层之下都有复波发育。

2）正演模型分析技术研究

为了进一步研究分析研究区扶余油层 I 砂组储层地震响应特征，应用实际钻井数据建立地质模型，再进行地震剖面正演，然后把正演的地震剖面与实际过井剖面进行对比发现，正演的地震剖面与实际过井剖面基本面貌相同，剖面上 T_2 反射层之下有复波发育的，对应的井上 I 砂组储层是发育的，反之，剖面上 T_2 反射层之下没有复波发育的，对应的井上 I 砂组储层不发育或为泥岩；而且通过模型正演加实际井震对比分析发现，Qb 扶余油层 I 砂组储层发育且相对较厚时，T_2 强反射变为相对弱反射，同时 T_2 下伴有"复波"反射特征；储层发育但相对较薄时，T_2 为强连续反射，T_2 下同样具有"复波"反射特征；进一步通过理想设计的模型正演，验证了 I 砂组储层发育，T_2 具有"复波"特征，当三套单砂层中相对厚层砂岩发育位置不同时（图 7.19），"复波"特征不同。

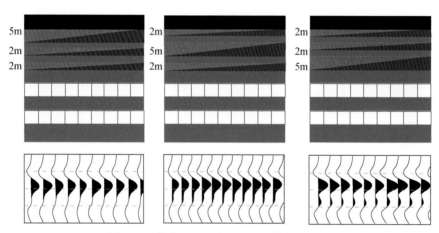

图 7.19　扶余油层 I 砂组三层砂体模型正演

厚层砂岩越靠下，"复波"特征越明显，而且"复波"离 T_2 越远，厚层砂岩发育在顶部时，"复波"较弱，而且越靠近 T_2，并与 T_2 反射轴相连；当储层不发育时，T_2 表现为单轴连续、强振幅反射特征（图 7.20），为此对"复波"进行了属性提取，该属性在平面上的分布呈南北条带状，再结合钻井分析，认为是主河道发育区，对应河道砂体发育带，应用钻井情况对其属性图进行标定，符合率达到 85% 以上，应用该成果在该区针对扶余油层 I 砂组河道砂部署 3 口水平井，即乾 246 井、查平 1 井、查平 2 井，均获得了高产工业油流。

"复波"分析技术在 Qb 地区应用成功的基础上，针对整个让字井斜坡带 8 个地震工区 2492km² 进行河道刻画，刻画主河道 3 条，揭示河道面积约 970km²，通过属性分析揭示的 I 砂组 3 条主河道分布与钻井揭示砂体条带具有很好的对应关系，西部河道（黑 133—

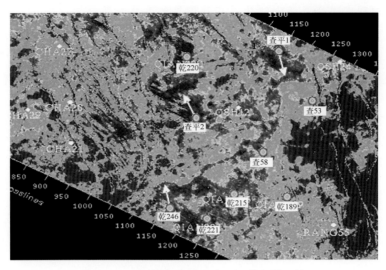

图 7.20　Qb 扶余油层 I 砂组河道地震识别

查 37 井）面积为 220km²；东部河道（乾 166—让 58 井）面积为 330km²；中部河道（黑 87—乾 215 井）面积为 420km²。其中中部最清晰的河道延伸长度为 41km，宽度为 8km，统计结果显示有 90% 以上的出油井均位于地震属性揭示的河道之上，刻画的主河道分布规律与地质揭示的河道展布具有很好的对应关系，二者吻合程度可以达到 85%（图 7.21），应用河道刻画成果又部署水平井 4 口：查平 3 井、查平 4 井、查 59 井、乾 247 井均获得高产工业油流，揭示储层预测符合率为 92%，砂岩钻遇率为 89.5%，油层钻遇率为 87%。

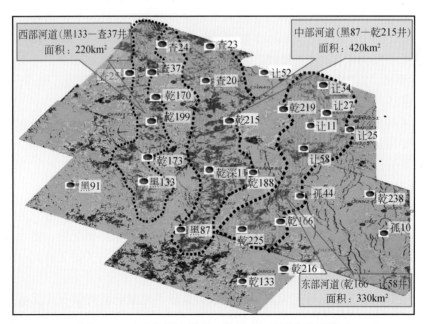

图 7.21　让字井斜坡带泉四段 I 砂组波形分类属性图

2. 精细河道识别实现分类评价储层，有效指导水平井批量部署

扶余油层Ⅰ砂组在乾246区块为三角洲前缘相沉积，交互发育2~5个薄层砂体，单层一般为1~6m，上下均为大套泥岩，属于典型的"泥包砂"特征。以测井实际数据建立地质模型，通过地震正演模拟，揭示扶余油层Ⅰ砂组储层在地震剖面上都具有"复波"特征，且特征非常明显。进一步统计该区所有完钻井的储层发育状况与地震响应特征，证明乾246区块扶余油层Ⅰ砂组有效储层发育区，均对应地震上都有"复波"特征。应用"复波"特征可以识别有效储层分布，通过进一步井震结合，建立"复波特征分析"进行储层分类评价方法。Ⅰ类区：有效储层厚度大于6m，复波特征明显；Ⅱ类区：有效储层厚度为2~4m，复波特征不明显；Ⅲ类区：有效储层厚度小于2m，无复波特征蓝色区。评价出Ⅰ类储层40km²，有效厚度在6m以上，Ⅱ类储层95km²，厚度为2~4m。依据优先实施Ⅰ类、试验Ⅱ类的原则，按照评价开发一体化整体部署、分步实施的建产思路，概念化设计142口井，优选45口井（第一批26口、第二批19口）优先实施。设计单井产能6.0t，建产能8.1万t。

截至目前，第一批26口井已完钻，第二批19口井正在实施。从实施效果来看，Ⅰ砂组预测符合率达到91%，完钻水平井砂岩钻遇率为88.8%、油层钻遇率为80.1%。一方面，证实了利用"复波"识别河道、指导水平井部署和现场导向的技术适用性。另一方面，证明了一体化整体部署，分步实施的思路是正确的、科学的。

3. 精细标定小范围刻画小层，精细反演预测小层，进一步指导水平井

扶余油层Ⅰ砂组发育三套单砂层，为了建立不同小层发育情况与"复波"特征关系，通过精细标定小层在地震上的位置，把3个小层对应的地震时窗划分出来，针对每个小层利用层切片和开时窗提取波阻抗属性定性和半定量刻画3个小层的平面展布。通过多井标定发现，1层对应时窗T_2下0~5ms，2层对应时窗T_2下5~10ms，3层对应时窗T_2下11~15ms，当3个小层均发育时，"复波"特征明显，宽度大，当2层和3层不发育时，"复波"特征不明显，T_2"复波"离T_2越近，代表1层厚度大，T_2"复波"离T_2越远，代表2层和3层越厚，当T_2和"复波"间有波谷特征时，代表2层不发育。

依据以上特征，对乾246区的1层和2层进行了平面定性刻画，进一步通过波阻抗门槛值对两个小层进行了半定量刻画。Ⅰ砂组1层在工区内均发育且连续性好，Ⅰ砂组2层和3层局部发育连续性差。

4. 扶余油层Ⅲ砂组叠置河道储层预测研究

扶余油层Ⅲ砂组为河流相沉积，河道砂叠置关系复杂，属于"砂包泥"的情况，砂地比为30%~70%，单砂厚度为3~10m，泥岩隔层1~20m，储层横变快，物性差，属于致密油领域，搞清致密油"甜点"分布，是致密油勘探开发部署的关键工作之一。

1）扶余油层Ⅲ砂组地震地质特征研究

通过大量储层合成记录标定发现，扶余油层Ⅲ砂组地震响应特征有规律可循，主要是Ⅱ、Ⅲ砂组之间泥岩隔层相对较厚，Ⅱ砂组与T_2反射层之下第一个轴对应，Ⅲ、Ⅳ砂组对应相对空白反射之下的叠置反射。储层敏感参数优选分析就是通过对与岩性关系密切的测井曲线数据交会分析，优选出能够较好区分储层岩性与非储层岩性的测井曲线，本次通过井的岩石物理交会分析发现，砂泥的波阻抗值存在部分重叠，自然伽马和电阻率能较好区分砂泥岩，但是单一的属性识别渗透性储层存在一定的局限性，利用波阻抗和伽马交会可以很好地区分砂泥岩，利用电阻率和波阻抗交会可以很好地识别渗透性储层。

2）基于岩性组合分类的主河道砂体刻画技术

首先，模型正演建立不同岩性组合响应特征，我们选取实际砂地比和岩性组合不同的4口井，通过连井对比建立各砂体横向的连通关系，对每个砂体的顶底界面进行解释，利用解释的层位和扶余油层顶底界面建立构造框架模型，在构造框架模型的基础上通过赋予砂岩和泥岩实际的波阻抗值，建立4口井间的波阻抗的模型，利用不同频率的子波进行正演模拟地震道，分析总结不同主频对不同岩石组合的地震反射特征。从与地震主频相近的50Hz模型正演可以看出，在砂地比为50%左右时，砂泥岩厚度均适中，砂泥岩厚度均为10m左右时，在主频50Hz左右每个单砂层对应一个地震反射；当砂地比小于50%时，泥岩隔层达到10~15m，可分辨5m以上的单砂层，小于5m的单砂层不能分辨；当砂地比大于50%时，泥岩隔层大于10m，可识别单砂层，当泥岩隔层小于5m时，即使厚度大于10m的砂层也难识别；小于3m的单薄层在50Hz主频均很难分辨。

其次，扶余油层叠置河道储层分类，通过正演分析，结合扶余油层实际砂泥岩组合特征，我们把实际储层以砂地比50%为界，分为两类：第一类为砂地比小于50%的储层，第二类为砂地比大于50%的储层，砂地比较高，具有 "砂包泥" 特点。从实际地震反射特征来看，砂地比小于50%时，每套砂层与地震同相轴具有较好的对应关系，对于砂地比大于50%的 "砂包泥" 储层情况，地震上没有明显的反射轴出现。

再次，第一类储层砂地比小于50%。以新北地区为例，新北位于扶新隆起带西部，扶余油层属河流、浅水三角洲沉积，位于中央拗陷区扶余油层的沉积末端，砂地比小于40%，泥岩隔层大于5m，砂岩厚度适中。岩性以细砂岩和粉砂岩为主，砂岩颗粒较细。储层以粉砂岩为主，为典型的低孔、低渗储层。4个砂组均有油层发育，纵向上没有主力油层，横向上各油层不连通，以独立岩性油藏为主。

从井曲线交会分析，砂泥岩波阻抗存在部分叠置，通过声波与自然伽马曲线重构拟声波曲线，可以很好地区分砂泥岩（图7.22）。

在反演算法上，常规稀疏脉冲反演纵向分辨率低，无法满足水平井钻探的需求，选用地质统计学反演。地质统计学反演用严格的马尔科夫链蒙特卡罗算法（Markov Chain Monte Carlo，MCMC），将约束稀疏脉冲反演和随机模拟技术相结合，成为一个全新的随机反演算法。在该技术中，通过将地震、岩性体、测井曲线、概率密度函数及变差函数等信息相结合，定义严格的概率分布模型及纵横向变程，模拟岩性体和储层参数体。

地质统计学反演的实现过程首先应用确定性反演方法得到阻抗体以了解储层的大致分布，并用于求取水平变差函数；然后从井点出发，井间遵从原始地震数据，通过基于马尔科夫链蒙特卡罗算法模拟产生井间波阻抗，再将波阻抗转换成反射系数，并与确定性反演求得的子波褶积合成地震道，通过反复迭代直至合成地震道与原始地震道达到最佳程度的匹配，同时得到与阻抗相吻合的砂泥岩性体。反演过程中充分发挥随机模拟技术综合不同尺度数据的能力。

新北地区砂地比小于50%，砂层与地震反射对应关系较好，重构声波波阻抗对砂泥岩

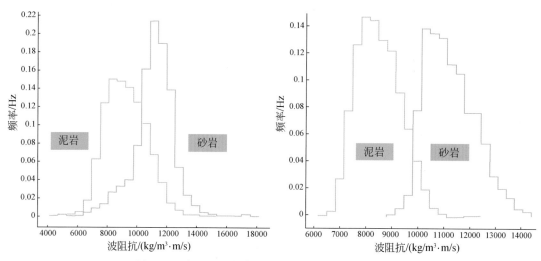

图 7.22　新北地区扶余油层砂泥岩曲线重构前后分布

具有较好的区分性，通过地质统计反演波阻抗有效提高了储层的纵向分辨率，反演成果与井的吻合率较高，纵向可以识别厚度 5m 左右的单砂层。利用反演波阻抗属性可以刻画各砂组砂岩展布。从刻画结果看，井点吻合率达到 85% 以上。砂体展布方向与地质规律具有很好的相似性，关于井间砂体走向及连通情况，地震波阻抗反演揭示的精细度、可信度高于井间人为的插值。

　　一般情况下，地质勾绘的砂体连通情况是根据两口井井间砂岩厚度进行勾绘，若两口井井间砂岩均发育厚层砂岩，那么，地质勾绘井间砂体就是连通的；两口井井间砂岩均不发育，地质勾绘的两口井井间砂岩不发育。但实际上，通过井震联合反演预测结果，揭示的井间砂岩分布和连通情况更精细精准。例如，钻探的新 328、新 327 井Ⅲ砂组砂岩不发育，通常情况下，认为两井井间砂岩不发育，但反演揭示两井井间砂岩是发育的，还有钻井揭示新 227、新 326、新 217 井Ⅲ砂组砂岩发育，一般情况认为三者之间砂岩可能连片，但反演揭示三井之间砂岩不发育，采用井震有机结合，通过井标定波阻抗剖面，确定了砂泥岩的波阻抗门槛值，在此基础上，刻画了各砂组主砂带的分布和厚度大于 6m 的单砂体，利用主砂带刻画和单砂体刻画成果，共部署完钻水平井 7 口，直井 5 口。水平井的砂岩钻遇率达到 87%，油层钻遇率达到 84%，水平井单井稳产 7～8t。完钻的直井与反演预测结果吻合率达到 85% 以上。

　　第二类储层砂地比大于 50%，砂体纵横向叠置严重，受地震分辨率限制，对应的地震剖面表现为空白反射或弱反射特征，虽然地震上不具有砂岩顶面波峰反射，但这类岩性组合在波形结构上具有很高的相似性。

　　因此，针对此类岩性组合，通过优选不受振幅强弱影响的波形聚类属性及波形相关属性相融合来刻画叠置河道主砂带。波形聚类属性是基于地震道的振幅、频率、相位三者的综合来描述波形变化情况的，主要通过地震数据样点值的变化描述地震道形状的变化，一般地，首先划分出几种典型的波形特征的模型道，再将每一实际地震道赋予一个与其接近的模型道。模型道的计算是通过神经网络来完成的，根据每道的数值对地震道形状进行分类。神经网络在地震层段内对时间地震道进行训练，通过基础迭代之后，神经网络构建合成地震道，然后与实际地震数据进行对比，通过自适应试验和误差处理，合成道在每次迭代后被改变，在模型道和实际地震道之间寻找更好的相关性。波形聚类分析主要是指波形和地震属性的聚类，从而划分出地震相。本次针对让 70 区块扶余油层Ⅲ砂组主河道砂体进行波形聚类分析，波形聚类结果具有很好的条带状展布，与钻井揭示的局部厚层河道砂体的展布规律具有较好的一致性，相似程度达到 80%。

3）提高储层分辨率地质统计学反演技术

针对扶余油层常规波阻抗反演分辨率低、储层识别能力差，尝试开发应用了统计学反演技术。统计反演采用严格的马尔科夫链蒙特卡罗算法，通过对测井资料的分析和地质信息获得不同岩性的概率密度函数和变差函数；另外，马尔科夫链蒙特卡罗算法根据概率分布函数（PDF）获得统计意义上正确的样点集，通过分析有限样本的概率密度分布，利用变差函数来表征空间变异程度，依此给出预测点的估计值。变差函数估计及随机反演剖面指区域化变量在空间上具有相关性的范围，在变程范围内，数据按照统计规律赋值，而变程之外的观测值对估计结果无影响。反演结果的频率成分中频受地震约束，高频井随机模拟，最终获得一系列随机解的分布。

地质统计反演是一种非基于模型的反演方法，它是在测井信息与井旁地震记录道及由地震道得到的多种属性道之间建立关系（包括线性、非线性、人工神经网络、模式识别等），由此关系将地震记录计算成所属属性，并进一步统计计算出整个工区内的测井曲线，最终得到地质统计地震反演数据体（印兴耀等，2014）。例如，在声波曲线与井旁地震道及其属性道之间建立关系后，可以统计计算出全区的声波测井曲线，进一步得到地震声波时差数据体，在此基础上选定截止值来划分砂泥岩，就可以推断断层两侧的封堵情况。我们假定地质统计反演结果用 L 表示，而地震属性用 A_i 表示。使用 M 个属性 A_1，A_2，$\cdots$，A_M 来预测测井记录 L，则必须确定 $M+1$ 个权值 W_0，W_1，W_2，$\cdots$，W_M。若测井曲线的采样点数为 M，则有下列关系：

$$L_1 = W_0 + W_1 A_{11} + W_2 A_{21} + \cdots + W_{M-1} A_{M-1,\ 1}$$
$$L_2 = W_0 + W_1 A_{12} + W_2 A_{22} + \cdots + W_{M-1} A_{M-1,\ 2} \tag{7.2}$$
$$L_N = W_0 + W_1 A_{1,\ N} + W_2 A_{2,\ N} + \cdots + W_{M-1} A_{M-1,\ N}$$

式中，A_{ij} 为井旁道第 i 属性的第 j 个样点。式（7.2）还可写成：

$$\boldsymbol{L} = \boldsymbol{A}\boldsymbol{W} \tag{7.3}$$

式中，$\boldsymbol{L}$ 为 $N\times1$ 维向量，是已知的采样值；$\boldsymbol{A}$ 为 $N\times M$ 矩阵，是属性样点值；$\boldsymbol{W}$ 为 $M\times1$ 矩阵，是所求的权值。

通过最小平方使误差最小来求得权值 W：

$$W = [\boldsymbol{A}^{\mathrm{T}}\boldsymbol{A}] - 1\ \boldsymbol{A}^{\mathrm{T}}\boldsymbol{L} \tag{7.4}$$

其他不在井旁的道可用该权值系统计算输出，得到所需的预测测井曲线。

在寻找 W 时，并非将所有 M 个属性道参加运算，而是逐个将属性道与已知井旁测井记录建立起关系。第一步找到互相关最大属性，第二步找到互相关第二大属性，依此类推。根据误差结果，选取前几种属性参加运算得到地质统计反演三维数据体。

在让 53 区块扶余油层开展了地质统计反演和储层参数模拟研究，储层敏感参数包括波阻抗、电阻率、自然伽马等，针对砂泥岩波阻抗叠置，导致波阻识别岩性的局限性，统计反演还可以在反演波阻抗的基础上，利用协模拟技术，进一步模拟储层物性参数（泥质含量、孔隙度、渗透率）及储层其他表征岩石物理性质的参数（如脆性、弹性参数），通过多参数综合约束预测有效储层。

从反演结果看，地质统计反演不但提高了纵向分辨率，横向分辨率也得到了有效提高，协模拟电阻率对油层识别能力优于波阻抗。依据地震刻画主砂带与多参数反演预测相结合，为让 53 区块水平井部署和钻探提供了有效支持。前期部署了 4 口探井，让平 1、让平 2、让平 3、让平 4。让平 1 井试油日产达到 65m³，累产达到 15000m³。探井的钻探成功，为后期开发井部署打开了局面，后期部署完钻水平井 13 口，平均砂岩钻遇率为 83.2%，油层钻遇率为 81.6%。储层预测符合率达到 89%。通过水平井钻探，在该区落实了有利面积 83.6km²，提交预测储量 3.72×10⁴t，控制储量 2.12×10⁴t。

地质统计学反演基本条件及缺点：①要求井数较多且井分布要均匀；②地质统计学反演较稀疏脉冲反演在分辨率上有优势；③变差函数拟合难度大，对空间结构描述粗略；④非相控反演，平面规律性差；⑤反演结果随机性强，多解性强。

4）提高储层分辨率基于波形指示反演技术

高分辨率地质统计学随机反演技术的基础是变差函数分析，通过分析有限样本，利用变差函数来表征空间变异程度，依此给出预测点的估计值。变程指区域化变量在空间上具有相关性的范围，在变程范围内，数据按照统计规律赋值，而变程之外的观测值对估计结果无影响（图 7.23）。反演结果的频率成分中频受地震约束，高频井随机模拟，最终获得一系列随机解的分布。

地质统计学反演的主要问题：①要求井数较多且井分布均匀；②反演的横向分辨率低，无法预测条带状砂体（平均宽度小于井距）；③变差函数拟合难度大，对空间结构描述粗略；④非相控反演，平面规律性差；⑤反演结果随机性强，多解性强。

SMI 反演基本原理：针对传统反演方法的局限，地震波形指示反演对传统的地质统计反演在算法上进行了改进，采用"相控反演"思想，利用马尔科夫链蒙特卡洛模拟算法，有效提高了储层预测的精度和可靠性，尤其适用于横向变化快、非均质性强、薄互层（1~2m）等储层的高精度预测。

地震波形指示反演是在地震波形特征指导下对反射系数组合寻优的过程。三维地震是分布密集的空间结构化数据，反映了沉积环境和岩性组合的空间变化。反演利用地震波形相似性优选相关井样本，再统计空间分布距离和曲线特征建立初始模型（图 7.24），对高频成分进行无偏最优估计，比传统变差函数更好地体现相控特征。地震波形指示反演是在传统地质统计学的基础上发展起来的，是在空间结构化数据指导下不断寻优的过程。其基本思想是：在参照空间分布距离和地震波形相似性两个基本因素的基础上，对所有井按相关度排序，优选与预测点关联度高的井作为初始模型，对高频成分进行无偏最优估计，并保证最终反演的地震波形与原始地震特征一致，从而使反演结果在空间上体现相带约束的意义，平面上更符合地质沉积规律。

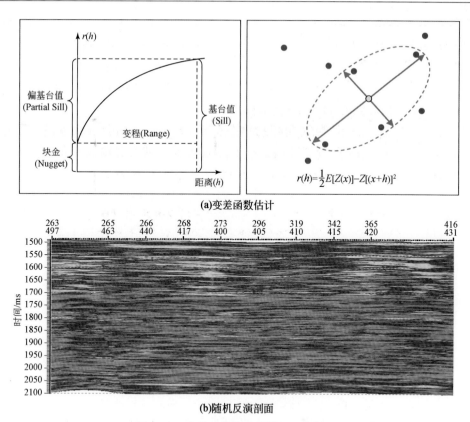

(a)变差函数估计

(b)随机反演剖面

图 7.23　变差函数估计及随机反演剖面

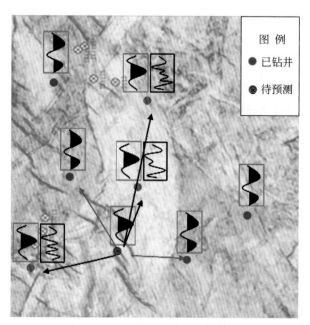

图 7.24　地震波形指示（相控模拟）

SMCMC 算法优势：

（1）利用地震优选相关井建立初始模型，在高频预测中加入地震横向约束，是一种全新的井震结合方式。

（2）利用波形相控原理，垂向上利用井的高频信息，横向上与地震特征一致，可以同时提高反演的纵、横向分辨率。

（3）利用地震波形分布特征代替传统变差函数分析，拓宽了反演确定性频带范围，使反演结果从完全随机到逐步确定，有效减小了随机性。

（4）业界唯一适应不均匀井位分布的反演方法，特别适合滚动评价。

该技术方法的实现主要分以下 4 个关键步骤（图 7.25）：

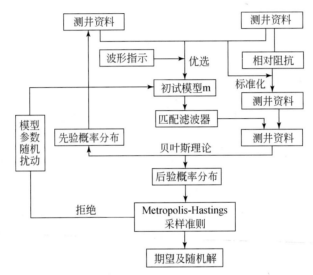

图 7.25　波形指示反演具体步骤

（1）按照地震波形特征对已知井进行分析，优选与待判别地震道波形特征关联度高的井建立初始模型，并统计其纵波阻抗作为先验信息。传统变差函数受井位分布的影响，而地震波形则可以较好地反映空间结构的低频变化，在已知井中利用波形相似性和空间距离双变量优选低频结构相似的井作为空间估值样本。

（2）将初始模型与地震波阻抗进行匹配滤波，计算得到最大似然函数。地震波形相似的两口井，表明所处沉积环境是相似的，其低频成分具有共性，可以增强反演结果低频段的确定性，同时约束了高频的取值范围，提高了反演结果的可靠性。

（3）在贝叶斯框架下联合似然函数和先验概率得到后验概率统计分布密度，对其采样作为目标函数。

（4）不断扰动模型参数，使后验概率密度值最大，其解值作为可行的随机实现，取多次可行实现的均值作为期望值输出。

此技术通过在让 70 区块扶余油层Ⅲ砂组储层预测应用中取得了较好的效果，有效提高了纵向分辨率，横向变化受地震波形约束（图 7.26），有效降低多解性。纵横向储层变化与井的吻合率较高，符合率在 85% 以上，较原来应用地质统计学反演有一定提高，提高了 5% 左右,对水平井的部署和随钻导向起到了至关重要的作用(图 7.27)。

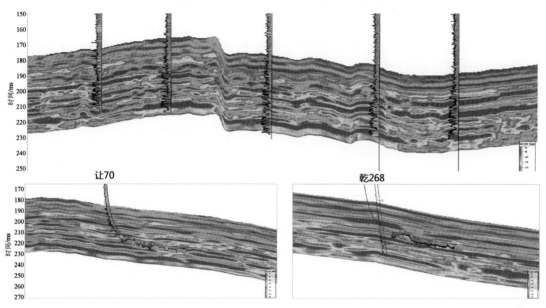

图 7.26 让 70 区块扶余油层Ⅲ砂组波形指示反演剖面

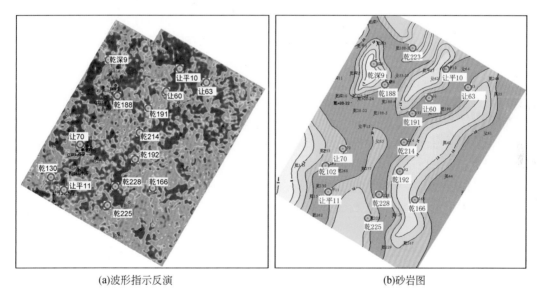

(a)波形指示反演   (b)砂岩图

图 7.27 让 70 区块Ⅲ砂组波形指示反演和砂岩图

目前已完钻 45 口,水平井平均砂岩钻遇率为 87.2%,油层钻遇率为 82.8%,储层预测吻合率为 85.6%。水平井出产在 20~70m³,稳产 8~10m³,从已投产的水平井看,水平井产量可以达到直井的 8~10 倍。2016 年落实有利面积 298.3km²,提交预测储量 8561×10⁴t,预建产能 6.5×10⁴t;2017 年落实有利面积 55.4km²,提交探明储量 2010.59×10⁴t。

SMI 波形指示反演技术的优点:①特征指示反演在操作上较 Jason 更易上手且中文化

界面更加友善。操作逻辑也比较符合中国人的习惯；②在测井数据处理方面形成了完整模块，批量化处理有效地加快了工作效率，在去除异常值、归一化和基线处理方面有直方图更加直观清晰且都可以一次性完成，不需要重复劳动；③反演结果相较于传统波阻抗反演有较高的分辨率，特别对一些中强振幅掩盖下的薄层反射特征有更好的识别作用，尤其是对复波特征有着更好的区分效果；④波形原理不同导致的边界刻画更加清晰，较常规叠后反演由高阻抗向低阻抗过渡，中间值更少，河道刻画边界清晰；⑤波形反演横向受地震波形控制，储层刻画的整体趋势与地震吻合较好，同时，横向变化分辨能力远高于地震和常规反演。反演更适合于砂泥岩薄互层，地震横向变化丰富的地区。

SMI 波形指示反演技术的缺点：①标定和子波工具较 Jason 有一定差距，标定的精细程度受到限制；②对反演过程的控制参数有限，仅有频率，样本参数可以调整，对于细节调整不足；③反演过程质控手段少，没有 Jason 过程质控多、系统。

7.3.3　地震叠前反演裂缝及应力预测

根据水平井部署和后期压裂的需求，开展裂缝和地应力预测。从地震道集和测井信息入手，通过叠前资料联合应用，进行了以岩石物理分析为基础的叠前属性和反演处理的技术应用研究。

叠前反演方法，把不同角度范围对应的多个角叠加地震数据联合运用，同时利用多个部分角叠加地震数据体进行反演处理，利用反演的纵波速度、横波速度和密度参数，通过岩石物理分析技术，得到岩石脆性及岩性弹性模量。从分方位叠加数据，预测地层的各向异性，达到预测裂缝和地应力的目的（曹彤和王延斌，2016）。

叠前反演会得到比叠后反演更加详细的地层信息，但叠前反演计算复杂，计算量大，同样存在多解性。因此必须用叠后资料得到的层位资料与井的资料来共同建立约束模型，这样可以减少叠前反演的计算量，同时降低了叠前反演的多解性（苑书金，2007）。

根据乾东地区的地质需求和叠前反演的技术特点，制定了如图 7.28 所示的技术流程。具体实现过程遵循以下方案和原则：①以岩石物理分析为基础，开展地质、测井资料统计分析；②以精细构造解释为约束，建立符合地质规律的叠前多信息约束模型；③以井点纵、横波速度信息为控制，实现叠前多参数反演处理；④以叠前反演多种地层弹性参数为依据，开展储层岩性、物性和流体综合描述分析。

1. 叠前 CRP 道集优化处理

CRP 道集的品质是影响叠前属性反演精度的主要原因之一，叠前反演处理前必须对 CRP 道集进一步进行优化处理（鲍熙杰和赵海波，2013）。经过认真分析，认为 CRP 道集主要有以下三方面的不足：①叠前道集上存在着较强的随机噪声；②叠前道集上存在着较强的残留多次波；③部分叠前道集的远偏移距数据没有拉平。

针对这三个问题，在大量试验的基础上，采用叠前三维 RNA、拉东变换、剩余时频校正等技术进行了适当的处理，基本上解决了这三个方面的问题。

1）叠前三维 RNA 随机噪声衰减技术

RNA-3D 的输入数据为三维多道数据，在时间长度（T），纵线宽度（X_i）和横线宽度

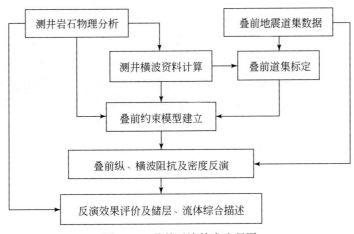

图 7.28　叠前反演技术流程图

（X_c）的长方体窗口内，进行傅里叶变换，然后在 *F-X-Y* 域用相干信号预测原理来加强反射波，削弱随机干扰。RNA-3D 本身是用于叠后三维数据体上，通过叠前数据重构，可以应用于叠前数据，通过叠前去噪处理取得了良好的应用效果。

2）拉东变换压制多次波

拉东变换压制多次波在目标处理中，常用的多次波去除方法有二维视速度滤波、F-K 滤波及拉东变换等方法。根据优化 CIP 道集的需要，本专著采用了横向振幅保持较好的拉东变换来对多次波进行压制。

3）基于时频分析的剩余时差校正技术

对于大偏移距数据，叠前时间偏移处理后，有些同相轴可能无法校平，影响后续的叠前反演处理。同相轴拉不平的问题，最佳解决方案是应用剩余动校正。剩余动校正中采用的剩余速度是通过剩余速度分析（又称垂向速度分析）得到的，它是直接用 CRP 道集生成速度谱，求取剩余速度，应用剩余速度进行剩余动校正。对于信噪比降低的问题，可以采用相干加强的方法提高道集质量，使用相干加强时横向道数应严格控制不能太多，应以不破坏道间振幅相对关系为准。

本次处理主要采用基于时频分析的剩余时差校正技术，对道集进行优化处理，该技术通过 S 变换将叠前 CIP 道集转换到时频域进行高精度的剩余时差的估计和消除。

通过精细地震处理，CRP 道集偏移距保留的较长，转换为角道集后，可达 37°（图 7.29），为叠前反演提供了比较好的基础。

2. 岩石物理分析

横波速度资料是叠前反演应用的基础，针对工区内横波测井信息缺乏的问题，开展岩石物理分析，并采用测井纵波速度、密度、岩性、孔隙度及含水饱和度等资料计算侧向横波速度曲线，为反演提供合适的基础资料（黄伟传等，2007）。工区内 8 口井有实测 V_s 曲线，根据工区的区域岩石物理特征，计算了其余无实测 V_s 曲线。进一步结合岩石物理及正演分析，对所有井的纵横波速度及密度数据进行了分析和校正（图 7.30）。校正计算后的纵、横波速度曲线具有了较好的岩石物理特征，交会图上对储层表现能力得到了较大的

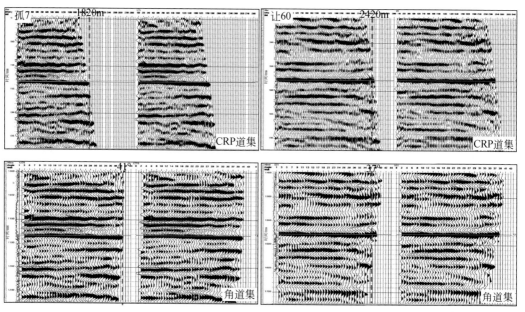

图 7.29 过孤 7、让 60 井 CRP 道集及角道集

提高，一致性较好（图 7.31）。

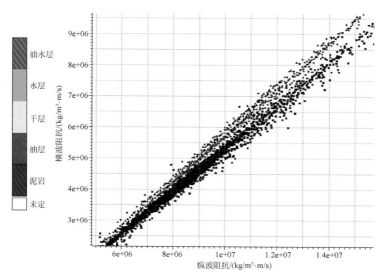

图 7.30 纵波阻抗和横波阻抗交会图（计算横波）

通过多井的岩石物理交会分析，优选储层敏感参数，从交会分析结果看，纵横波速度比和横波速度交会区分有效储层效果最佳：纵横波速度比小于 1.82，横波速度大于 2300m/s，为有效储层。

3. 叠前三参数联合反演

叠前弹性阻抗反演方法对部分角叠加地震数据分别进行反演处理，是对一个本来有着

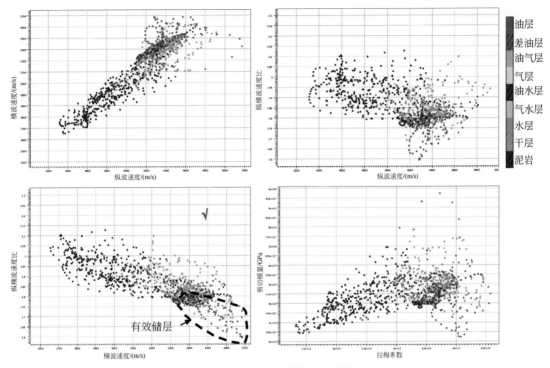

图 7.31　叠前储层参数交会分析图

整体联系的问题的分离性处理，有其不足。针对叠前弹性阻抗反演方法的不足，本节研究了叠前 AVA 纵、横波阻抗同步反演方法。

叠前 AVA 纵、横波阻抗同步反演方法，把不同角度范围对应的多个角叠加地震数据联合运用，同时利用多个部分角叠加地震数据体进行反演处理，把待反演的纵波阻抗、横波阻抗和密度参数，在反演处理过程中一次性运算完成，并且充分考虑到了这些属性参数之间的内在联系和相互制约关系。

$$V_{\mathrm{p}} = (V_{\mathrm{p}_i} + V_{\mathrm{p}_{i+1}})/2, \qquad \Delta V_{\mathrm{p}} = (V_{\mathrm{p}_{i+1}} - V_{\mathrm{p}_i}) \tag{7.5}$$

$$V_{\mathrm{s}} = (V_{\mathrm{s}_i} + V_{\mathrm{s}_{i+1}})/2, \qquad \Delta V_{\mathrm{s}} = (V_{\mathrm{s}_{i+1}} - V_{\mathrm{s}_i}) \tag{7.6}$$

$$\rho = (\rho_i + \rho_{i+1})/2, \qquad \Delta\rho = (\rho_{i+1} - \rho_i) \tag{7.7}$$

令

$$K = \left[\frac{V_{\mathrm{s}_i}^2}{V_{\mathrm{p}_i}^2} + \frac{V_{\mathrm{s}_{i+1}}^2}{V_{\mathrm{p}_{i+1}}^2} \right] / 2 \tag{7.8}$$

代入后可得

$$R_{\mathrm{p}}(\theta) = (1 - 4K\sin^2\theta) \frac{\rho_{i+1} - \rho_i}{\rho_{i+1} + \rho_i} + \frac{V\rho_{i+1} - V\rho_i}{V\rho_{i+1} + V\rho_i} \sec^2\theta - 8K\sin^2\theta \frac{Vs_{i+1} - Vs_i}{Vs_{i+1} + Vs_i} \tag{7.9}$$

用对应于不同入射角 θ_1，θ_2，…，θ_n 范围的角叠加地震数据分别建立各自的反射系数方程，然后将至少 3 个以上的独立方程联合建立加权方程组，同步联合反演纵波阻抗（或速度）、横波阻抗（或速度）和密度参数。

下式表达了用叠前反射系数 $R_{pp}(\theta_1)$，$R_{pp}(\theta_2)$，…，$R_{pp}(\theta_n)$联立反演纵波速度 V_p、横波速度 V_s 和密度 ρ 的加权关系方程组。其中，各个 W 项为分别对应于 θ_i 和 V_p、V_s、ρ 的加权因子。

$$wv_p(\theta_1)rv_p + wv_s(\theta_1)rv_s + w_\rho(\theta_1)r_\rho = r_{pp}(\theta_1)$$
$$wv_p(\theta_2)rv_p + wv_s(\theta_2)rv_s + w_\rho(\theta_2)r_\rho = r_{pp}(\theta_2)$$
$$\cdots\cdots \tag{7.10}$$
$$wv_p(\theta_n)rv_p + wv_s(\theta_n)rv_s + w_\rho(\theta_n)r_\rho = r_{pp}(\theta_n)$$

为了加强反演算法的稳定性，提高反演成果的精度，在反演过程中考虑将反射系数反演和波阻抗反演分为两部分进行（图 7.32）。首先实现反射系数反演，利用反演得到的反射系数，进行弹性参量的加权反演运算，反演得到纵、横波阻抗。每一个部分角叠加地震数据对应着一个方程，弹性参量的权重（w）通过反演方程得到。

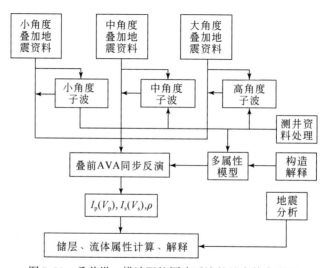

图 7.32　叠前纵、横波阻抗同步反演的基本技术流程

采用的基本算法是稀疏脉冲反演算法，与叠后稀疏脉冲反演算法有许多相似之处。其中包括反射系数误差函数、地震反射信号误差函数、趋势和空间约束误差函数、垂向约束误差函数。

在得到各种弹性参量之间的相互关系后，就可以估算得到一个初始的反演参数（如 V_p、V_s、ρ 等）猜想值。在此初始参数数据的基础上，就可以开始进行迭代反演运算了。在叠前 AVA 同步反演中，如果考虑所有参数的所有变化情况，将会大大降低反演算法的稳定性，同时也会造成运算量的大幅度提高。为了解决这种问题，加入了一些先验的条件约束，使反演得到的纵、横波速度和密度近似满足一定的条件。通过 Gardner 关系等定义纵波速度和密度关系的误差函数来约束相互之间的关系，减少反演的多解性，增强稳定性，同时注意约束的适度。

因此，在反演处理过程中，需要综合考虑多种影响因素进行反演，最终反演得到地下的实际纵、横波阻抗数据结果（图 7.33）。

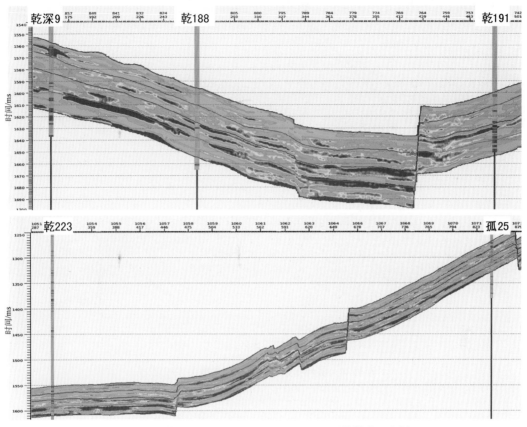

图 7.33　乾深 9—乾 191 井、乾 223—孤 25 联井横波反演剖面

4. 脆性、裂缝及地应力预测

1) 脆性指数预测

脆性指数预测有两种计算方法：一种是利用矿物组分进行计算，脆性指数 = 石英/（石英+碳酸盐岩+黏土）；由于本区矿物组分分析化验数据较少，不好采用；另一种是利用杨氏模量和泊松比综合计算（Rickman，2008）。

$$YM\_BRIT = ((YMS\_C - 1)/(8 - 1)) \times 100$$
$$PR\_BRIT = ((PR\_C - 0.4)/(0.15 - 0.4)) \times 100 \quad (7.11)$$
$$BRIT = ((YM\_BRIT + PR\_BRIT)/2$$

式中，YM_BRIT 为均一化后的杨氏模量；PR_BRIT 为均一化后的泊松比；BRIT 为弹性参数计算岩石脆性指数。

根据乾东地区实际资料情况，根据上述公式首先建立了脆性指数与岩石物理参数关系图版（图 7.34），并进行了脆性指数计算和提取作图（图 7.35）。从脆性指数平面图上看，Ⅰ砂组砂岩平均脆性为 30% ~ 50%，呈条带状分布，西部脆性值较高，Ⅲ砂组砂岩平均脆性指数为 35 ~ 50，呈条状或块状大面积分布。

2) 裂缝预测

裂缝预测利用叠后、叠前资料联合预测裂缝发育方向、裂缝发育密度进行分级预测。

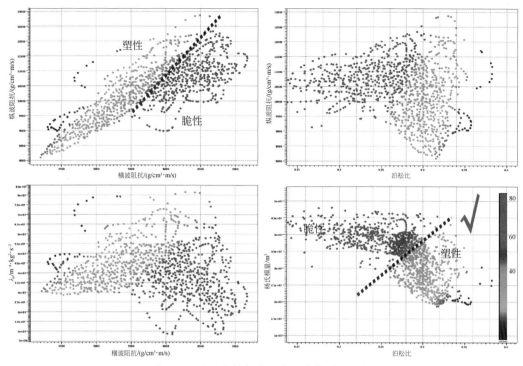

图 7.34　脆性指数与岩石物理参数关系图版

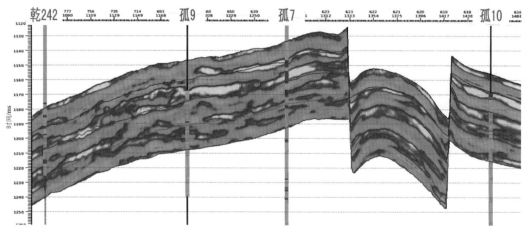

图 7.35　乾 242—孤 10 井扶余油层砂岩脆性指数剖面图

一般技术流程如图 7.36 所示。

　　各向异性裂缝预测基于覆盖次数均匀的方位角道集优选，把道集数据按不同方位角叠加：按方位角 0°~72°，72°~107°，107°~141°和 141°~180°将优选的 CMP 道集分成 4 部分（图 7.37），每部分叠加次数在 9 次左右，可以满足各向异性叠前时间偏移需要。各方位角偏移剖面信噪比较高，波形、振幅变化与裂缝的发育程度相关，能满足裂缝检测需要。

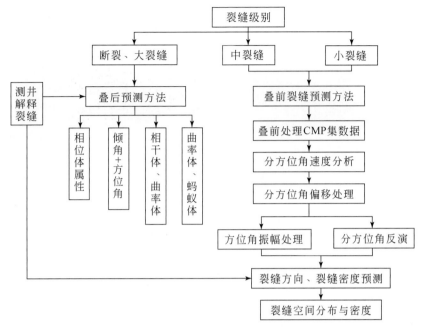

图 7.36　叠前、叠后裂缝预测技术流程图

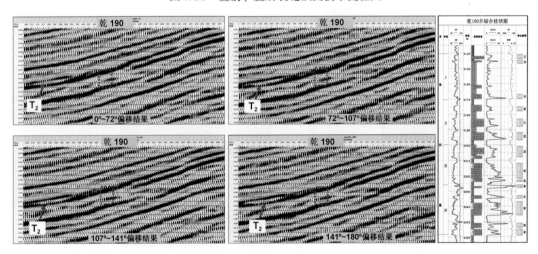

图 7.37　乾 190 井处不等间隔方位角分组

　　利用多种地震属性预测裂缝发育情况，结合已知井情况，通过计算对比认为由瞬时能量得到的裂缝发育密度更准确，较好反映该区裂缝发育情况（图 7.38）。

　　从预测结果看，I 砂组裂缝发育方向以北西向为主，III 砂组以北西向为主（图 7.39）。

　　3）应力预测

　　主应力场预测技术依据的基本原理是构造变形与地应力方向有关。采用的方法是利用叠前地震弹性参数反演预测得到的岩石物理参数构建精细的非均质力学模型，把应力场数值模拟技术和地震反演技术密切结合，使应力场数值模拟更加合理地考虑了构造、断层、地层厚度、岩性等影响裂缝发育的地质因素，使模拟结果准确率大大提高（图 7.40）。

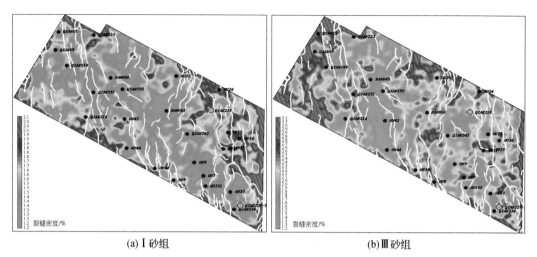

(a) Ⅰ砂组   (b) Ⅲ砂组

图 7.38   F 油层 Ⅰ、Ⅲ砂组裂缝发育密度

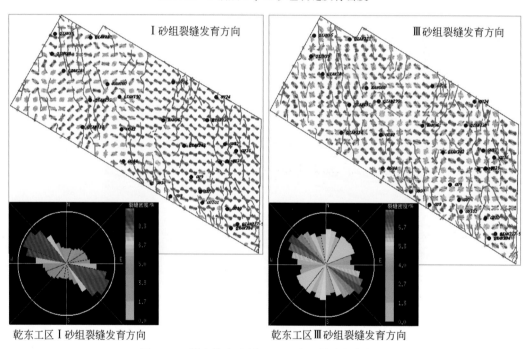

图 7.39   乾东扶余油层 Ⅰ、Ⅲ砂组裂缝发育方向

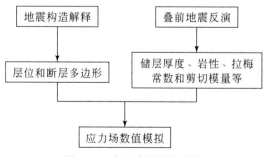

图 7.40   主应力预测流程图

椭圆井眼，长轴方向为近南北向，故判断该段地层的现今最大水平主应力方向为近东西向，具体如图 7.41 所示。

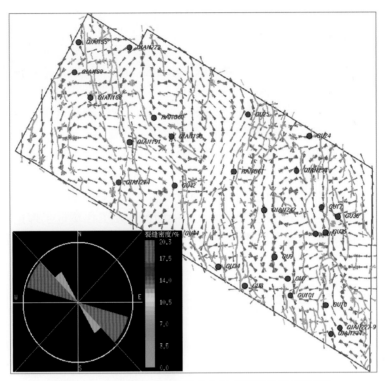

图 7.41　地震预测的主裂缝方向与成像测井揭示的情况

第8章　致密油地震技术的应用

自 2005 年以来，吉林油田以中央拗陷区扶余油层为重点，加大了岩性油藏分布规律的研究力度，确立了松辽盆地南部"立足大场面，开辟新领域，寻找大型整装油田"的勘探指导思想，加大了勘探力度，形成深盆油藏、"满凹含油"等新认识。2010～2012 年针对本区扶余油层加大了油藏综合研究力度，深化致密油成藏规律认识，先后开展了多项专题研究，同时在储层预测技术、水平井钻完井技术及压裂工艺技术方面开展了相应的技术攻关，并开展了突破产能实验。

扶余油田的勘探开发工作深化了松南盆地致密油成藏规律认识，发现了规模储量，发展了配套技术，为 2012～2016 年松南盆地致密油勘探开发工作奠定了理论基础和工程技术保障，在致密油藏理论指导下，勘探思路、勘探技术方面由寻找规模储量转变为寻找"甜点"。

8.1　致密砂岩储层预测与水平井导向技术

扶余油层是松南主力出油层，具有满盆含油的特点。为提高扶余油层单井产能，发现和落实规模效益储量区，实现超低渗透油层有效动用，确定以部署水平井为主要勘探目标。水平井部署和钻探要获得成功，纵向上需要高精度的目的层埋深和高分辨率的储层预测结果，横向上需要对有效储层边界的精细准确地描述和刻画。在钻探过程中，储层预测结果又是地质导向的重要参考资料。以往的构造解释精度及储层预测精度对扶余油层致密油的储层存在一定的局限性，也无法满足水平井部署的需求，探索新的层间构造解释和储层预测技术来提高目标层的构造精度和储层的纵横向分辨率，精确预测目标储层横向变化是水平井部署及井轨迹设计的关键（郭俊超，2018）。

在储层预测过程中存在以下四个方面的难点：

难点一，Ⅰ、Ⅱ砂组单砂层厚度薄，一般为 2～6m，并且由于储层靠近 T_2，受 T_2 低频强反射屏蔽的影响，地震呈现空白或弱反射特征，储层信息全部被 T_2 强反射能量淹没，无法识别储层。储层发育又会导致储层段的波阻抗减小，造成储层与泥岩的波阻抗差减小，增大了地震和波阻抗反演分辨和识别储层的能力。

难点二，Ⅲ、Ⅳ砂组砂岩发育，纵横向叠置关系复杂、砂体横向变化快、连通性差，泥岩隔层较薄，造成地震波干涉现象严重、地震反射轴交叉叠置，岩性组合与地震响应特征对应关系较差，纵向上地震剖面很难识别泥岩隔层薄的单砂层，横向上地震平面属性也很难定性刻画主河道发育影像及清晰的河道砂体边界。

难点三，扶余油层砂泥岩的纵波阻抗差小，常规递推纵波阻抗反演分辨率较低，横向分辨率受地震振幅的强弱变化控制，反演的纵横向分辨率相互矛盾、相互制约。导致基于地震振幅变化的井约束纵波阻抗反演在识别岩性中存在着很大的局限性。扶余油层储层虽然发育，但多数较致密，渗透性砂岩与非渗透性砂岩的曲线特征差别小，有效储层的识别难度更大。

难点四，在构造成图过程中井控程度太低，速度软件算法产生的系统误差，砂层与地层不平行接触，砂层顶面很难准确追踪解释等因素造成构造图误差较大，而水平井的钻探不同于直井，构造图误差超过目标层的厚度，就会使得水平井的钻探脱靶甚至失败。

通过对难点分析，我们采取了根据不同砂组的地质特点开展针对性的技术研究。在技术研究中，重点突出精细适用技术集成，突出新技术应用，突出地震地质结合。

针对扶余油层河道刻画主要采用以下几项关键技术。

8.1.1　精细井震标定技术

准确的层位标定是进行精细构造解释的基础，是进行属性分析和储层反演的关键。

地震反射层位精细标定，就是把对比解释的反射波同相轴赋予具体而明确的地质意义，如沉积相、岩性、流体性质等。地震反射层位标定也是一个建立地震信息时间域与深度域转换关系的重要过程。层位标定的正确与否，直接影响构造解释结果的合理性（杜斌山等，2009）。

地震反射层位精细标定过程包括以下几个步骤：

（1）钻井和测井资料（如声波、密度）的整理、深时转换，计算反射系数序列 $r(t)$。

（2）选定或从地震剖面中提取地震子波 $w(t)$，并与 $r(t)$ 褶积，得到合成记录 $s'(t)$。

（3）井旁道 $s(t)$ 与合成记录 $s'(t)$ 做比较，分析并进行地质解释。

（4）地质目标层位等地质含义对比解释。

地震子波主频值选取是通过多次试验选用的最佳主频子波。为了保证标定的可靠性，经严格质量控制而制作的合成地震记录与井旁地震道对比，波形特征相似，波组对应关系较好。在层位标定的过程中，首先用传统的层位标定手段，以地震资料为基础，用已知井的资料制作人工合成记录，在时间域内建立起地震反射同相轴与地质层位一一对应的关系。其次在上述层位标定的基础上，再将钻井的分层结果确定下来，建立它们与地震反射波的一一对应关系（图8.1）。

从标定后的地震反射剖面来看，泉四段顶面 T_2 反射层相当于中生界下白垩统泉头组四段顶界面，在剖面上为单相位、强振幅、连续性好的强波峰反射，平面上易于对比追踪（图8.2）。

从标定后的连井地震反射剖面来看（图8.3），鳞字井地区泉四段Ⅰ砂组储层发育时，地震反射特征表现为"复波"反射特征（即具有双波峰）。从井震对比分析来看，当Ⅰ砂组储层发育且相对较厚度时，Ⅰ砂组顶面地震反射轴由强反射变为相对弱反射，同时Ⅰ砂组顶面地震反射轴下伴有"复波"反射特征。

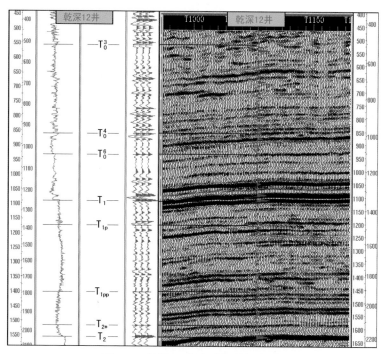

图 8.1　乾深 12 井合成记录标定图

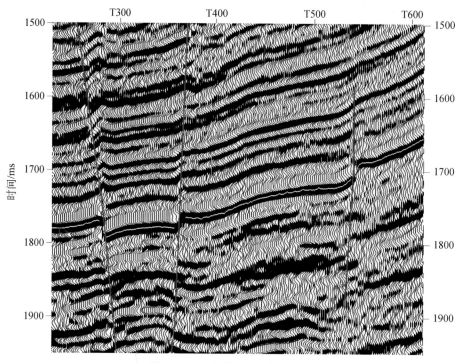

图 8.2　T_2 反射层地震响应特征

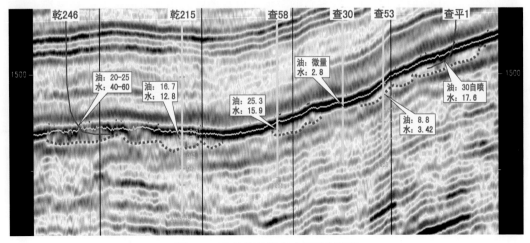

图 8.3　连井线地震响应特征剖面图

8.1.2　模型正演分析技术

正演模拟在地震采集、处理和解释中发挥着越来越重要的作用。在采集中，通过建立正演模型来研究观测系统，激发方式等采集参数对实际地震采集的影响；在处理中，通过建立正演模型来验证叠加和偏移等方法的有效性，以及研究地震资料处理的保幅性；在解释中，通过建立正演模型，比较正演模拟剖面与实际地震剖面来指导实际地震剖面的解释。在解释过程中，通过不同的模型设计，可以比较直观地反映不同模型下的地震反射特征，对后期的属性分析研究具有重要意义（何建军等，2009）。

通过对扶余致密油 I 砂组大量的实钻井统计分析，发现扶余致密油 I 砂组厚度为 25 ~ 30m，发育 4 个小层，其岩性组合在纵向上大致分为三种情况，即厚层砂岩在上部、中部、下部。针对这种情况我们设计了对应的三种模型（图 7.19），通过模型正演分析，验证了 I 砂组储层发育，I 砂组顶面地震反射轴具有"复波"特征，当三套单砂层中相对厚层砂岩发育位置不同时，"复波"特征不同。厚层砂岩发育越靠下，"复波"特征越明显，而且"复波"离 I 砂组顶面地震反射轴越远。厚层砂岩发育在上部时，"复波"较弱，而且越靠近 I 砂组顶面地震反射轴，并与 I 砂组顶面地震反射轴相连。当厚层砂岩在储层发育但相对较薄时，I 砂组顶面地震反射轴为强连续反射，I 砂组顶面地震反射轴下同样具有"复波"反射特征。储层不发育时，I 砂组顶面地震反射轴表现为单轴连续、强振幅反射特征，不出现"复波"反射特征（图 7.19）。

8.1.3　地震属性分析技术

地震属性技术自 20 世纪 60 年代末、70 年代初问世以来，经历了 70 年代的快速发展期，80 年代初的低谷期。从 90 年代开始，多属性分析方法在国外又重新兴起，并逐步带动了整个地震属性技术的发展。现在在国内的油气勘探中的应用也非常广泛，其范围包括从单道瞬时同相轴属性计算到比较复杂的多道窗口式地震同相轴属性提取，直至地震属性体的生成。应用方面也从简单的振幅异常检测到储层参数与剩余油分布的确定以及油藏随时间推移的流体运动前缘监测（王永刚等，2003）。

关于地震属性的定义（表8.1），可以概括为以下三种：一是从数学意义上看，所谓地震属性就是那些由叠前或叠后地震数据，经过数学变换导出的有关地震波的几何形态、运动学特征、动力学特征和统计学特征的量度，其中没有其他类型数据的介入；二是从地震属性的提取过程来看，地震属性是一种描述和量化地震资料的特性，是原始地震资料所包含全部信息的子集，而地震属性的求取是对地震数据进行分解；三是从应用地球物理学的角度看，地震属性是地震数据中反映不同地质信息的子集，是刻画、描述地层结构、岩性及物性等地质信息的地震特征量。综上所述，地震属性分析技术可以概括为以地震属性为载体从地震资料中提取隐藏的信息，并把这些信息转换成与岩性、物性或油藏参数相关的、可以为地质解释或油藏工程直接服务的信息，从而达到充分发挥地震资料潜力，提高地震资料在储层预测、表征和监测方面能力的一项技术，它由三个部分内容组成，即地震属性的提取、优化和储层预测。

表 8.1　沿层地震属性简表

属性名称		物理及地质意义
振幅统计类属性	均方根振幅	反射波振幅或能量属性是地震岩性解释和储层预测常用的动力学属性。这类属性反映了目标层内波阻抗、地层厚度、岩石成分、孔隙度以及含流体成分的变化。可用来识别振幅异常或用于层序特征分析，也可以用来追踪地层学特征，如三角洲、河道、各种扇体或特殊岩性体，还可以用于数别岩性变化、不整合、气体以及流体的聚集等
	平均绝对振幅	
	最大峰值振幅	
	平均峰值振幅	
	最大谷值振幅	
	平均谷值振幅	
	平均能量	
复地震道统计类	平均反射强度	称为瞬时振幅、振幅包络。用来确定亮点、平点、暗点。常用来确定储层中流体成分、岩性、地层变异。作为复地震道振幅的绝对值，在某种程度上损失了垂直分辨率
	平均瞬时频率	用于估算地震衰减。油气储层常引起高频成分衰减，这个属性也有利于测量地区区间的周期性
	平均瞬时相位	常与其他属性一起用作油气检测的指标之一，用于测定薄层的相位特征，其横向变化与流体含量变化以及薄层的组合有关
	反射强度斜率	对反射强度做回归分析，在规定时窗内拟合其变化曲线，输出斜率。指反射强度随时间的变化率，用来表征储层中流体成分和岩性的变化
	瞬时频率斜率	对瞬时频率做回归分析，在规定时窗内拟合其变化曲线，输出斜率。常用来表示衰减和吸收的速率
频谱统计	有效带宽	是零延迟的自动相关值，带宽越窄，说明信号越相似，地层反射特征简单；反之说明地层复杂
	弧长	可用于区别同是高振幅特征，但有高频、低频之分的地层情况，在砂、泥岩互层中可识别富砂或富泥的地层
	主频峰值道最大频率的斜率	用于描述频率的衰减快慢，可用于识别地层、岩性、含气和裂缝等的变化

续表

	属性名称	物理及地质意义
层序统计	高于振幅门限的百分比	高振幅异常的属性在地震地层或层序地层分析时非常有用，能帮助了解沉积环境，分析水动力条件，从而确定富砂或富泥地层
	低于振幅门限的百分比	低振幅异常的属性在地震地层或层序地层分析时非常有用，能帮助了解沉积环境，分析水动力条件，从而确定富砂或富泥地层
	能量半衰时	在给定的分析时窗内，计算能量到达一半时相对时间位置。可用来测定时窗内能量积累的速度，可指示岩性和岩相的变化
相关类属性	相关属性	用来检测地震的不连续性

针对扶余油层不同地区砂岩、泥岩互层的沉积特征，通过反复试验，有针对性地开时窗，提取了振幅统计类、复地震道统计类、谱统计类、层序统计类、相关统计类等二十多种地震属性，在与井资料对比分析的基础上，优选出均方根振幅、平均瞬时频率等可反映岩性、地层、储层厚度与含油气性特征的敏感性属性，作为储层预测的参考。振幅信息与地层的反射系数相关，均方根振幅用于显示孤立或极值振幅异常，用来追踪岩性变化。瞬时频率与地层频率特性相关，并与沉积物颗粒粗细及密度有关。从共振角度分析，沉积物颗粒较粗时共振频率相对较低，沉积物颗粒较细时共振频率较高，此外，瞬时频率也与薄层厚度的调谐作用有关。瞬时相位与地震波主频相位相关，当地震波穿越不同岩性地层时会引起地震波的相位变化，在对地层不连续性和岩性尖灭的研究中，瞬时相位应用效果较好。弧长属性可用于指示高振幅、高频率与高振幅、低频及低振幅、高频与低振幅、低频之间的不同，有效带宽值越小，弧长越接近于全绝对振幅，弧线长度可用于区分具有相同振幅特征，但有高低频之分的地层情况，在砂泥岩互层中可识别富砂或富泥的地层。

通过对致密油区多个地震工区资料针对性处理后，连片提取 T_2 下"复波"均方根振幅属性分析。从连片属性分析成果上可以清晰地预测 I 砂组主河道的展布及走向，沉积类型从情字井的三角洲前缘到乾安北的分流河道，从情字井到两井地区，整个区域发育有分布范围很广的水下分支河道，并且砂体逐渐变薄，河道变窄。连片属性分析发现了 I 砂组发育的三支水下分流河道，有利河道面积合计 3970km²，其中中部最清晰的河道延伸长度为 41km，宽度为 8km。统计结果显示有 90% 以上的出油井均位于地震属性揭示的河道之上，刻画的主河道分布规律与地质揭示的河道展布具有很好的对应关系，二者吻合程度可以达到 85%（图 8.4）。

通过属性分析技术及储层反演技术的应用，2012～2017 年以来在鳞字井地区开展了水平井部署，部署完钻 45 口水平井（乾 246、乾 247、查平 1、查平 2、查平 3、查平 4 等），主要攻关动用扶余油层 I 砂组相对稳定、连续油层的产能，目前均已开始投产。从试油结果上看，乾 246 井自喷获得 20m³ 以上高产工业油流，查平 1 井获得 30m³ 以上高产工业油流，查平 3 井获得最高 77.76m³ 高产工业油流。乾 246 井截至 2017 年 11 月 24 日采油 1900天，初期 9～10t/d，目前 3～4t，累产油 5142t；查平 1 井截至 2017 年 11 月 24 日采油1458 天，日产油 4～5t，累产油 4418t；查平 3 井截至 2017 年 11 月 24 日投产 1100 天，日

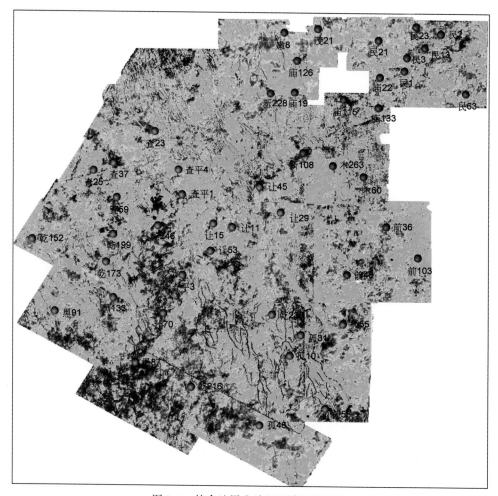

图 8.4　扶余油层 I 砂组区域河道展布

产油 20~25t，累产油 10656t。从目前的统计分析情况来看，鳞字井地区水平井试采同期累产油相比为 5.4 倍，总累产油达 8.9 倍（加上试油产量）。总体来看，水平井开发效果较好。

2014 年在鳞字井地区以乾 246 井区为重点落实控制面积 123.8km²，石油地质储量 3676×10⁴t，2016 年在鳞字井地区以乾 246 井区为重点落实探明面积 44.86km²，石油地质储量 1136.31×10⁴t。

8.1.4　波形聚类分析技术

波形聚类分析从广义上讲也属于地震属性，波形聚类分析能直接对地震划相，地震相与沉积相又有很好的相关性。

波形聚类分析是研究样本分类的一种多元统计方法，通过分析各种样本或变量间的相似性逐步归类。基本思想是：根据所研究的样品或指标之间存在程度不同的相似性，以及一批样品的多个观测指标，具体找出一些能够度量样品或指标之间相似程度的统计量，把一些相似程度大的样品聚合为一类，把另外一些彼此之间相似程度较大的样品又聚合为另一类，直到把所有的样品聚合完毕（李辉等，2017）。

判别分析是根据各个点群的先验概率、协方差矩阵和期望向量综合判断样品的归属，使数学模型更加合理。

这里的聚类分析主要是指波形和地震属性的聚类，从而划分出地震相。

（1）波形聚类处理基于地震道的形状变化情况，主要通过地震数据样点值的变化转换层地震道形状的变化来实现，一般地，首先划分出几种典型的波形特征的模型道，再将每一实际地震道赋予一个与其接近的模型道。模型道的计算是通过神经网络来完成的，根据每道的数值对地震道形状进行分类。神经网络在地震层段内对时间地震道进行训练，通过基础迭代之后，神经网络构造合成地震道，然后与实际地震数据进行对比，通过自适应试验和误差处理，合成道在每次迭代后被改变，在模型道和实际地震道之间寻找更好的相关。

（2）地震属性主要指的是地震结构属性，地震结构属性最早由 Love 和 Sinaan 于 1984 年提出，其主要假设层段的地震信号特征反映了该段的地质环境。地震结构属性就是对相邻道间振幅、厚度和地层结构等空间变化的指示，它同样通过地震反射表征沉积相带。地震结构属性的空间变化需要通过一定的时窗来实现，时窗大小可以根据主频及研究目的层的大小来选择。描述地震结构属性的参数有二十几种，如能量、熵、差异性、均一性等。地震结构属性划相要优于单一地震属性分析，因为它可以综合多种地震反射特征。

针对孤店地区泉四段Ⅲ、Ⅳ砂组高砂地比地区，井上揭示砂地比达到 70% 以上，局部达到 80%，储层地震响应特征不明显的地区，通过波形聚类分析技术的应用，我们可以看到，从波形聚类分析图可以发现在主河道发育区上，局部有明显的河道沉积特征影像，包括下切河谷、边滩、牛轭湖等特征影像，与构造等值线配置，便会形成上倾尖灭的岩性圈闭。通过完钻井统计验证来看，合计统计 38 口探评井，钻探位置位于波形聚类分析图上黑色部分即河道位置上的井在泉四段Ⅲ、Ⅳ砂组均发育厚层砂体的符合率达到 85.6%，钻探位置位于波形聚类分析图上黑色部分之外即河道间位置上的井在泉四段Ⅲ、Ⅳ砂组均不发育厚层砂体的符合率达到 88.2%，只有少部分井符合率低，这部分符合率低的井中大部分井都位于断层夹持部位并且两个断层直接的距离都小于 600m，分析认为是断层间距离较近，在处理过程中是断面波的影响干扰成像所造成的。

8.1.5　地质统计学反演技术

地质统计学地震反演就是根据地质统计学原理，充分利用测井、试井、地质、地震资料，由数据自身和相互之间的空间相关程度及自身空间位置的联系建立油藏属性概率模型和随机函数模型，得到受地质统计模型约束的、高分辨率的多个等概率实现，这些实现不仅忠实井资料和地质统计规律，也明确地忠实地震资料，从而推断油藏属性空间分布特征。地质统计学反演的优势是在井点忠实于井，可以得到较高的垂向分辨率。不足之处是井间估值容易陷入局部极大，造成反演结果不确定性较多（张飞飞，2013）。

针对泉四段Ⅲ、Ⅳ砂组地震及常规波阻抗反演分辨率低，无法满足水平井钻探的需求，尝试地质统计学反演技术提高储层的纵横向的分辨率。主要利用 Jason 软件的地质统计学模块，采用严格的马尔科夫链蒙特卡罗算法，将约束稀疏脉冲反演和随机模拟技术相结合，成为一个全新的随机反演算法。在该技术中，通过将地震、岩性体、测井曲线、概率密度函数及变差函数等信息相结合，定义严格的概率分布模型及纵横向变程，模拟岩性体和储层参数体。

地质统计学反演的实现过程首先应用确定性反演方法得到阻抗体以了解储层的大致分布，并用于求取水平变差函数。然后从井点出发，井间遵从原始地震数据，通过基于马尔科夫链蒙特卡罗算法模拟产生井间波阻抗。再将波阻抗转换成反射系数并与确定性反演求得的子波褶积产生合成地震道，通过反复迭代直至合成地震道与原始地震道达到一定程度的匹配，同时得到与阻抗相吻合的砂泥岩性体。反演过程中充分发挥随机模拟技术综合不同尺度数据的能力。

具体做法为：首先，通过对测井资料的分析和地质信息获得不同岩性的概率密度函数和变差函数；其次，马尔科夫链蒙特卡罗算法根据概率分布函数（PD 扶余）获得统计意义上正确的样点集；最后，依据"信息协同"的方式，在具有尖锐边缘的岩性体及更多的细节的合适位置处来重现一个真实的油藏。由于地质统计学反演提供了大量超过地震数据带宽的细节内容，同时趋势又和地震数据完全相同，这就使得基于现代岩溶理论的定性波形解释和定量化的储层解释之间得到了一个完美的平衡。

关键算法说明：

（1）马尔科夫链蒙特卡罗算法可以根据实际的概率分布得到统计意义上正确的随机样点分布，该计算过程是通过与优化算法（如变化梯度法）类似的增量调整方式实现全局优化求解。

由于序贯指示模拟过程是当网格被全部填充后即得到近似的结果，所以，任何应用序贯指示模拟技术的地质统计学反演方法在统计学意义上都不是严格正确的。相比之下，马尔科夫链蒙特卡罗算法比序贯指示模拟类型的算法更加适用于岩性模拟或者后续的协模拟。因为它同时考虑了地震和地质统计信息，计算过程更加严格。

（2）马尔科夫链蒙特卡罗算法能避免局部最小化并有效地解决了全局优化求解的问题。此外，马尔科夫链蒙特卡罗算法具有快速收敛能力。这也是 StatMod MC 能从地震资料上自动拾取复杂岩性体分布的原因。

（3）StatMod MC 使用的多轴高斯协模拟中，储层特性参数和岩石弹性参数的关系是通过实际数据进行定义的。本专著中使用非线性的表变换对非高斯分布模型的数据进行描述和模拟，对砂岩样本点的统计采用层内平均的方式进行最终的解释和出图。

地质统计学反演算法的优点是可以在很大程度上提高反演结果的纵横向分辨率。

针对扶余油层Ⅲ、Ⅳ砂组的高砂地比沉积特征，通过分区分类刻画的局部有利河道，部署完钻水平井 21 口，利用高分辨率统计反演成果进行井轨迹设计和水平井现场导向，目前 21 口井已全部完钻，水平井平均砂岩钻遇率为 87.2%，油层钻遇率为 82.8%，储层预测吻合率为 85.6%，取得了较为理想的效果。通过这些井位的完钻，2013 年在大洼字井地区以让 53 井区Ⅲ砂组为重点落实控制储量面积 25km²，石油地质储量 2125×10⁴t；2014 年在大洼字井地区以让 54 井区Ⅲ砂组为重点落实探明面积 83.6km²，石油地质储量

$3720 \times 10^4 t$；2016 年在别字井地区以让 70 井区 Ⅲ 砂组为重点落实预测储量面积 $298.3 km^2$，石油地质储量 $8561 \times 10^4 t$。

8.1.6　地震随钻导向技术

为了保障水平井的钻遇率及后期压裂等工程施工的正常进行，水平井部署和钻探要抓好三个环节（图 8.5）。

（1）水平井轨迹设计中，入靶点选择储层特征清楚，水平井轨迹选择平面揭示储层厚度大、平面分布一定规模，在地震剖面上体现波形特征横向稳定，倾角方向一致且不宜过大，最大变化不能超过 3°。

（2）水平钻进过程中，做好岩性变化、地层倾角变化、小断层的提前预警，采用多标志层随钻动态校正，保障准确入靶，遇到出层时，采用虚拟井对比方法，分析岩性和地震特征变化，判断井轨迹即将钻遇的岩层情况、调整方案。

（3）水平井钻后总结，为后续水平井钻探提供指导，水平井轨迹切忌频繁调整。

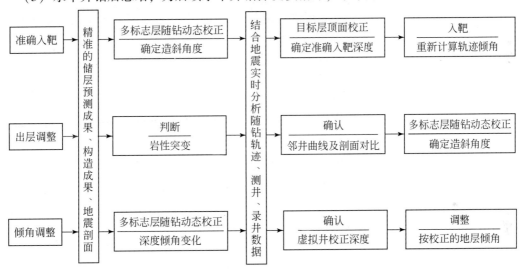

图 8.5　抓好水平井随钻导向三个环节

水平井导向前的基础工作储备：①油层顶构造图；②油层砂体平面图；③地震剖面图；④沿水平井轨迹方向的反演剖面图；⑤水平段地质模型图；⑥相关地震工区、反演工区；⑦邻井的横向、综合录井等资料。

如果有导眼井完钻，加入导眼钻孔资料，及时更新地质模式图，做好导向前的各项预警，如水平井的水平段钻进中可能遇到岩性变化点、倾角可能调整段、可能顶（底）钻遇的岩性、岩石颜色、电测曲线特征、目的层在邻井的岩性组合等。

另外，针对不同目的层不同地质定向设备（LWD、近钻头、旋转导向），通过实践归纳总结不同岩性电测曲线门槛值，如乾 246 区块 Ⅰ 砂组砂岩的电测曲线一般门槛值 RT>$10\Omega \cdot m$，GR<80gAPI，泥岩的电测曲线一般门槛值 RT<$60\Omega \cdot m$，GR>110gAPI，那么泥质粉砂岩、粉砂质泥岩就介于砂岩、泥岩之间。

还有，现场跟踪过程中，要实时进行轨迹标定，综合分析储层岩性、电测曲线特征、地震剖面特征、含油性特征，提前预判下一段可能钻遇的岩性、含油性，以指导轨迹调整。

另外，在导向过程中，以导眼井曲线或邻井联合地震特征建立地层模型，根据随钻动态信息不断修改模型，指导后期水平井段导向。在乾218-1井导向过程中，建立90.8°模型。随着后期随钻曲线及录井显示揭示的地层信息，认为地层发生变化，修改模型，建立92.1°模型1，以模型1钻进300m后出层，与前模型不符，再度修改模型，为90.8°模型2，以模型2为调整依据，调整井眼轨迹（图8.6），最终油层钻遇率为84%，获得较好钻探效果。

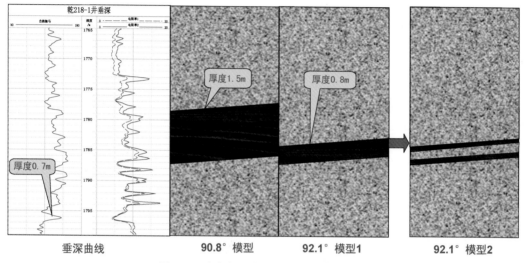

图8.6　动态实时建立地层模型指导导向

地下同一地层在横向上物性、电性特征相似，相对应的地震剖面特征也具有相似性。在井轨迹调整时参照地震同相轴的变化能有效指导水平井导向。乾安地区让平11井入靶后以90°钻进360m后钻遇泥岩，自然伽马和电阻曲线显示变差（图8.7），综合各方面信息揭示出层。依据同一地层层速度在横向上的变化趋势，预测地层变化：

$$H = \Delta T/2 \times V = 2.4/2 \times 2.94 = 3.528\text{m}$$

调整后垂深向下扎3.77m钻遇油层，该井完钻水平段长970m，油层钻遇率为82.5%。

深度域地震导向进一步提高导向准确性，以往水平井钻探，通过标志层和目标层顶面的构造图预测地层倾角和入靶点深度，依据构造确定水平井钻探的角度，储层的横向变化依据时间域的地震特征和储层参数反演特征确定地震上的靶点位置和水平井钻探进行随钻调整的依据。

但由于地下地质体是深度域，地震剖面和反演预测剖面都是时间域的，地震速度的横向差异，会导致深度域的地层倾角和时间域的地层倾角不一致，甚至出现两个域的轨迹纵向交叉，在随钻导向过程中，依据深度域的构造倾角和时间域的储层预测倾角，很难判断储层的纵向位置和横向走向，从而造成一旦出层，很难判断调整角度和方向，很可能出现南辕北辙，这是部分水平井钻遇率低的主要原因（刘振武等，2013）。通过深度反演，从而实现构造和储层都在深度域指导随钻导向，实时钻井的位置可以准确地落到深度域地震和储层反演

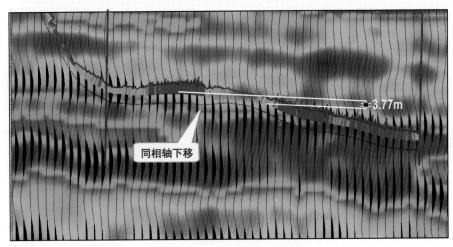

图 8.7　让平 11 井现场导向范例

剖面的位置上，达到钻头位置和实际地震剖面位置的一一对应，使随钻导向更直接有效，降低时间域和深度域不同造成倾角和储层错误判断，可以进一步有效提高水平井钻遇率。

8.2　取得的主要技术成果及应用效果

8.2.1　取得的主要技术成果

（1）在处理攻关方面，形成了以保幅拓频为核心，针对储层预测及精细构造不同目的针对性配套精细目标处理技术系列，尤其是在面向储层预测处理，强化突出了保幅拓频、AVO 特征保持、VSP 井震联合静校正处理、近地表 Q 补偿和黏弹性叠前时间偏移提高分辨率处理等创新应用研究，突出了扶余油层河道砂体特征。

（2）针对扶余油层 I 砂组地质条件、地震资料特点，通过多年探索研究，形成了行之有效的河道刻画及地质"甜点"预测处理解释配套技术。处理上采取拓频保幅处理、消除 T_2 强反射屏蔽、相位转换扫描，突出河道地震相应特征；解释上突出了井震结合，应用模型正演、地震合成记录标定等针对性方法，破译河道砂体发育时，地震剖面上 T_2 反射轴表现"复波"特征，较好预测规模河道砂体分布，并进一步深化探索研究，精细"复波"特征分析，地震与地质有机结合，总结归纳地质"甜点"预测技术方法，批量指导水平井部署与钻探。

（3）波形指示反演技术精细刻画薄储层取得了理想效果，小层精细标定，搞清的 I 砂组 1、2 小层的地震特征，依据地震特征和波形指示反演技术刻画乾 246 区块 230km² I 砂组 1、2 小层的地震特征及展布规律，指导水平井部署、钻探。

（4）扶余油层 III 砂组致密油储层预测技术研究取得显著效果。通过对 III 砂组不同砂地比的储层进行分类，结合模型正演技术分析总结不同砂地比储层的地震响应特征，分区分类刻画 III 砂组主河道砂体分布取得较好效果，同时针对性采用了地质统计学反演、波形指示反演提高储层反演分辨率取得较好效果，较好指导Ⅲ砂组水平井部署与钻探。

（5）形成了针对水平井部署钻探的精细构造处理解释技术。处理上，研究形成了基于水平井的精细构造成像处理技术，解释上，形成了通过多标志层动态校正、虚拟井震对比、分段计算地层倾角的随钻地震导向技术等，有效提高了水平井的储层和油层钻遇率；

（6）形成了水平井地震随钻导向技术，尤其创新研究形成的深度域反演剖面现场导向技术，大大提高地震水平井导向的准确性。

最终通过上述技术应用，指导部署采纳井位 132 口，水平井砂岩钻遇率为 87.3%，油层钻遇率为 82.1%，储层预测符合率为 85.6%，构造相对误差为 1.24‰。

8.2.2　技术应用效果

1. 鳞字井地区扶余油层 I 砂组

鳞字井地区（乾 246 区块—查平 3 区块）扶余油层依据 I 砂组储层发育 T_2 下具有"复波"的地震响应特征，通过地震属性刻画了三支主河道 $970km^2$，其中针对中部河道近 3 年已部署水平井 82 口，目前已完钻 38 口，水平井平均砂岩钻遇率为 89.3%，油层钻遇率为 80.1%，储层预测吻合率为 83.2%。西部河道部署并完钻水平井 3 口，油层钻遇率均超过 80%。部分完钻井已投产，水平井出产在 $10 \sim 40m^3$，稳产 $5 \sim 8m^3$，是直井产能的 $5 \sim 6$ 倍。通过针对致密油区域河道刻画，在中部河道实现了勘探开发一体化及水平井的规模部署和钻探，落实规模效益储量面积 $230km^2$，建产能 $20 \times 10^4 \sim 30 \times 10^4 t$。

2. 别字井地区扶余油层Ⅲ砂组

别字井地区（让 70 区块—查平 3 区块），通过分区分类刻画的Ⅲ砂组有利主河道分布，进而利用高分辨率统计反演成果进行井轨迹设计和水平井现场导向，部署水平井 9 口，目前已全部完钻 7 口，水平井平均砂岩钻遇率为 87.2%，油层钻遇率为 82.8%，储层预测吻合率为 85.6%。由于Ⅲ砂组储层厚度大于 I 砂组，供油体积大，水平井产量高，水平井出产在 $20 \sim 70m^3$，稳产 $8 \sim 10m^3$，从已投产的水平井看，水平井产量可以达到直井的 $8 \sim 10$ 倍（表 8.2）。

表8.2　乾 246 区块扶余油层 I 砂组水平井钻探情况统计一览表

序号	井号	完钻井深/m	水平段长度/m	油层长度/m	砂岩钻遇率/%	油层钻遇率/%
1	乾 246-12	2970	1006	882	93.3	88.2
2	乾平 13	3131	1034	772	98.8	74.7
3	查 48-9	3104	794	762	96	96
4	乾 246-13	3165	984	973	98.9	74.7
5	乾 246-18	3171	1028	788	90.6	76.9
6	乾 246-23	3296	1016	1016	100	100
7	让平 5	3273	908	718	79.1	79.1
8	乾 F 平 5	3262	1009	796	90.8	78.9

续表

序号	井号	完钻井深/m	水平段长度/m	油层长度/m	砂岩钻遇率/%	油层钻遇率/%
9	乾 246-33	3276	1000	676	72.9	67.6
10	乾 246-25	3180	970	711	89.1	73.3
11	乾 250	3379	1060	965	98	91.1
12	查 48-7	3438	1137	1010	93.4	88.8
13	查 47-11	3266	1000	725	75.5	72.5
14	乾 F 平 9	3392	994	994	100	100
15	乾平 29	3031	801	501	77.5	66.2
16	乾 246-14	3226	1026	829	80.8	80.8
17	乾 246-19	3328	1069	1056	98.8	98.8
18	乾 246-22	3273	1006	994	98.8	98.8
19	查 58-3	3414	1148	659	88.3	57.4
20	乾平 21	1012	902	714	89.1	70.6
21	查 48-6	2739	825	149	68	17.4
22	查 58-4	3415	1161	817	83.4	75.8
23	查 58-1	3425	1212	919	77.2	70.4
24	乾 246-8	3115	1137	1107	97.9	97.4
25	乾 246-17	3168	1060	1017	100	95.9
26	乾 F 平 8	3410	1042	644	67.3	61.8
砂岩、油层平均钻遇率/%					88.8	80.1

表 8.3　别字井扶余油层Ⅲ砂组水平井钻探情况统计一览表

序号	井名	目的层垂深/m	绝对误差	相对构造误差/%	水平段长度/m	砂岩厚度/m	油层厚度/m	储层预测符合率/%	砂岩钻遇率/%	油层钻遇率/%
1	查平 9 井	2172.5	2.9	1.335	1044.0	1022.0	1022.0	90.00	97.895	97.89
2	让平 11 井	2361.89	5.11	2.164	1000	869	801	80.10	86.90	80.10
3	让 6 平 2 井	2275.33	−5.6	2.461	831	778	758	78.34	93.60	91.20
4	乾 268 井	2365.4	−3.4	1.437	818.0	517.0	492.0	77.21	63.20	60.15
5	乾 275 井	2310.91	1.7	0.736	968	886	858	88.24	91.53	88.64
6	乾 270 井	2312.51	1.26	0.545	1062	1010	980	95.01	95.20	92.30
7	乾 271 井	2332.33	1.47	0.630	1065	990	925	86.15	92.96	86.85
8	查平 14 井	2304.36	5.64	2.448	1037	798	678	66.23	76.95	65.38
平均值				1.469	978.125	858.750	814.250	82.66	87.28	82.81

参考文献

鲍熙杰，赵海波．2013. CRP 道集优化处理对叠前反演的影响．石油地质与工程，27（1）：39～41.

曹彤，王延斌．2016. 基于全方位地震成像与叠前反演裂缝预测技术及应用．科学技术与工程，16（34）：170～175.

昌燕，刘人和，拜文华，等．2012. 鄂尔多斯盆地南部三叠系油页岩地质特征及富集规律．中国石油勘探，（2）：74～78.

陈发景．1989. 压实与油气运移．武汉：中国地质大学出版社．

程冰洁，徐天吉，李曙光．2012. 频变 AVO 含气性识别技术研究与应用．地球物理学报，55（2）：608～613.

丛琳，赵天琦，刘洋，等．2016. 油气垂向和侧向倒灌运移条件及其聚集规律的差异性．中国矿业大学学报，45（5）：951～957.

崔秀芝，陈汉林，李涛，等．2005. 水平井解释处理技术及应用．钻采工艺，（5）：21～22.

刁海燕．2013. 泥页岩储层岩石力学特性及脆性评价．岩石学报，29（9）：3300～3306.

丁文龙，漆立新，吕海涛，等．2009. 利用 FMI 资料分析塔河油田南部中—下奥陶统储层构造应力场．现代地质，23（5）：852～859.

丁文龙，梅永贵，尹帅，等．2015a. 沁水盆地煤系地层孔-裂隙特征测井反演．煤炭科学技术，43（2）：53～57.

丁文龙，王兴华，胡秋嘉，等．2015b. 致密砂岩储层裂缝研究进展．地球科学进展，30（7）：737～750.

丁文龙，尹帅，王兴华，等．2015c. 致密砂岩气储层裂缝评价方法与表征．地学前缘，22（4）：173～187.

杜斌山，贺振华，曹正林，等．2009. 地震地质多信息融合的井震标定方法研究．天然气地球科学，20（2）：254～257.

杜金虎，何海清，杨涛，等．2014. 中国致密油勘探进展及面临的挑战．中国石油勘探，19（1）：1～9.

杜金虎，杨涛，李欣．2016. 中国石油天然气股份有限公司"十二五"油气勘探发现与"十三五"展望．中国石油勘探，21（2）：1～15.

方锡贤，董传杰，王岚．2006. 老井复查技术方法的应用与探讨．录井工程，（S1）：1～4.

付锁堂，张道伟，薛建勤，等．2013. 柴达木盆地致密油形成的地质条件及勘探潜力分析．沉积学报，31（4）：672～682.

付晓飞，平贵东，范瑞东，等．2009. 三肇凹陷扶杨油层油气"倒灌"运聚成藏规律研究．沉积学报，27（3）：558～566.

付永强，马发明，曾立新，等．2011. 页岩气藏储层压裂实验评价关键技术．天然气工业，31（4）：51～54.

郭俊超．2018. 致密砂岩薄储层地震预测与水平井随钻应用．石化技术，25（5）：30～67.

郭秋麟，陈宁生，吴晓智，等．2013. 致密油资源评价方法研究．中国石油勘探，18（2）：67～76.

郭同政，闫萍，李超炜，等．2007. 测井资料在井壁稳定性研究中的应用．内蒙古石油化工，（3）：226～228.

何建军，刘家铎，鲁新便，等．2009. 基于模型正演的地震属性分析技术识别和划分碳酸盐岩储层缝洞单元．石油地球物理勘探，44（4）：472～477.

侯雨庭．2007. 利用成像测井进行沉积相与储层综合评价方法研究．西北大学硕士学位论文．

黄金，高星，王伟．2014. 地震勘探全波形反演的应用与发展分析．地球信息科学学报，16（3）：396～401.

黄伟传，杨长春，范桃园，等．2007. 岩石物理分析技术在储层预测中的应用．地球物理学进展，（6）：1791～1795.

黄志龙，高岗．2003. 松辽盆地南部海坨子地区油气成藏研究．中国石油大学学报（自然科学版），27

（1）：4～7.

贾承造，郑民，张永峰．2012a. 中国非常规油气资源与勘探开发前景．石油勘探与开发，39（2）：129～136.

贾承造，邹才能，李建忠，等．2012b. 中国致密油评价标准、主要类型、基本特征及资源前景．石油学报，33（3）：343～350.

蒋有录，张文杰，刘华，等．2018. 饶阳凹陷古近系储层流体包裹体特征及成藏期确定．中国石油大学学报（自然科学版），42（4）：23～33.

焦翠华，徐朝晖．2006. 基于流动单元指数的渗透率预测方法．测井技术，（4）：317～319.

景成，蒲春生，宋子齐，等．2014. SLG 东区致密气储层最佳匹配测井系列优化评价．测井技术，38（4）：443～451.

李登华，刘卓亚，张国生，等．2017. 中美致密油成藏条件、分布特征和开发现状对比与启示．天然气地球科学，28（7）：1126～1138.

李海燕，岳大力，张秀娟．2012. 苏里格气田低渗透储层微观孔隙结构特征及其分类评价方法．地学前缘，19（2）：133～140.

李辉，罗波，何雄涛，等．2017. 基于地震波形聚类储集砂体边界识别与预测．工程地球物理学报，14（5）：573～577.

李健，吴智勇，曾大乾，等．2002. 深层致密砂岩气藏勘探开发技术．北京：石油工业出版社.

李明诚．1994. 油气运移研究的现状与发展．石油勘探与开发，6（2）：1～6.

李志勇，曾佐勋，罗文强．2003. 裂缝预测主曲率法的新探索．石油勘探与开发，（6）：83～85.

林建东，任森林，薛明喜，等．2012. 页岩气地震识别与预测技术．中国煤炭地质，24（8）：56～60.

刘超，卢双舫，黄文彪，等．2011. ΔlogR 技术改进及其在烃源岩评价中的应用．大庆石油地质与开发，30（3）：27～31.

刘人和，周文，刘文碧，等．1998. 青海柴达木盆地咸水泉油田第三系地层裂缝分布评价．矿物岩石，（2）：52～56.

刘行军，崔丽香，李香玲，等．2015. 苏里格气田致密砂岩气层识别难点及方法评述．天然气勘探与开发，38（1）：22～29.

刘振武，撒利明，张明，等．2008. 多波地震技术在中国部分气田的应用和进展．石油地球物理勘探，43（6）：668～672.

刘振武，撒利明，杨晓，等．2013. 地震导向水平井方法与应用．石油地球物理勘探，48（6）：932～937.

鲁金凤，郭峰，高剑波，等．2018. 低渗透致密砂岩流体包裹体特征及油气充注期次——以姬塬油田延长组为例．河南理工大学学报（自然科学版），37（4）：61～67.

马剑，黄志龙，钟大康，等．2016. 三塘湖盆地马朗凹陷二叠系条湖组凝灰岩致密储集层形成与分布．石油勘探与开发，43（5）：714～722.

马旭，郝瑞芬，来轩昂，等．2014. 苏里格气田致密砂岩气藏水平井体积压裂矿场试验．石油勘探与开发，41（6）：742～747.

马昭军，唐建明，徐天吉．2010. 多波多分量地震勘探技术研究进展．油气藏评价与开发，33（4）：247～253.

潘仁芳，徐乾承．2011. 地震反演预测页岩有机质成熟度的研究．长江大学学报（自然科学版），8（02）：29～31.

庞雄奇．1993. 含油气盆地地史、热史、生留排烃史数值模拟研究与烃源岩定量评价．北京：地质出版社.

庞雄奇．1995. 排烃门限控油气理论与应用．北京：石油工业出版社.

庞雄奇，金之钧，姜振学，等．2003. 深盆气成藏门限及其物理模拟实验．天然气地球科学，（3）：

207～214.

沙庆安．2001．混合沉积和混积岩的讨论．古地理学报，（3）：63～66.

单蕊，卞爱飞，於文辉，等．2011．利用叠前全波形反演进行储层预测．石油地球物理勘探，46（4）：629～633.

石玉梅，姚逢昌，曹宏．2003．多波多分量天然气勘探技术的进展．勘探地球物理进展，（3）：172～177.

苏朝光，刘传虎，王军，等．2002．相干分析技术在泥岩裂缝油气藏预测中的应用．石油物探，41（2）：197～201.

谭海芳．2007．核磁共振测井在致密气藏评价中的应用．测井技术，（2）：144～146.

田立新，周东红，明君，等．2010．窄方位角地震资料在裂缝储层预测中的应用．成都理工大学学报（自然科学版），37（5）：550～553.

童晓光．2007．世界石油供需状况展望——全球油气资源丰富，仍具有较强的油气供给能力．世界石油工业，（3）：20～25.

王安乔，郑保明．1987．热解色谱分析参数的校正．石油实验地质，（4）：47～55.

王红军，马锋，童晓光，等．2016．全球非常规油气资源评价．石油勘探与开发，43（6）：850～862.

王铁冠，包建平，周玉琦，等．1998．苏北黄桥地区东吴运动热事件的有机地球化学证据．地质学报，（4）：358～366.

王锡文．2012．AVO 技术在致密砂岩气藏预测中的应用．石油天然气学报，34（11）：56～62.

王雅春，赵金涛，王美艳．2009．松辽盆地宋站南地区扶杨油层运聚成藏机制及主控因素．沉积学报，27（4）：752～759.

王延光．2002．储层地震反演方法以及应用中的关键问题与对策．石油物探，（3）：299～303.

王永刚，谢东，乐友喜，等．2003．地震属性分析技术在储层预测中的应用．石油大学学报（自然科学版），（3）：30～32.

王有功．2012．源外鼻状构造区油运移输导机制及对成藏的控制作用——以松辽盆地尚家地区扶杨油层为例．科学技术与工程，12（11）：2546～2551.

王玉华，蒙启安，梁江平，等．2015．松辽盆地北部致密油勘探．中国石油勘探，20（4）：44～53.

许赛男，黄小平．2006．应用测井资料计算地应力以及地层破裂压力——以库车坳陷克拉 A 井解释为例．内蒙古石油化工，（11）：105～107.

颜学梅．2012．新场气田须四下亚段致密砂岩储层预测研究技术．成都理工大学硕士学位论文．

杨凤丽，周祖翼，张善文，等．1999．利用地震方法预测潜山裂缝性油气储层——以渤海湾南部为例．高校地质学报，（3）：322～327.

杨华，梁晓伟，牛小兵，等．2017．陆相致密油形成地质条件及富集主控因素——以鄂尔多斯盆地三叠系延长组 7 段为例．石油勘探与开发，44（1）：12～20.

杨双定．2005．鄂尔多斯盆地致密砂岩气层测井评价新技术．天然气工业，25（9）：45～47.

杨跃明，杨家静，杨光，等．2016．四川盆地中部地区侏罗系致密油研究新进展．石油勘探与开发，43（06）：873～882.

杨占龙，彭立才，陈启林，等．2007．地震属性分析与岩性油气藏勘探．石油物探，（2）：131～136.

印兴耀，曹丹平，王保丽，等．2014．基于叠前地震反演的流体识别方法研究进展．石油地球物理勘探，49（1）：22～34.

雍世和，张超谟．1996．测井数据处理与综合解释．东营：石油大学出版社．

苑书金．2007．叠前地震反演技术的进展及其在岩性油气藏勘探中的应用．地球物理学进展，（03）：879～886.

曾锦光，罗元华，陈太源．1982．应用构造面主曲率研究油气藏裂缝问题．力学学报，（2）：202～206.

张飞飞.2013. A 区块地质统计学地震反演砂体预测方法研究.中国石油和化工标准与质量,33（13）:160.

张广明.2010.水平井水力压裂数值模拟研究.中国科学技术大学博士学位论文.

张虹.2008.3D3C 技术在川西裂缝性储层预测中的应用.天然气勘探与开发,31（4）:13~16.

张金才,尹尚先.2014.页岩油气与煤层气开发的岩石力学与压裂关键技术.煤炭学报,39（8）:1691~1699.

张君峰,毕海滨,许浩,等.2015.国外致密油勘探开发新进展及借鉴意义.石油学报,36（2）:127~137.

张筠.2003.川西坳陷裂缝性储层的裂缝测井评价技术.天然气工业,（S1）:43~45.

张雷,卢双舫,张学娟,等.2010.松辽盆地三肇地区扶杨油层油气成藏过程主控因素及成藏模式.吉林大学学报（地球科学版）,40（3）:491~502.

张威,刘新,张玉玮.2013.世界致密油及其勘探开发现状.石油科技论坛,32（1）:41~44.

张永军,顾定娜,马肃滨,等.2012.阵列声波测井资料在吐哈油田致密砂岩气层识别中的应用.测井技术,36（2）:175~178.

张兆辉,高楚桥,刘娟娟.2012.基于地层组分分析的储层孔隙度计算方法研究.岩性油气藏,24（1）:97~99.

赵继勇,刘振旺,谢启超,等.2014.鄂尔多斯盆地姬塬油田长 7 致密油储层微观孔喉结构分类特征.中国石油勘探,19（5）:73~79.

赵建斌,万金彬,罗安银,等.2018.储层品质评价中的核磁共振研究.西南石油大学学报（自然科学版）,40（1）:89~96.

赵军龙,刘建建,张庆辉,等.2017.致密砂岩气藏地球物理勘探方法技术综述.地球物理学进展,32（2）:840~848.

赵俊峰,刘池洋,王晓梅.2004.镜质体反射率测定结果的影响因素.煤田地质与勘探,（6）:15~18.

赵显令,王贵文,周正龙,等.2015.地球物理测井岩性解释方法综述.地球物理学进展,30（3）:1278~1287.

赵永刚,潘和平,李功强,等.2013.鄂尔多斯盆地西南部镇泾油田延长组致密砂岩储层裂缝测井识别.现代地质,27（4）:934~940.

赵政璋,杜金虎,等.2012.致密油气.北京:石油工业出版社.

周辉,孟凡震,张传庆,等.2014.基于应力 - 应变曲线的岩石脆性特征定量评价方法.岩石力学与工程学报,33（6）:1114~1122.

周文,闫长辉,王世泽,等.2007.油气藏现今地应力场评价方法及应用.北京:地质出版社.

邹才能,等.2013a.非常规油气地质.第 2 版.北京:地质出版社.

邹才能,杨智,崔景伟,等.2013b.页岩油形成机制、地质特征及发展对策.石油勘探与开发,40（1）:14~26.

邹才能,张国生,杨智,等.2013c.非常规油气概念、特征、潜力及技术——兼论非常规油气地质学.石油勘探与开发,40（4）:385~399.

Baytok S, Pranter M J. 2013. Fault and fracture distribution within a tight-gas sandstone reservoir: Mesaverde Group, Mamm Creek Field, Piceance Basin, Colorado, USA. Petroleum Geoscience, 19 (3): 203~222.

Cander H. 2012. What Are Unconventional Resources? A Simple Definition Using Viscosity and Permeability: AAPG Annual Convention and Exhibition.

Guo Z, Chapman M, Li X. 1949. A shale rock physics model and its application in the prediction of brittleness index, mineralogy, and porosity of the Barnett Shale: Seg Technical Program Expanded.

Hackley P C, Cardott B J. 2016. Application of organic petrography in North American shale petroleum systems: A review. International Journal of Coal Geology, 163 (1): 8 ~ 51.

Hao F, Sun Y, Li S, et al. 1995. Overpressure retardation of organic-matter maturation and petroleum generation: A case study from the Yinggehai and Qiongdongnan Basins, South China Sea. Aapg Bulletin, 79 (4): 551 ~ 562.

Jiang M J, Spikes K. 2011. Pore-shape and composition effect on rock-physics modeling in the Haynesville Shale. 81th Annual International Meeting, SEG, Expanded Abstracts, 2079 ~ 2083.

Jiang M J, Spikes K. 2012. Estimation of the porosity and pore aspect ratio of the Haynesville Shale using the self-consistent model and a grid search method. 82th Annual International Meeting, SEG, Expanded Abstracts, 1 ~ 5.

Jiang M J, Spikes K. 2013. Correlation between rock properties and spatial variations in seismic attributes for unconventional gas shales: A case study on the Haynesville Shale. 83th Annual International Meeting, SEG, Expanded Abstracts, 2274 ~ 2278.

Mullen M, Gegg J, Bonnie R, et al. 2005. Fluid typing with T 1 NMR : Incorporating T 1 and T 2 measurements for improved interpretation in tight gas sands and unconventional reservoirs. Applied Microbiology, 13 (3): 335 ~ 339.

Murray G H. 1968. Quantitative fracture study-Sanish Pool McKenzie country, North Dakota. AAPG Bulletin, 52 (1): 57 ~ 65.

Passey Q R, Moretti F J, Kulla J B, et al. 1990. Practical model for organic richness from porosity and resistivity logs. Aapg Bulletin, 74 (12): 1777 ~ 1794.

Sonnenberg S A, Pramudito A. 2009. Petroleum geology of the giant Elm Coulee field, Williston Basin. Aapg Bulletin, 93 (9): 1127 ~ 1153.

Taner M T, Schuelke J S, O'Doherty R, et al. 1994. Seismic attributes revisited. Seg Technical Program Expanded Abstracts, 13 (1): 1104.

Wang D, Zhao Y, Zhang M, et al. 2013. Rock physical analysis of carbonate rocks with complex pore structure: A case study in Ma-5 of Majiagou Formation in Ordos Basin: Seg Technical Program Expanded.

Wang Y C, Huang H D, Ji Y Z, et al. 1949. Research on geophysical feature and sweetness predication method of shale gas: Seg Technical Program Expanded.

Yang R Z, Zhao Z G, Peng W J, et al. 2013. Integrated application of 3D seismic and microseismic data in the development of tight gas reservoirs. 应用地球物理（英文版）, 10 (2): 157 ~ 169.